U0323209

建筑结构各种体系抗震设计

张培信　编著

同济大学 出版社
TONGJI UNIVERSITY PRESS

图书在版编目(CIP)数据

建筑结构各种体系抗震设计/ 张培信编著. -- 上
海：同济大学出版社,2017.1
ISBN 978-7-5608-6746-5

Ⅰ.①建… Ⅱ.①张… Ⅲ.①建筑结构—抗震设计
Ⅳ.①TU352.104

中国版本图书馆 CIP 数据核字(2016)第 324107 号

建筑结构各种体系抗震设计

张培信　编著

出 品 人	华春荣	**责任编辑**	胡　毅	**助理编辑**	李　杰	
封面设计	张　微	**责任校对**	徐春莲			

出版发行　同济大学出版社　　www.tongjipress.com.cn
　　　　　(地址:上海市四平路 1239 号 邮编:200092 电话:021-65985622)
经　销　全国各地新华书店、建筑书店、网络书店
印　刷　虎彩印艺股份有限公司
开　本　787 mm×1092 mm　1/16
印　张　21.75
字　数　435 000
版　次　2017 年 1 月第 1 版　　2017 年 1 月第 1 次印刷
书　号　ISBN 978-7-5608-6746-5

定　价　98.00 元

内容提要

　　本书主要内容包括:地震与结构震害,场地与地基的选择和区别,结构抗震设计概念,多层砌体房屋结构、多高层钢筋混凝土框架结构、剪力墙结构和框支剪力墙结构、框架-剪力墙结构、框架-核心筒结构、高层及超高层基础等的抗震设计。书中特别提出了高层及超高层基础筏板的基本微分方程和边界条件、筏板基础应变能理论的应用及桩筏(箱)结构的基础计算。

　　本书系统梳理了建筑结构各种体系抗震设计的内力计算、技术措施和构造,主要反映了作者50年来参加各种结构体系设计的经验总结,并吸收各文献的精华,上升到理论高度的成果。

　　本书适合土木工程领域的工程技术人员阅读,也可供大专院校土木工程相关专业师生参考使用。

前　言

建筑结构设计涉及结构工程师们的各种力学和数学知识的运用,特别是力学中的理论力学、材料力学、结构力学、弹性理论结构力学、弹塑性理论结构力学、塑性结构力学和流体力学以及数学中的微积分方程、偏微分方程、应用工程数学等内容。不同的结构方案,所涉及的力学和数学应用也是不同的。若基本理论没有学好,就不会设计出好的力学结构方案,甚至会造成结构工程事故。结构工程师单单会操作各种结构计算软件,不懂得计算理论,是远远不够的,结构出问题不知道是什么原因,例如简单的"门窗过梁"是按"弯剪构件"设计,还是按"拱杆"设计,这都不清楚,那就太危险了!

结构工程师,特别是年轻的结构工程师,应特别警惕,要自警、自省、自励,学习,学习,再学习!

张培信

2016 年 9 月

目　录

第三章　建筑结构抗震设计基本概念
—— 40 ——

第四章　多层砌体房屋结构抗震设计
—— 62 ——

第五章　多、高层钢筋混凝土框架结构抗震设计
—— 104 ——

第六章　剪力墙结构和框支剪力墙结构抗震设计
—— 154 ——

第七章　框架-剪力墙结构
226

第八章　框架-核心筒结构
253

第九章　高层及超高层基础设计
271

第一章

地震与结构的震害

第一节 地球内部构造及其物理量

地球是绕其短轴(赤道轴)逆时针旋转的实心椭圆球体。赤道半径为 6 378 km,极地半径为 6 357 km,表面积 $S=5.101\times10^8$ km^2,体积 $V=1.083\times10^{12}$ km^3,其质量 $M=5.976\times10^{21}$ t,地球平均密度 $\rho=5.518$ g/cm^2;地球内部的压力随距离地球表面深度的增加而增加。据实测,地球内部有两个波速(纵波 P 和横波 S)变化是明显不连续面,一个在地下 33 km 处,地震波通过此界面后,P 波和 S 波波速会突然增加,1909 年由前南斯拉夫地球物理学家莫霍洛维奇发现,后人称之为"莫霍面";另一个是在地下 2 900 km 处,地震波通过此界面后,P 波波速会突然减小,而 S 波消失,这个面是 1914 年由美国地质学家古腾堡发现的,后人称之为"古腾堡面"。根据这两个不连续的面,地球内部由三大部分组成:地壳、地幔和地核,如图 1-1 所示。

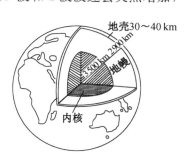

图 1-1 地球剖面

1. 地壳

地球最外圈为地壳,厚度不均,大陆地壳厚度为 30~70 km,大洋地壳厚度为 5~8 km,中间地块和地槽沉降带的地壳厚度只有 20~30 km。地壳内还存在着一些小的、大都不连续的分层界面,连续性好的第一个界面为莫霍面,该界面的表层 P_n 速度为6.0 km/s,莫霍面底层 P_n 速度为 8.2 km/s,在大陆与海洋的过渡带 P_n 速度为 7.6~7.8 km/s,在古

生代的褶皱带 P_n 速度为 8.4～8.6 km/s。

2. 地幔

地幔位于莫霍面和古腾堡面之间,厚度约为 2 900 km,其体积占地球总体积的 83%,质量占整个地球质量的 66%。以 1 000 km 深度(图 1-2)为界,地幔又分为上地幔和下地幔。

3. 地核

从古腾堡面以下至地心部分为地核,厚度为 3 473 km,地核又分"外地核"和"内地核"两层。处在地表以下 2 900～4 980 km 的地核称外地核,是液体状态(S波和 P 波发生突变),S 波消失,P 波也突然减小,这是由于 S 波不能在液体物质中传播的缘故。4 980～5 120 km 深处是过渡带;从 5 120～6 370 km直到地心为内核,是固体状态。地球岩层的密度随深度的增加而增加,地壳岩层密度最小,为 2.7～3.0 g/cm³;地幔上层为 3.3 g/cm³,下层为 5.7 g/cm³;外核为 9.7 g/cm³,内核为 12.3 g/cm³。地球内部的压力也随深度的增加而增加,地幔外部的压力约为 90 kN/cm²,地核外部的压力约为 14 000 kN/cm²,地核中的压力约为 37 000 kN/cm²。地球内部的压力随深度的增加而增加,地幔上部的压力可达9 000个大气压,地核内部的压力可达 300 万个大气压。

地球内部的温度也随深度的增加而升高,从地表每深 1 km,温度升高 30 ℃,但增长率随深度的增加而减小。以此推算出地下 20 km 深处温度大约为 600 ℃,地幔上部(地下 700 km 左右)温度约为 2 000 ℃,地核内部温度可达 4 000～5 000 ℃。地球长期保持高温主要是内部放射性物质不断释放热量的缘故。

图 1-2　地幔、地核示意图

第二节　地震的成因和类型

一、地震成因

地震是地球上的一种自然现象。全世界每年发生 100 万次左右地震,对人类造成严重地震灾害的平均每年不到 10 次。

地震按其成因可分为:火山地震、陷落地震和构造地震。

　　火山地震和陷落地震的震害强度小,影响范围小,不会造成严重的地震灾害;构造地震占地球发生总地震次数的95%以上,是造成灾害的主要地震,也是高层建筑及其他工程抗震设计必须考虑的地震类型。

　　构造地震的成因与地球的构造和地质运动有关。研究表明,地球最外层的地壳由六大板块组成(图1-3),即:欧亚板块、太平洋板块、美洲板块、非洲板块、印澳板块和南极板块。各板块内还存在着许多小板块。由于板块的缓慢运动,板块间发生顶撞、俯冲,于是在板块边缘引起地壳振动,发生板缘地震。世界上85%的地震都是板缘地震。板块内发生的地震称为板内地震。板内地震强度大、破坏性也大。我国处于欧亚板块的东南端,东面为太平洋板块、南面为印澳板块,受到欧亚板块向东、太平洋板块向西、印澳板块向北的推力,使我国成为地震多发的国家。

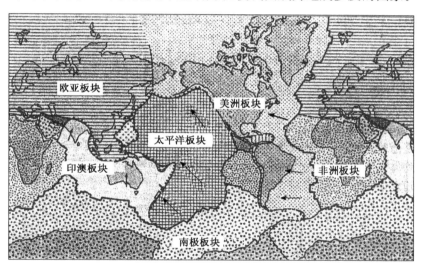

图1-3　全球六大板块分布图

由于板块运动引起地壳破坏的地震过程如图1-4所示。

　(a)岩层原始状态　　　(b)受力后变形　　　(c)岩层断裂产生地震

图1-4　构造地震形成示意图

3

地壳岩石断裂、错动的部位称为震源。震源是一块很大的岩石，岩石从断裂到破坏的过程很短。当断裂的范围越大、长度越长时，释放的能量越大，地震也越大。与震源垂直的地面位置称为震中。地面某一位置至震源的水平距离称为震源距，至震中的距离称为震中距。震中与震源之间的距离称为震源深度。震源深度不超过 60 km 的地震称为浅源地震，造成地震灾害的一般是浅源地震。

二、地震类型

地震分人工地震和构造地震两种。人工地震指人工爆炸、化学爆炸、机械振动等造成的地震；构造地震包括火山地震、陷落地震、诱发地震等。火山地震是由火山喷发时猛烈冲击造成地面震动而形成的地震，占 7%；陷落地震是由地下溶洞、废旧矿井突然塌陷引起地面震动而形成的地震，约占 3%。这两种地震对人类不构成威胁。地球上 90% 以上的地震都是构造地震。这类地震破坏性大、影响面广、发生频繁，是应该认真对待的地震类型。

对工程界而言，危害最大的是浅源构造地震，因为它的地震频率高、强度大，是抗震设防的主要对象。

根据震源深度（h），地震又分浅源地震（$h \leqslant 60$ km，占地震总数的 72%）、中源地震（60 km $< h < 300$ km）和深源地震（300 km $< h < 700$ km，仅占地震总数的 4%），如图 1-5 所示。地震强度的大小用震级表示，震级小于 3 级，为弱震；震级在 3～4.5 级之间，称有感地震；震级在 4.5～6 级之间，称中强地震；震级大于 6 级，为强震；震级大于 8 级，称巨大地震。

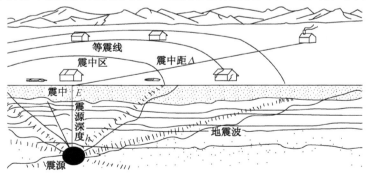

震源：地震开始发生的地方，地壳深处发生岩层断裂错动的部位。震中：震源正上方的地面位置。震中区：震中附近地面运动最剧烈、破坏最严重的地区。震源距：地面上某处到震源的距离。震源深度：震源到地面的垂直距离。

图 1-5　地震示意图

人们往往将一次较大的地震称为主震，与其相关的主震前的地震称为前震，主震后的地震称为余震。前震、主震、余震构成一个完整的地震序列。地震序列有三种基本类型：①主震余震型，主震释放能量大，伴有相当数量的余震和前震；②震群型地震，主要能量通过多次较强地震释放，并伴有多次小震；③单发型地震，主要为主震，前震和余震很少。

以图 1-5 为例，震源在地面的垂直投影称为震中（用 E 表示）。震中到地面观测点之间的距离为震中距，用 Δ 表示，显然，震中距的长度是震中到观测点之间的弧长，习惯上用震中距这段弧长对应的地心角度来表示震中距。

$$1°（地心角）＝111.199 \text{ km}（弧长）$$

震中距小于 $10°$ 时称为近震，大于 $10°$ 时称为远震。亦可按震中距大小，将地震分为地方震（震中距 $\Delta < 100 \text{ km}$）、近震（$100 \text{ km} \leqslant \Delta \leqslant 1000 \text{ km}$）和远震（震中距 $\Delta > 1000 \text{ km}$）。

地震是通过地震波造成地面破坏的。地震发生时岩层破裂产生的强烈振动都是以波的形式从震源以立体方式向四面八方传播的，在地球内部传播的波称为体波；在地球表面传播的波称为面波。体波有纵波和横波两种，传到地表面后，纵波引起上下运动，横波引起前后、左右的水平运动。横波只能在固体内部传播，而纵波在固体、液体里都可传播。面波只能沿地球表面传播。面波有瑞雷波和乐甫波两种。瑞雷波传播时，可引起质点在传播方向和自由面（地球表面）组成的平面内作椭圆运动，而在该平面垂直方向没有振动，瑞雷波在地球表面呈滚动形式，能使地表同时产生上下前后的振动，是地面振动的主要原因；乐甫波只能在与传播方向相垂直的水平方向运动，或在地面上呈蛇形运动，能使地面产生水平方向的左右摆动。

地震发生时，地震波的传播速度以纵波最快，横波次之，乐甫波再次之，瑞雷波最慢。距震中较远的地方，人们先感到上下颠动，后感到前后左右摆晃，横波和面波到达时，地面振动剧烈。地震引起结构物破坏，主要是横波和面波的水平和竖向振动的结果。震中附近，体波成分多，离震中远的地区正好相反。纵波是由震源向外传播的压缩波（因此纵波又称压缩波），质点的振动方向与波的前进方向一致，它的传播引起地面产生垂直方向的振动，在空气里纵波就是声波，一般呈周期短、振幅小的特征；横波是由震源向外传播的剪切波（因此横波又称剪切波），质点振动方向与波的传播方向相垂直,它的传播能引起前后或左右的晃动,一般表现为周期长,振幅较大;面波是纵波和横波在地层界面处经过多次反射和折射形成的次生波,只限于沿地球表面传播。

纵波、横波和面波的传播速度不同,纵、横波在地球内部的传播速度随深度的增加而增加。在地壳范围内,纵波速度为5~6 km/s,横波速度为3~4 km/s,面波速度只有3 km/s。在振中区,这三类波未分离,且振幅较大,互相叠加,使地面产生相当复杂的振动,使建筑物破坏。随着离震中距离的增加,三类波互相分离,体波的振动量逐渐减弱,其带来的破坏作用也随之减小。

地震波引起的地面往复振动称为地震地面运动或地震动。对工程设计有影响的是强震地面运动。地面上任一点的地震动可分解成六个振动分量:两个水平分量、一个竖向分量和三个转动分量。用强震仪记录强震地面运动的加速度时程,对加速度积分可得到速度时程,对速度时程积分可得到位移时程。1933年,美国获得世界上第一条加速度时程记录:长滩地震记录。1940年获得的El Centro地震记录和1952年获得的Taft地震记录,是目前高层建筑结构时程分析广泛采用的加速度时程。图1-6为1940年El Centro地震记录的加速度、速度和位移时程曲线。

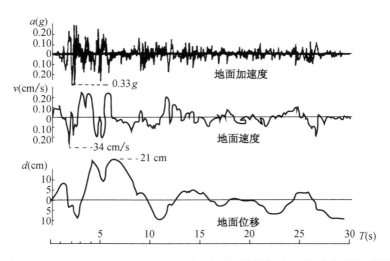

图1-6 El Centro 1940 N—S(南—北)地震记录的加速度、速度和位移时程

地震强度的大小和震源释放能量的多少有关。释放能量可用震级度量,一次地震只有一个震级。震级常用里氏震级表示,里氏震级相差一级,地面位移振幅值相差 10 倍,释放出的能量相差约 32 倍。一般震害是由 5 级以上的地震造成的。

某一地区的地表或建筑物遭受地震影响的平均强弱程度用烈度表示。我国将地震烈度分为 12 度。烈度因地而异,与震级、震中距、传播介质、场地土质等有直接关系。

地震动的特性可用峰值(最大振幅)、频谱和持续时间三个要素描述。峰值指地震加速度、速度、位移三者之一的峰值、最大值或某种意义的有效值,如有效加速度峰值。峰值可以反映地震动的强弱或地震动能量。地震动是由很多频率组成的复杂振动。工程中常用加速度反应谱来表示地震动的频谱特征。加速度反应谱是通过一定阻尼的单自由度弹性体系的地震反应计算而得到的曲线,其纵轴为谱加速度,横轴为周期。不同加速度时程,相同阻尼比的反应谱曲线不同;同一加速度时程,不同阻尼比的反应谱曲线也不同,阻尼比大,相同周期对应的谱值小。如增大建筑结构的阻尼,可减小结构的地震反应。最大加速度谱值对应的一个周期(频率)或周期范围(频率范围),称地震动的主周期(主要频率)。图 1 - 7 为 1940 年 El Centro 地震记录的加速度反应谱曲线,主要周期为 0.4~0.6 s。若房屋的基本频率与地震动的主要频率相同或接近,则会发生共振,引起房层破坏或倒塌。地震动的持续时间便是地震的振动时间,地震动的持续时间越长,产生的震害就越大。地震动的三要素与震级、震源深度、震中距、传播介质和场地特性有关。震级大、震源浅(浅源地震)、震中距小,则峰值大,破坏就大;近震或坚硬土层,地震动的高频成分丰富;大震、远距、软土,地震动的低频成分为主,且持续时间较长。

地震动由若干不同周期的振动组成,其传播过程复杂,但也有一些规律:周期短的振动衰减快,传播路程短;周期长的振动衰减慢,传播路程长。硬土中周

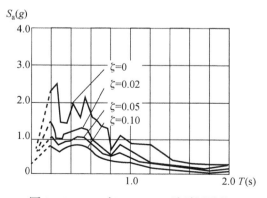

图 1 - 7　1940 年 El Centro 地震记录的加速度反应谱曲线

期长的振动衰减快,短周期振动的成分多;软土中周期短的振动衰减快,长周期振动的成分多。如果结构的基本频率与地震动振幅大的频率相同或接近,则结构的地震反应相对较大,有可能造成破坏或倒塌;反之,结构的反应小,破坏小,甚至没有破坏。震中附近,硬土上层数少的结构破坏严重;距震中远,在震级大的地震作用下,软土上层数多的结构破坏严重。

三、地震震级与地震烈度

1. 地震震级

震级是表征地震强度强弱的物理量,是地震仪记录一次地震得到的地震波能量的大小,是一次地震释放出能量多少的度量,震级用 M 表示,它的能量单位是 10^{-7}J。

震级与能量的关系式为

$$\lg E = 1.5 M + 11.8 \tag{1-1}$$

式中　M——震级,震级的分类如表 1-1 所示;

　　　E——地震波释放出的能量(J)。

表 1-1　震级的分类

震级	<2	2~4	5~7	7~8	>8
分类	微震	有感地震	破坏性地震	强烈地震或大地震	特大地震

震级也是计算地震大小的主要参数之一,常用的震级分近震、中震、远震等震级。近震震级的基本原理由美国里克特在 20 世纪 30 年代提出,他用标准地震仪在同一地点对前后两次大小不同地震(使周期 $T_0 = 6.8$ s,阻尼 $D = 0.8$,放大倍数为 2 800,震中距为 100 km)进行测量记录,在不同地点的各测台记录到两次地震的两水平方向最大振幅算术平均值之比为一常数,即

$$\frac{A_1}{A_1'} = \frac{A_2}{A_2'} = \cdots = \frac{A_n}{A_n'} \tag{1-2}$$

式中　A_1, A_2, $\cdots$, A_n——第一次地震各测台记录的两水平方向最大
　　　　　　　　　　　　振幅算术平均值(μm);

　　　A_1', A_2', $\cdots$, A_n'——第二次地震各测台记录的两水平方向最大
　　　　　　　　　　　　振幅算术平均值(μm)。

对式(1-2)取对数,即

$$\lg A_1 - \lg A_1' = \lg A_2 - \lg A_2' \cdots$$
$$= \lg A_n - \lg A_n' \qquad (1-3)$$

显然,各测台记录的振幅对数之差,仍然是不随距离改变的常数。里克特提出近震震级的计算公式:

$$M_L = \lg A - \lg A_0 \qquad (1-4)$$

式中 M_L——近震震级,又称里氏震级;

A——该地震记录两水平方向最大振幅的算术平均值(μm);

$\lg A_0$——震中距的函数,是零级地震在不同震中距处的振幅对数值,称之为起算函数。

里克特用标准地震仪(放大倍数为 2 800,周期 $T_0=0.8$ s,阻尼 $D=0.8$)记录地震,在震中距等于 100 km 处记录,若测得的最大振幅 $A=1$ μm,就定为零级地震。

我国使用的各种震级标度 M_L 与面波震级 M_S 的关系为

$$M_S = 1.13M_L - 1.08 \qquad (1-5)$$

2. 地震烈度

地震烈度是指一个地区的地面及建(构)筑物遭受一次地震影响的破坏程度;在同一震级下,由于各地区距震中远近不同,震源的深浅不同,地质条件和建筑类型不同,因地震受到的影响不同,因而地震烈度各不相同。一般震中区烈度最大,离震中区愈远烈度愈小。地震烈度分为12度(表1-2)。

使用地震烈度在国际上已有 200 年历史,直至现在,许多国家都在使用,其地震名词来源于英文 intensity(强烈,强度)。各个时期的研究者对地震烈度的含义有不同的理解:

河角广(1943):所谓烈度就是根据人体感觉表示一定地点的震动强度的尺度。

李善邦(1954):烈度是指一个地方受了地震动影响所表现出来的强弱程度。

Richter(1958):烈度是对一定地点的地震动而言。

МеДВеДеВ(1963):在任何地点观测的地球表面振动的大小叫作地

震烈度。

刘恢先(1977):地震烈度可从两种不同角度定义,一种是反映地震后果的,一种是反映地震作用的。前一种适用于救灾工作,后一种适用于预防工作。用于救灾,烈度应按地震破坏的程度分级;用于预防,烈度应按地震破坏的大小分级。

总体来说,各位研究者对烈度的定义各有一定的说法,对救灾和预防都起到一定的积极作用。总之,烈度是指一定地点的地震烈度的总评价,既可作为防灾标准,又可作为地震研究的工具。地震烈度是地震时一定地点的地面震动强弱程度的尺度,是对该地点范围内平均破坏水平的评价。《中国地震烈度表》(GB/T 17742—1999)定义:地震烈度是地震引起的地面震动及其影响程度,地震烈度分类如表 1-2 所示。

表 1-2 地震烈度分类

烈度	在地面上人的感觉	房屋震害程度		其他现象	物理参数	
		震害现象	平均震害指数		峰值加速度(m/s²)	峰值速度(m/s)
1	无感	—	—	—	—	—
2	室内个别静止人有感觉	—	—	—	—	—
3	室内少数静止人有感觉	门、窗轻微作响	—	悬挂物微动	—	—
4	室内多数人、室外少数人有感觉,少数人梦中惊醒	门、窗作响	—	悬挂物明显摆动,器皿作响	—	—
5	室内普通、室外多数人有感觉。多数人梦中惊醒	门窗、屋顶、屋架颤动作响,灰土掉落,抹灰出现微细裂缝。有檐瓦掉落,个别屋顶烟囱掉砖	—	不稳定器物摇动或翻倒	0.31 0.22~ 0.44	0.03 0.02~ 0.04

续表

烈度	在地面上的人的感觉	房屋震害程度		其他现象	物理参数	
		震害现象	平均震害指数		峰值加速度（m/s²）	峰值速度（m/s）
6	站立不稳,少数人惊逃户外	损坏——墙体出现裂缝,瓦掉落、少数屋顶烟囱出现裂缝、掉落	0～0.10	河岸和松软土出现裂缝,饱和砂层出现喷砂冒水,有的独立砖烟囱出现轻度裂缝	0.63 0.45～0.89	0.06 0.05～0.09
7	大多数人惊逃户外,骑自行车的人有感觉。行驶中的汽车驾乘人员有感觉	轻度破坏——局部破坏、开裂,小修或不需要修理可继续使用	0.10～0.30	河岸出现塌方;饱和砂层常见喷砂冒水,松软土地上地裂缝较多;大多数独立砖烟囱中等破坏	1.25 0.90～1.77	0.1 0.10～0.18
8	多数人摇晃颠簸,行走困难	中等破坏——结构破坏,需要修复才能使用	0.31～0.50	干硬土上有裂缝;大多数独立砖烟囱严重破坏;树梢折断;房屋破坏导致人畜伤亡	2.50 1.78～3.53	0.25 0.19～0.35
9	行动的人摔倒	严重破坏——结构严重破坏,局部倒塌,修复困难	0.51～0.70	干硬土上许多地方出现裂缝。基岩可能出现裂缝、错动;滑坡塌方常见;独立烟囱出现倒塌	5.00 3.54～7.07	0.50 0.36～0.71
10	骑自行车的人会摔倒,处于不稳状态的人会摔出,有抛起感	大多数倒塌	0.71～0.90	山崩和地震断裂出现;基岩上拱桥破坏;大多数独立砖烟囱从根部破坏或倒毁	10.00 7.08～14.14	1.0 0.72～1.41
11	—	普遍倒塌	0.91～1.00	地震断裂延续很长;大量山崩滑坡	—	—
12	—	—	—	地面剧烈变化,山河改观	—	—

注：① 表中数量词:个别为 10% 以下;少数为 10%～50%;多数为 50%～70%;大多数为 70%～90%;普遍为 90% 以上。

② 表中的震害指数是从各类房屋的震害调查和统计中得出的,反映破坏程度的数字指标,0 表示无震害,1.0 表示毁灭。

3. 地震烈度与震级的关系

人们常用地震烈度来衡量地震的大小。事实上,地震烈度是地震大小与震源深度的函数,只有当震源深度保持不变时,地震烈度才与地震震级一一对应。根据历史上对地震震源深浅的总结,发现震源深度 h 在不大的范围内变化,从而研究和总结出震中烈度与地震震级之间的关系,其重要性在于人们可以用它来确定历史地震震级。

最早研究震级 I_0 和地震烈度 M 之间关系的是美国地震学家 Gutenbeg 和 Richter(1956)。他们根据美国南加州地震的研究,得出如下关系式和表 1-3。

$$M = \frac{2}{3}I_0 + 1 \quad (h = 16 \text{ km}) \tag{1-6}$$

表 1-3 震中烈度和震级关系

震中烈度	1	2	3	4	5	6	7	8	9	10	11	12
震 级	1.9	2.5	3.1	3.7	4.3	4.9	5.5	6.1	6.7	7.3	7.9	8.5

根据我国 1900 年以来的 152 次地震研究资料,得出 I_0 和 M 之间的关系是:

$$M = 0.66I_0 + 0.98 \quad (h = 15 \sim 45 \text{ km}) \tag{1-7}$$

而李善邦根据我国历史和早期资料,则得到以下关系式(邓起东等,1980):

$$M = 0.58I_0 + 1.5 \tag{1-8}$$

《中国历史强震目录》(公元前 23 世纪—公元 1911 年)则采用:

$$大陆东部地区:M = 0.579I_0 + 1.403 \tag{1-9a}$$

$$大陆西部地区:M = 0.605I_0 + 1.376 \tag{1-9b}$$

$$中国台湾地区:M = 0.507I_0 + 2.108 \tag{1-9c}$$

我国学者付承仪和刘正荣求得的关系式为

$$M = 0.68I_0 + 1.39\lg h - 1.4 \tag{1-10}$$

苏联谢巴林得到的关系式为

$$I_0 = 1.5M - 3.5\lg h + 3.0 \qquad (1-11)$$

梅世荣与萨瓦林斯基按我国资料求得的关系式为

$$I_0 = 1.5M - 1.2\lg h + 3.0 \qquad (1-12)$$

上述三个关系式只适用于浅源地震,h＝10～40 km。

4. 影响地震烈度的因素

(1)场地土壤的影响。场地土壤对震害的影响占有首要地位。场地土壤可分成三类:坚硬岩石土层、中硬土层和松散软弱土层,它们对地震的反应截然不同,由于它们的刚度不同,土层密度不同,剪切波速不同,地震波在土壤中传播的速度不同。在地震波的作用下,坚硬土层强度很高,一般不破坏,相反,松散软弱的地基则很容易产生地基失效。因此,由于土壤的动力特性不同,从而影响到地震波的特性,进而影响到震害或地震烈度。

(2)场地地质构造的影响。地基因地震发生发震断层,对烈度的分析影响很大,因为它释放出巨大的能量,以地震波的形式向四周扩散,从而造成破坏。发震断层的另一个影响是由断层错位引起地基失效造成的各种破坏,如滑波,出现裂缝、喷砂冒水、崩塌等现象。

(3)局部地形的影响。国内外宏观震害表明,孤立突出的小山包、小山梁上的房屋震害一般都很严重。1974 年云南的永善一带,在 7.1 级地震中,从瓦窑坪至回龙湾的 8° 异常区,处在孤立突出的小山包顶部或陡坡上的村庄都是由高裂度地震破坏。

(4)影响地震烈度的其他因素。除了震源、地震波传播途径和场地条件对烈度的影响外,常被提到的是地震波的辐射干涉。因在地壳中存在着各种界面(莫霍面、山脚下常常出现的基岩与覆盖层倾斜界面或其他界面),地震波在界面处会产生反射、折射,还会产生新的地震波形,这些不同的波在地表处综合到一起施加于建筑物的基础上,它们会产生各种辐射干涉,或者互相抵消,或者互相加强,从而加剧或减轻震害。

地震发生时,从震源产生的震动,以地震波的形式传向四面八方,在地面引起不规则的间接性、复杂性和耦联性等特点的运动。既有水平运动也有竖向运动,一般分成四个阶段:开始由小逐渐增大,随后在最大值附近持续一段时间,然后呈曲线下降段和直线下降段。

四、地震的分布

地震在时间和空间上的分布都是不均匀的。地震活动本身有间歇性。地震活动较为活跃的时间称为活动期,地震活动微弱的时期称为地震平静期。活动期间隔为100~200年。活动期又可分为地震更为集中的时间段,人们称之为地震活跃段。在地震活跃段之间的是地震平静段。各地震活跃段的间隔是10~20年。

全球地震分布在几条狭长的地震带内,如图1-8所示。①环太平洋地震带。此地震带沿南、北美洲西海岸,从阿拉斯加经阿留申到勘察加,转向西南沿千岛群岛至日本列岛,然后分成两支,一支向南经马里亚纳至伊里安;另一支向西南经我国台湾省、菲律宾、印度尼西亚至伊里安。两支在此汇合后经所罗门至新西兰。此地震带的特点是活动性最强、频率高、能量大、震源深,释放的能量占全球地震释放总能量的75%以上。②地中海南区地震带。西起大西洋亚速岛,经地中海、希腊、土耳其、印度北部、我国西部和西南地区,过缅甸至印度及西亚与太平洋地震带相遇。它由西向东跨欧亚大陆,总长度为15 000 km。此地震带仅次于太平洋地震带,以浅震为主,有少量中震和深源地震。地震释放总能量占全球地震总释放能量的15%~20%。③海岭地震带。沿大西洋、印度洋、太平洋东侧和北冰洋的主要海底山脉(海岭)分布。此地震带的特点是宽度窄、地震频度低、震源浅(不超过30 km)、能量小,常以震群

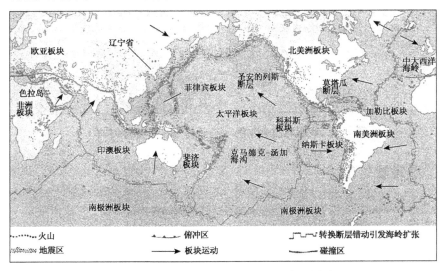

图1-8　全球地震分布和板块运动示意图

形式出现。④大陆裂谷系地震带,如东非裂谷、红海地堑、亚丁湾、死海、贝加尔湖、莱茵地堑以及我国华北、东北裂谷系均属此类地震带。裂谷系带的特点是活动较强,均发生地壳范围内的浅震。

地震按深度分布,0~700 km 深度在地壳上地幔内。震源深度在 60 km 以内为浅震,占全球总地震的 72.5%;震源深度在 60~300 km 为中源地震,占总地震的 23.5%;震源深度大于 300 km 的地震只占少数。

我国地处西太平洋地震带和南亚地震带之间是全球大陆地震最强、分布最为集中的地区。我国台湾省大地震最多,新疆、西藏次之,西南、西北、华北和东南沿海地区也是地震较多的地区,如图 1-9 所示,西部地震较东部强烈。西部地震主要分布在青藏高原的四周,天山南北、横断山脉和祁连山一带,其特点是发震频率高,复发周期短,震级较大。东部地区主要集中在华北的一些断陷盆地内和大断裂带附近,强震密集成带。台湾地处西太平洋岛弧地震带中的西弧交接点,地震活动强度特别高,震级也大。我国 99% 的地震都属于地壳内的浅源地震,只有在中缅、中俄和中巴交界地区及台湾北部有些中源地震,吉林和黑龙江等省的东部有些深源地震。

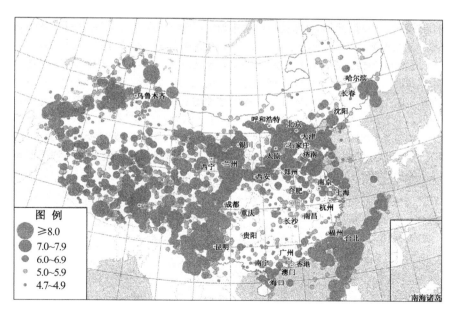

图 1-9 我国地震分布图(公元前 780 年至 2003 年)

第三节 建筑结构的震害

地震引起建筑结构的破坏现象多种多样,其中对钢筋混凝土结构的破坏可列举如下:

(1)扭转破坏。结构平面布置严重不对称,其中"刚度中心"严重偏离质量中心,地震时会引起结构扭转破坏。如楼梯间、电梯间、各层均有设备较重的设备间和砌体填充墙都集中布置在建筑平面一端,使结构房屋的总重量严重偏心布置。

(2)"较弱层"或"薄弱层"破坏。建筑结构某一层的抗侧刚度或某一层结构的水平承载力突然变小,形成"薄弱层"或"软弱层",地震时,使这一层的塑性变形过大或超过结构本身的变形能力,使此层承载力不足,引起结构严重破坏。

(3)整体结构倾斜破坏。建筑结构所在位置砂土液化、突然下陷,使地基丧失承载力,上部结构整体倾斜、倒塌。

(4)鞭梢效应破坏。结构顶部收进过多,特别是高层结构过于追求造型,抗侧刚度急剧减小,地震中出现鞭梢效应,使结构顶部局部破坏。

(5)碰撞破坏。由于相邻建筑结构之间的距离没有按"抗震规范"操作,产生相邻建筑结构的碰撞破坏。

(6)相邻建筑之间的连廊破坏。1976年唐山地震、1995年阪神地震和1999年台湾集集地震中,都有连廊塌落的震害实例。

(7)框架柱的破坏。在地震中,框架柱的破坏形式很多,如短柱剪切破坏;框架梁柱节点区剪切破坏;柱承载力不足,柱被折断;柱箍筋不足引起柱纵筋压屈成灯笼状,混凝土压碎;角柱破坏比中间柱破坏更严重;框架内的刚性填充墙不到顶,使上部柱形成短柱,且增大了柱的刚度,承受的荷载大于设计的承载力,导致柱的承载力不足而破坏。框架梁的破坏很少,因计算梁的受弯承载力时,没有考虑现浇板钢筋对梁承载力的增大,即使按强柱弱梁设计的框架也成为强梁弱柱,地震时梁不坏,柱破坏。

(8)剪切墙破坏。主要是指连梁剪切破坏,墙体出现剪切裂缝或水平裂缝。

第四节　抗震设计理论的发展

抗震设计理论的发展可分为静力设计阶段、反应谱设计阶段和结构性能/位移设计阶段。

一、静力设计阶段

结构抗震计算始于 20 世纪初期,开始将地震作用看成是作用在结构上的一个总水平力,并取结构物总重量乘以一个地震系数,这一方法为中国的《建筑抗震设计规范》(GB 5001—2010)所采用。无论是水平地震作用计算或竖向地震作用计算,都是采用结构等效总重力荷载乘以一个水平地震影响系数或竖向地震影响系数(影响系数按不同烈度取用)。1924 年,日本建筑规则首次增设的抗震设计取地震系数为 0.1;而 1927 年,美国《统一建筑规范》规定的地震系数为 0.075~0.1。

二、反应谱设计阶段

20 世纪 40 年代,美国学者 Biot 首先从实测记录中计算反应谱的概念,从强震记录的分析结果中推导出了无阻尼单自由度体系的反应加速度与周期的关系。1953 年,美国学者 Housner 等人提出许多有阻尼单自由度体系的反应谱曲线的计算实例。1954 年之后,又有多个美国学者在高层建筑地震反应中具体解决了高振型影响的计算方法,使结构抗震设计理论进入了反应谱阶段。反应谱理论的作用是将结构简化为多自由度体系,而多自由度体系的反应可以用振型组合多个单自由度体系的反应而得到,使单自由度体系的最大反应由反应谱确定。反应谱可分为地面位移反应谱、地面速度反应谱和地面加速度反应谱。

现在一般都是采用加速度反应谱作为计算结构地震作用的输入。荷载信息、结构形式、地震烈度、设防分类、特征周期、场地类别等都对反应谱曲线的形状和谱值有影响。图 1-10 为不同场地、不同震中距地震加速度时程的平均反应谱曲线。

20 世纪 70 年代后期,新西兰的 T. Paulay 和 R. Park 首先提出了能力设计(Capacity Design)方法,就是在结构有足够的承载力的前提下,保证结构有足够的延性。能力设计的概念,是使常见的钢筋混凝土框架或框-剪结构等在地震作用下出现合理的塑性铰机制,使梁、柱、墙

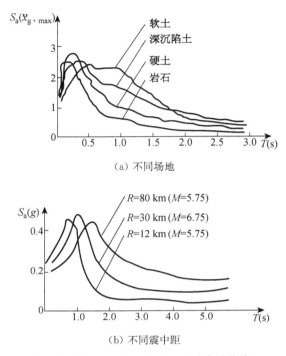

（a）不同场地

（b）不同震中距

图1-10 地震加速度的平均反应谱曲线

等主要承重构件在受剪力较大的部位形成弯曲铰或压弯铰前不出现剪切破坏，通过构造措施使出现较大塑性铰变形的部位具有所需要的变形能力。该方法在新西兰《混凝土结构标准》（NZS3101）的1982年版中首先采用。20世纪60年代中期，新西兰在柱子的箍筋配置间距、直径、箍筋形式等方面都有严格计算，保证柱的抗剪能力和增加柱的延性，走在了各国的前面。20世纪80年代以后，美国、欧洲各国规范和我国抗震设计规范先后对钢筋混凝土结构都建立了一定设计能力的抗震设计方法。

地震对结构的作用是动力作用，反应谱法将动力作用变为静力作用，它是按照静力分析计算结构的地震最大弹性反应，它也反映了地震动三要素中的峰值和频谱两个因素。但它仅反映了结构在弹性阶段具有统计意义的最大地震动反应，而不能计算出某一具体的地震动作用下的最大地震反应，另外，它也不能用于弹塑性结构的计算。

后来，随着结构设计方法的改进，逐步接近动力法对结构的作用，反映实际状态。采用了时程分析法，此方法可用于弹性结构，也可用于结构构件进入屈服阶段的弹塑性结构。时程分析法也是采用加速度时程输入,作用于结构底部固定端,通过逐步积分,解动力方程可得到结构随时间变化的动力反应和构件内力、变形、层间位移、屈服构件的位置,塑性铰的发展过程等。但它对结构构件的最大内力值不能在同一时刻出现,弹性时程分析很难用于承载力验算。

三、结构性能/位移设计阶段

由于目前广泛采用的承载力的抗震设计不能保证结构达到预期的延性耗能机构,设计者很难掌握结构在大地震时塑性铰出现的位置、顺序和结构倒塌的机制。20世纪90年代,R. Bertero 和 V. V. Bertero 等学者提出了性能设计。性能设计的基本思路:使结构在预定的使用年限内,在不同强度水平地震作用下,达到预定的不同性能的目标。新的结构性能和位移设计有三个方面:①直接基于位移;②控制延性;③能力谱法。

直接基于位移法是指将多自由度体系转化为等效单自由度体系,确定等效刚度和等效质量。根据等效阻尼比与延性的关系,确定等效单自由度体系的等效阻尼比,建立不同阻尼比的位移反应谱。根据等效阻尼比,计算等效单自由度体系的目标位移和水平地震力,由此计算原多自由度体系的目标位移、基底剪力和水平地震力,计算原结构水平地震作用效应,进行结构设计,将结构的目标位移转化为各构件的变形要求,对构件关键部位配置的束箍筋,使其构件具有相应的变形能力。

控制延性法实质上是通过建立构件的位移延性或截面的曲率延性与塑性铰区混凝土极限压应变的关系,通过塑性铰区定量配置的束箍筋,保证混凝土能达到要求的极限压应变,从而使构件具有足够的延性能力。控制延性实质是要确定混凝土极限压应变、结构或构件的屈服位移和极限位移。

能力谱法最早由 Freeman 等在 1975 年提出。能力谱法首先是对结构进行弹塑性分析,得到结构的基底剪力 V_b 和顶点位移曲线,如图 1-11 所示。根据多自由度体系与单自由度体系 u_n 存在的关系,建立结构的等效单自由度体系,将剪力位移曲线 $V_b - u_n$ 曲线转换为谱加速度(A)和谱位移(D)表达的能力谱曲线[图1-11(b)];确定用于结构抗震设计的加速度反应谱,转换为弹性谱加速度-谱位移曲线,再将其变换为对应于一系列等效阻尼比 ξ_{eff} 的弹性谱加速度(S_a)和谱位移(S_d)曲线,或对应于一系列位移延性系数 μ 的弹塑性谱加速度（S_a）-谱位移（S_d）曲线[图 1-11(c)]；确定结构在地震作用下的位移延性系数或结构的等效阻尼比,可确定位移延性系数或等效阻尼比对应的要求曲线；将能力曲线和需求曲线画在同一坐标系中,得到两条曲线的交点,便是结构的性能点[图 1-11(d)],该点的坐标为谱加速度 S_a 值和谱位移 S_d 值。S_d 为地震作用下的等效单自由度体系的位移,将 S_a 与等效质量 M 的乘积作为结构的基底剪力,通过单、多自由度的转换,将 S_d 转为结构顶点位移,这就是设定地震作用下的结构顶点位移。由顶点位移及弹塑性分析,得到结构的层间位移角、梁柱变形、塑性铰分布等。若能力谱与要求的谱没有交点,则表明结构的抗震性能不足,需修改设计。

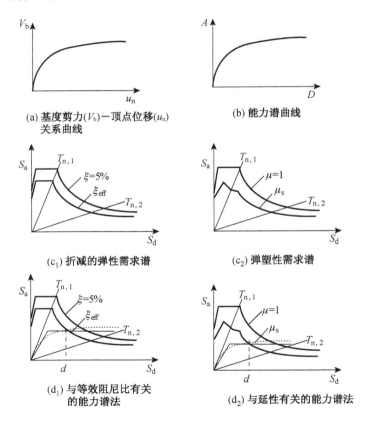

(a) 基底剪力(V_b)—顶点位移(u_n)
关系曲线

(b) 能力谱曲线

(c_1) 折减的弹性需求谱

(c_2) 弹塑性需求谱

(d_1) 与等效阻尼比有关
的能力谱法

(d_2) 与延性有关的能力谱法

图 1-11　能力谱法步骤示意图

第二章

场 地 和 地 基

第一节　场　地

一、场地概念

场地是指工程建设所直接占有并直接使用的有限面积的土地。场地范围内及其邻近的地质环境都直接影响着场地的稳定性。

场地的概念是宏观的,它既代表着划定的土地范围,又代表着扩大的涉及某种地质现象或工程地质所概括的地区,所以场地概念不能简单地理解为建筑占地面积,在地质条件复杂的地区,还包括该面积在内的微小地貌、地形和地质单元。

场地的评价实际上是工程选址或工程总体规划的主要组成部分。对较大地域的工程项目而言,它是工程前期工作中可行性研究的一项主要组成部分。其内容包括场地内及其附近是否存在直接威胁工程安全或影响正常运营的不良地质因素。如有不良地质因素,则必须进一步说明可能带来的风险,及所采取的措施和工程额外增加的费用。

场地条件是决定地震作用大小和地震破坏程度的重要因素。场地选择也是建筑抗震设计中十分有效、可靠而又经济的抗震措施。同时又是选择反应谱(地震影响系数)曲线和抗震措施的主要指标。

场地在平面和深度方向的尺度与地震波波长相当,比建筑物地基尺寸大很多。场地类别的划分主要考虑地质条件对地震动的效应,关系到设计用的地震影响系数特征周期 T_g 的取值,也影响到场地的反应谱特征。采用桩基或搅拌桩处理地基时,因桩基只对建筑物下卧土层起作用,对整个场地的地质特性影响不大,因此,不会改变场地类别。

场地的选择应按对建筑抗震有利地段(开阔平坦的坚硬土和密实、

均匀的中硬土等）、不利地段（软弱土、液化土、条状突出的山嘴、高耸孤立的山丘、非岩质陡坡、采空区、河岸和边坡边缘、平面分布上成因、岩性状态明显不均匀的土层，如故河道、断裂破碎带、暗埋的塘浜沟谷及半挖半填地基等）和危险地段（地震时可能发生滑坡、崩塌、地陷、地裂、泥石流等及发震断裂带上可能发生地表位错的部位）进行区分。

所谓断裂是指下列三个方面：

（1）全新活动断裂——指全新世（Q_4）地质时期（1.1万年）以来有过活动地震，并在工程使用期间仍有可能继续活动的断裂。

（2）发震断裂——指全新活动断裂中，近期（500年）发生过震级 $M \geqslant 5$ 级地震的断裂。

（3）非全新活动断裂——指在全新世（Q_4）地质时期（即 1.1 万年）未发生过任何形式活动、在此之前曾发生过活动的断裂。

发生发震断裂时是否会发生地表位错与基岩上覆盖层厚度和地震震级（烈度）有关：

（1）当基岩上覆盖土层厚度不大于 25 倍一次强烈地震在基岩中产生的相对位错时，有可能发生地震位错。

（2）当缺少基岩上覆盖土层厚度时，对乙类建筑，当基岩上覆盖土层厚度 $\leqslant 50$ m、震级 $M \geqslant 7.0$ 时，需要考虑位错影响；当基岩上覆盖土层厚度 $\leqslant 50$ m、震级 $M = 6 \sim 6.9$ 时，需要考虑位错影响；当基岩上覆盖土层厚度 > 50 m、震级 $M \geqslant 7.0$ 时，需要考虑位错影响；当 $M = 6 \sim 6.9$ 级时，不需考虑位错影响。对丙类建筑，当基岩上覆盖土层厚度 $\leqslant 50$ m、震级 $M \geqslant 7.0$ 时，需要考虑位错影响；当震级 $M = 6 \sim 6.9$ 时，可不考虑位错影响；当基岩上覆盖土层厚度 > 50 m、震级 $M \geqslant 7.0$ 或 $M = 6 \sim 6.9$ 时，均不考虑位错影响。

（3）8度和8度以下地区可不考虑位错。

二、场地抗震措施

由于建筑场地直接关系到建筑物的安全与否，所以在选择场地时，宜选择对建筑抗震有利的地段，避让不利地段，当无法避让时应采取抗震措施，不应在抗震危险地段建造甲、乙、丙类建筑。对丁类场地抗震构造措施可按原烈度降低一度考虑（6度时不应降低）。

（1）对非全新活动断裂，一般可不避让，当断裂带丛生时，可考虑地基的不均匀影响。

（2）对震级 $M < 6$ 的微弱发震断裂，宜避开断裂带。

（3）对震级 $M = 6 \sim 6.9$ 时中强发震断裂，当覆盖土层厚度大于 50 m 时，可不避让；当覆盖土层厚度不大于 50 m 时，对乙类建筑宜避让 500～1 000 m，对丙类建筑宜避让 100～500 m。

（4）对震级 $M > 7.0$ 时强烈发震断裂，宜按表 2-1 采取避让距离。

表 2-1　强烈发震断裂避让距离　　　　　　（m）

岩石上覆盖土层厚度	<20	20～50	>50
乙类建筑	2 000～3 000	1 000～1 500	500～750
丙类建筑	1 000～2 000	500～1 000	250～500

注：1. 甲类建筑特殊考虑，丁类建筑不考虑。

　　2. 避让距离指断裂破碎边缘至建筑物外缘的距离。

（5）对构造性地裂和非构造性地裂采取避让措施或加强基础的整体性和刚度等措施，对非构造性地裂宜采取基础处理措施。

（6）对采空区应查明位于地下的位置，评价上覆盖岩层的地震稳定性，或采取避让措施；当不可避让时，应注意建筑物不宜横跨或靠近采空区边缘，建筑物的形状宜力求简单、对称，建筑物的单元长度不宜大于 20 m，建筑物长高比宜减小，采用整体式基础，加强结构上部的刚度和整体性等。

（7）在场地选择时还应注意的问题有：

① 在坚硬土层上建造房屋时，应注意刚性房屋可能产生共振，特别是位于中、小地震震中区附近的刚性房屋。

② 对软弱土层下部土层的构造应查明情况，当存在不同的软弱夹层，特别是较厚的低波速的软弱土层时，对震级 $M > 7$ 级，远震中距通常大于 100 km，应考虑共振效应。

③ 当土质边坡位于湖（河）岸地带，地震时容易发生边坡滑动，其建筑布置应远离湖（河）岸 5～10 倍河床深度；当湖（河）岸有液化土层且坡向湖（河）或液化土层下界面倾斜度超过 2%或一侧有临空面时，应考虑液化后土体发生滑动的可能性。

④ 对岩体和土体两种滑坡，应结合当地的地震烈度进行分析。土体滑坡在 7 度时就很普遍，9 度时滑坡较大；岩体滑坡在 9 度时就会出现。

⑤ 当溶洞在地表下附近存在，在地震时可能形成陷坑；在黄土地区

地下也有隐伏的洞穴,对以上情况应酌情处理。

⑥ 山区的边坡常发生崩塌,不应在其附近建造房屋。

⑦ 对填土场地应查明是冲填土还是素填土。在密度较好时,可造较低房屋。冲填土应查明是否液化;对杂填土,由于存在不均匀性,易造成震害,不经处理,不宜作建筑房屋地基。

(8) 液化土层的处理。

未经处理的液化土层不能作为天然地基持力层,其处理措施分为:对乙类建筑,当土体轻微液化时,可部分消除液化,或对基础和上部结构采取处理;对中等液化土体,可全部消除液化沉陷,或部分消除液化沉陷,且对基础和上部结构采取处理;对严重液化土层,可全部消除液化沉陷,可对基础和上部结构加强处理。对丙类建筑,当土层轻微液化时,可对基础和上部结构稍作处理;对中等液化土层,可对基础和上部结构采取处理;对严重液化土层,可全部消除液化土层,对基础和上部结构加强处理。对丁类建筑,当土体轻微或中等液化时,可不作处理;当土体严重液化时,对基础和上部结构采取处理措施。

(9) 对全部消除液化地基的措施:

① 采取深基础,基础持力层应埋入液化土层以下的稳定土层中(持力土层的厚度不小于 1.5 m),基础深度大于等于 0.5 m;

② 采用桩基础,桩下端深入液化土层以下稳定的土层中的长度(不包括桩类,对碎石土、砾石、粗砂、中砂、坚硬黏土和密实粉土)应不小于 $2d \sim 2.5d$(d 为桩径)。同时用桩基处理液化土层时,桩承受全部地震作用时,液化土层中的桩周摩擦力及桩水平抗力均应乘以表 2-2 中规定的折减系数。当液化土层厚度小于 0.5 m 时,也可将此桩段摩擦力取为零。液化土层中桩身配筋自桩顶至液化深度以下应符合全部消除液化沉陷所要求的深度,其纵向配筋应与桩顶部相同,箍筋应加密配置。

表 2-2 土层液化影响折减系数

实际标贯锤击数/临界标贯锤击数	深度 d_s(m)	折减系数
≤0.6	$d_s \leqslant 10$	0
	$10 < d_s \leqslant 20$	1/3
>0.6~0.8	$d_s \leqslant 10$	1/3
	$10 < d_s \leqslant 20$	2/3

续表

实际标贯锤击数/临界标贯锤击数	深度 d_s(m)	折减系数
>0.8~1.0	$d_s \leqslant 10$	2/3
	$10 < d_s \leqslant 20$	1

③ 对中等液化和严重液化的故河道、现代河滨、海滨,当有液化向侧向扩展或流滑的可能时,在距常时水线约 100 m 以内不宜修建永久性建筑,否则应进行抗滑动验算,采取土体防滑措施或结构抗裂措施(常时水线是指在设计基准期内年平均最高水位,也可取近期年最高水位)。

④ 采用加密法(如振冲、振动加密、挤密碎石桩、强夯等)加固时,应处理至液化深度下界;振冲或挤密碎石桩加固后,桩间土的标准贯入锤击数不宜小于表 2-3 规定的液化判别标准贯入锤击数临界值。

表 2-3 液化判别标准贯入锤击数临界值

设计地震分组	7 度	8 度	9 度
第一组	6(8)	10(13)	16
第二组,第三组	8(10)	12(15)	18

注:括号内数值用于设计基本地震加速度为 $0.15g$ 和 $0.30g$ 的地区。

⑤ 用非液化土替换全部液化土层。

⑥ 采用换土或加密法时,基础边缘以外的处理宽度,应超过基础底面下处理深度的 1/2,且不小于基础宽度的 1/5。

三、建筑场地类型划分

建筑场地的类型划分应以土层剪切波速和场地覆盖土层厚度为准。

场地覆盖土层厚度应按地面至剪切波速大于 500 m/s 的土层或坚硬土层的顶面的距离确定。薄的硬夹层或孤石不得作为坚硬土层,当其不深于 15 m 时,应包括在计算范围内。

对大面积的同一地质单元,测量土层剪切波速的钻孔数量,应为控制钻孔数量的 1/5~1/3,山间河谷地区可适当减少,但不宜少于 3 个。详勘阶段,对单幢建筑,测量土层剪切波速的钻孔数不宜少于 2 个,波速数据变化较大时,可适当增孔;对同一小区的同一地质单元密集的高层建筑群,钻孔数量可适当减少,但每幢高层建筑不少于 1 个。对于丁类建筑及层数不超过 10 层且高度不超过 30 m 的丙类建筑,当缺失实测剪

25

切波速时,可利用表 2-4 划分土的类型和推断各土层的剪切波速。

表 2-4　土的类型近似划分

土的类型	岩土名称和性状	土层剪切波速范围(m/s)
坚硬土或岩石	稳定岩石,密实的碎石土	$V_s > 500$
中硬土	中密、稍密的碎石土,密石,中密的砂,粗、中砂,$f_{ak} > 200$ 的黏性土和粉土,坚硬黄土	$500 \geqslant V_s > 250$
中软土	稍密的砾、粗、中砂,除松散以外的细、粉砂,$f_{ak} \leqslant 200$ 的黏性土和粉土,$f_{ak} > 130$ 的填土,可塑黄土	$250 \geqslant V_s > 140$
软弱土	淤泥和淤泥质土,松散的砂,新近沉积的黏性土和粉土,$f_{ak} < 130$ 的填土,淤泥黄土	$V_s < 140$

注:f_{ak} 为载荷试验等测得的地基承载力特征值(kPa),V_s 为剪切波速。

波速测试采样点的竖向间距,对每个土层均应采集(小于 0.5 m 的薄夹层除外),不得并层采样;同一土层的最大间距不大于 3 m。剪切波速的计算,应采用走时平均方法,不得用厚度加权法。测试波速的深度为 20 m;当覆盖层厚度小于 20 m 时,可相应减少,但应超过覆盖层的埋深,以判断覆盖层的厚度。

测定剪切波速的经验公式是

$$V_s = \alpha h_s^{\beta} \qquad (2-1)$$

式中　V_s——土层剪切波速估算值(m/s);

　　　h_s——土层中点距地面的深度(以米计,无量纲代入);

　　　α, β——场地土层剪切波速统计系数,按表 2-5 取用。

表 2-5　场地土层剪切波速统计系数 α, β

场　地　土		黏性土	粉细砂	中粗砂	卵、砾、碎石
固结较差的流塑、软塑黏性土,松散稍密的砂土	α	70	90	80	—
	β	0.300	0.243	0.280	—
软塑-可塑黏性土,中密稍密砂、砾、卵碎石土	α	100	120	120	170
	β	0.300	0.243	0.280	0.243

续表

场 地 土		黏性土	粉细砂	中粗砂	卵、砾、碎石
硬塑-坚硬黏性土,密实的	α	130	150	150	200
砂、碎石、卵砾石土	β	0.300	0.243	0.280	0.243
再胶结的砂、砾、卵、碎石,	α	300~500			
风化岩石	β	0			
未风化岩石	α	>500			
	β	0			

当有各土层的剪切波速时,可用式(2-2)计算平均剪切波速来划分场地土类型(表2-4)。

$$V_{sm} = \frac{\sum_{i=1}^{n} V_{si} h_i}{\sum_{i=1}^{n} h_i} \qquad (2-2)$$

式中 V_{sm}——土层平均剪切波速(m/s);

V_{si}——第 i 土层的剪切波速(m/s);

h_i——第 i 土层的厚度(m);

$\sum h_i$——各土层的总厚度,算至坚硬土层顶面,但不大于 15 m。

例如,设有一地块为多层土,自上而下各土层的分布如下:

填土:$f_k = 120$ kPa, $V_s = 90$ m/s,厚 1 m;

粉质黏土:$f_k = 160$ kPa, $V_s = 200$ m/s,厚 6 m;

淤泥土:$f_k = 60$ kPa, $V_s = 100$ m/s,厚 3 m;

黏土:$f_k = 320$ kPa, $V_s = 310$ m/s,厚 6 m。

则平均实测剪切波速

$$V_{sm} = \frac{90 \times 1 + 200 \times 6 + 100 \times 3 + 310 \times 6}{1 + 6 + 3 + 6}$$
$$= 215.625 \text{ m/s}$$

根据 $V_{sm} = 215.625$ m/s,对照表2-5,可近似划为中软场地土。

土层的等效剪切波速计算,可用式(2-3)计算(应采用走时平均法,不得用厚度加权法)。

$$V_{se} = d_0/t \qquad (2-3a)$$

$$t = \sum_{i=1}^{n}(d_i/V_{si}) \qquad (2-3b)$$

式中　V_{se}——土层的等效剪切波速(m/s);

　　　d_0——计算深度(m),取 20 m 和覆盖层厚度的最小值;

　　　t——剪切波从场地地面到计算深度之间的传播时间(s);

　　　d_i——计算土层深度内第 i 土层的厚度(m);

　　　V_{si}——计算深度内第 i 土层的剪切波速(m/s);

　　　n——计算深度内土层的分层数。

各类建筑场地的类别可用土层的剪切波速 V_{se} 和场地覆盖层厚度划分为四类。其中Ⅰ类分Ⅰ₀、Ⅰ₁两个亚类。

表 2-6　各类建筑场地土的覆盖层厚度　　　　(m)

岩石剪切波速或土的等效剪切波速(m/s)	场地类别				
	Ⅰ₀	Ⅰ₁	Ⅱ	Ⅲ	Ⅳ
$V_{se} > 800$	0				
$800 \geqslant V_{se} > 500$		0			
$500 \geqslant V_{se} > 250$		<5	$\geqslant 5$		
$250 \geqslant V_{se} > 150$		<3	$3\sim50$	>50	
$V_{se} \leqslant 150$		<3	$3\sim15$	$>15\sim80$	>80

在当地无剪切波速测试手段或缺乏有关资料时可采用符合要求的脉动测试,土的卓越周期 T_s 作为划分场地类别的依据。

表 2-7　场地类别参数划分

卓越周期 T_s	$0.1 < T_s < 0.4$	$0.4 < T_s < 0.8$	$T_s > 0.8$
场地类别	Ⅱ	Ⅲ	Ⅳ

场地覆盖层厚度是指从地面开始到剪切波速均大于 500 m/s 的各土层或至坚硬土层顶面的距离。图 2-1 不能取覆盖层厚度 21 m,而应取 60 m,否则是地质报告判断错误。

当遇到相邻上下薄土层的剪切波速相差 2.5 倍时,即按地面至该土层顶面的距离确定覆盖层厚度。如图 2-2 所示,圆砾层波速为420 m/s,下部各土层波速均大于 420 m/s,而圆砾层上部各土层波速都满足 2.5 倍的要求,覆盖层厚度可确定为 22 m。

地层深度(m)	岩土名称	地层柱状图	剪切波速度 V_s (m/s)
2.5	填土		120
5.5	粉质黏土		180
7.0	黏质粉土		200
11.0	砂质粉土		220
18.0	粉细砂	fx	230
21.0	粗砂	C	290
48.0	卵石		510
51.0	中砂	Z	380
58.0	粗砂	C	420
60.0	砂岩		800

图 2-1 柱状图 1

地层深度(m)	岩土名称	地层柱状图	剪切波速度 V_s (m/s)
6.0	填土		130
12.0	粉质黏土		150
17.0	粉细砂	fx	155
22.0	粗砂	C	160
27.0	圆砾		420
51.0	卵石		450
55.0	砂岩		780

图 2-2 柱状图 2

四、场地土固有特性(周期)

1. 设计特征周期 T_g

对不同的土体,特征周期不同。特征周期 T_g 是抗震设计用的地震影响系数曲线下降段的起始点,也就是地震影响系数曲线水平段的末端点。特征周期 T_g 与地震级分组、震中距和场地类别有关。场地类别越高(场地越软),T_g 越大;场地类别越低(场地越硬),T_g 越小。当震级越大,波及的震中距离越远,T_g 越大。当 T_g 越大,地震影响系数 α 的水平平台越宽,对高层结构和大跨度结构及柔性结构计算地震的作用效应就越大。场地特征周期值(s)与设计地震分组及场地的具体对应关系如表 2-8 所示。

表 2 - 8　特征周期值　　　　　　　　　　　　（s）

设计地震分组	场 地 类 别			
	I	II	III	IV
第一组	0.25	0.35	0.45	0.65
第二组	0.30	0.40	0.55	0.75
第三组	0.35	0.48	0.65	0.90

2. 场地土卓越周期 T_s

场地土卓越周期 T_s 与场地土覆盖层厚度 H 和平均剪切波速 V_s 有关，由日本金井清教授提出的经验公式 $T_s = 4H/V_s$ 计算的周期，称为场地土的卓越周期，体现了场地土的振动特性，由此式可推断，当场地土覆盖层厚度 H 越大，场地土越软，V_s 越小，其卓越周期越大。卓越周期只反映场地土的固有特性。金井清教授提出，在同一地点的地震动卓越周期与场地土的固有振动周期有相似之处。由震害表明，当结构的自振周期 T_p 与场地土的卓越周期 T_s 相接近时，地震时可能发生共振，导致建筑结构破坏。

3. 场地脉动周期 T_m

脉动周期 T_m 是在十分安静的平坦环境下，用微震仪对场地的脉动进行长期观测所得到的振动周期。它反映了场地脉动所反映的场地动力特征，与强地震作用下场地的动力特性有关，又不完全相同。

结构的地震反应与其动力特性密切相关，结构的自振周期是其重要的动力特性参数，与结构的质量与刚度相关。当结构的基本自振周期 T_p 不大于设计特征周期 T_g 时，地震影响系数的设计取值为 α_{max}，按抗震规范计算的结构效应作用最大。在大地震时，由于土体发生大变形或液化，土的应力应变曲线为非线性，引起土层剪切波速 V_s 发生变化。因此，在同一地区，发生地震时场地的卓越周期 T_s 将随地震级别、震源机制、震中距离的变化而改变其大小。若仅从 T_m，T_s 和 T_g 周期时间的数值上比较，脉动周期 T_m 最短，特征周期 T_g 最长，而卓越周期 T_s 介于两者之间，即 $T_m < T_s < T_g$。

4. 结构的基本振动周期 T_p

建筑结构物由外界震动（地震或风振）引起的基本自振周期 T_p 与场地土的卓越周期 T_s 或脉动周期 T_m 之间不作具体规定，要求自振周期

T_p 避开 T_m 和 T_s 都不现实。事实上,每个建筑结构都有多个自由度,从而有多个自振周期,不可能避让。对于一般建筑结构的低层框架,T_p 一般计算 6 个振型;10~15 层建筑结构,计算 9 个振型;20~25 层建筑结构,计算 12 个振型;100 m 以内的高层建筑,计算 15 个振型;超过 200 m 的超高层建筑,计算 21 个振型。振型多少与结构的刚度体系有关,要分框架结构、框剪结构、剪力墙结构、框筒结构和筒中筒结构等,总之计算的振型多少,与其建筑结构的总质量有关联。若一个建筑结构能计算到其总质量达到 95% 以上,就算最终振型计算结果。

第二节　地　基

一、概述

地基是承受建筑物基础很小的场地,是使建筑场结构不受沉陷、滑坡等不良影响破坏的保证,也是地震波的传播介质,可将地震波传递给建筑物,它有滤波、放大等作用。

地基所占场地土的面积比场地土面积小得多,地基是针对每一个建筑物而言。不同的建筑物对地基的要求不同。地基可分为人工地基、软土地基和硬土地基。根据使用要求不同,地基又分深地基和浅地基。当地基范围内存在淤泥、淤泥质土、冲填土、杂填土以及地基静承载力标准值小于 80 kPa(7 度)、100 kPa(8 度)、120 kPa(9 度)的黏性土等软土时,统称软土地基。6 度时,可不考虑软土地基震害的影响。软土地基应首先查明地质条件(如暗埋的沟坑、塘浜、故河道、坟墓等),对这些地基应严加控制,使基础底面上的压应力不得超过地基承载力。除丁类建筑外,未经处理的软土层不应直接作为天然地基的持力层。

从震害的宏观经验和对不同地形所构成的地基进行的二维地震分析结果所反映的趋势,可大致归纳为五点:①高突地形地基距离基准面的高度愈高,高处的反应愈强烈;②离陡坎和边坡顶部边缘的距离愈大,反应相应减少;③从岩土构成分析,在同样地形地基条件下,土质构成的地基其反应比岩质构成的地基要大;④高突地形地基顶面愈开阔,远离边缘的中心部位的反应明显减小;⑤地基边坡愈陡,其顶部的放大影响相应加大。

当需要在条状突出的山嘴、高耸孤立的山丘、非岩石和强风化岩石的陡坡、河岸和边坡边缘等不利地段建造丙类及丙类以上建筑时,其水平地震影响系数最大值应乘以增大系数（竖向地震不考虑增大），其值应根据不利地段的具体情况确定，在1.1～1.6范围之内。对各种山包、山梁、悬崖、陡坡都可采用，不同的取值如表2-9所示。

表2-9　局部突出地形地基水平地震影响系数的增大幅度 α

突出地形的高度 H(m)	非岩质地层	$H<5$	$5\leq H<15$	$15\leq H<25$	$H\geq 25$
	岩质地层	$H<20$	$20\leq H<40$	$40\leq H<60$	$H\geq 60$
局部突出台地边缘的侧向平均坡降（H/L）	$H/L<0.3$	≈ 0	0.1	0.2	0.3
	$0.3\leq H/L<0.6$	0.1	0.2	0.3	0.4
	$0.6\leq H/L<1.0$	0.2	0.3	0.4	0.5
	$H/L\geq 1.0$	0.3	0.4	0.5	0.6

　　一般情况下，增大系数按下列方法确定：取突出地形地基的高差 H、坡降角度的正切 H/L 以及场地土距突出地形地基边缘的相对距离 L_1/H 为参数，如图2-3所示。地震作用的放大系数按下式确定：

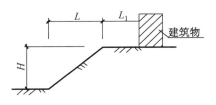

图2-3　局部突出地形的尺寸示意图

$$\lambda = 1 + \xi\alpha \qquad (2-4)$$

式中　λ——局部突出地形的地基顶部的水平地震影响系数的放大系数；

　　　α——局部突出地形的地基地震动系数的增大幅度，按表2-9取用；

　　　ξ——附加调整系数，与建筑地基至突出台地边缘的距离 L_1 与台地高差 H 的比值有关。

　　当 $L_1/H<2.5$ 时，ξ 取 1.0；当 $2.5\leq L_1/H<5$ 时，ξ 取 0.6；当 $L_1/H\geq 5$ 时，ξ 可取 0.3。其中 L，L_1 均应按距离场地的最近点考虑。

　　天然地基抗震验算时，应采用地震作用效应标准组合，且地基抗震承载力应取地基承载力特征值乘以地基抗震承载力调整系数。地基抗震承载力按式(2-5)计算：

$$f_{aE} = \xi_a f_a \qquad (2-5)$$

式中　f_{aE}——调整后的地基抗震承载力；

　　　ξ_a——地基抗震承载力调整系数，按表2-10取用。

表 2 - 10 地基抗震承载力调整系数 ξ_a

岩土名称和性状	ξ_a
岩石,密实的碎石土,密实的砾、粗、中砂,$f_{ak} \geqslant 300$ 的黏性土和粉土	1.5
中密、稍密的碎石土,中密和稍密的砾、粗、中砂,密实和中密的细、粉砂,$150\ kPa \leqslant f_{ak} < 300\ kPa$ 的黏性土和粉土,坚硬黄土	1.3
稍密的细、粉砂,$100\ kPa \leqslant f_{ak} < 150\ kPa$ 的黏性土和粉土,可塑黄土	1.1
淤泥,淤泥质土,松散的砂,杂填土,新近堆积黄土及流塑黄土	1.0

验算天然地基在地震作用下的竖向承载力时,按地震作用效应标准组合的基础底面平均压力应符合式(2-6):

$$p \leqslant f_{aE} \qquad (2-6)$$

式中　p——地震作用效应标准组合的基础底面平均压力。

按地震作用效应标准组合的基础底面边缘最大压力应符合式(2-7):

$$p_{max} \leqslant 1.2 f_{aE} \qquad (2-7)$$

式中　p_{max}——地震作用效应标准组合的基础边缘最大压力。

对高宽比大的高层建筑,在地震作用下,基础底面不宜出现零应力区;对其他建筑,基础底面与地基土之间零应力区的面积不应超过基础底面面积的 15%。

二、分类

工程设计中常遇到的地基有:软土地基、湿陷性黄土地基、膨胀土地基、红黏土地基、季节性冻土地基、岩溶地基、冲填土地基、杂填土地基、高压缩性土地基等。

1. 软土地基

淤泥及淤泥质土总称软土。它是在静水或缓慢的流水环境中沉积、经生物化学作用形成的,天然含水量大于液限,孔隙比大于 1.0 的黏性土。孔隙比大于 1.0 而小于 1.5 时称淤泥质土;孔隙比大于 1.5 时为淤泥。软土广泛分布在我国东南沿海、内陆平原和山区,如天津、上海、温州、宁波、福州、广州、昆明和武汉等地。

软土的特性是天然含水量高、天然孔隙比大、抗剪强度底、压缩性系数高、渗透系数小,地基承载力低,地基变形大,不均匀变形大,其变形稳定时间较长,建筑物基础的沉降时间往往持续多年或数十年。

设计时宜利用其上覆盖较好的土层作持力层,同时考虑上部结构和地基的共同作用。对建筑体型、结构类型、荷载情况和地质条件进行综合分析,确定结构抗震措施和处理方法。

施工时应注意软土基槽的保护,荷载差异较大的建筑,宜先建高和重的结构,后建低和轻的结构。如遇荷载较大的构筑物或构筑群(料仓、油罐等),在使用前采取先预压手段,缩短沉降时间,避免结构倾斜。

2. 湿陷性黄土地基

天然黄土是指在覆土自重应力和附加应力共同作用下,受水浸湿后土的结构迅速破坏而发生显著附加下沉的黄土,称湿陷性黄土。

湿陷性黄土分布广泛,在陕、甘、宁地区、东北三省、华北地区、中原地区等地都有。由于黄土受水浸湿陷造成建(构)筑物不均匀沉降是造成黄土地区事故的主要原因。所以在工程设计之前,通过试验先判断黄土的湿陷性和重力作用下的湿陷量值,再考虑如何处理地基。

3. 膨胀土地基

膨胀土是主要由亲水性黏土矿物组成的黏性土,它的特点是吸水膨胀、失水收缩、具有较大的膨缩性变形,且是变形往复的高塑性黏土。

膨胀土分布广泛,在云贵地区、广西、四川、河南、山东等省均有分布。膨胀土作为地基,应进行地基处理,否则,会对建筑物造成危害。

4. 红黏土地基

红黏土是指石灰岩和白云岩等碳酸盐类岩石在亚热带温湿气候条件下,经风化作用所形成的褐红色黏性土,称红黏土。

红黏土可作为地基土,是很好的基础持力层,但由于下卧岩面起伏及存在软弱土层,容易引起地基不均匀沉降和变形。

5. 季节性冻土地基

凡具有负温或零温,并含有冰的土都称冻土。而冬季冻结、夏季融化的土层,称为季节性冻土。对冻结状态持续3年以上的土层,则称为多年冻土或长年冻土。

季节性冻土在我国东北、西北和华北地区都有分布,因土周期性冻结和融化,对地基的稳定性影响很大。

6. 岩溶地基

岩溶常出现在碳酸盐岩石类地区,在地基主要受力层范围内受水的化学和机械作用而形成溶洞、溶沟、溶槽、落水洞等。岩溶以小的溶蚀为主,由潜蚀和机械塌陷作用而造成。岩溶一般沿水平方向延伸,溶洞有的干涸或被泥沙填实,有的有经常性水流存在。有的溶洞停止发育,有的存在发育,严重时会引起地面塌陷。

建造在岩溶地基上的建筑物,由于地基条件复杂,会引起地面变形和地基陷落。由于山区基岩面起伏大,存在大块孤石,会遇到滑坡、崩塌和泥石流等不良地质现象。建造在岩溶地基上的房屋,要慎重考虑地面变形和地基陷落。

7. 冲填土地基

冲填土的成分比较复杂,如以黏性土为主的冲填土,土中含有大量水分,很难排除,土体形成初期处于流动状态,所以这类土强度低,是压缩性高的欠固结土;另外一种是以砂或其粗颗粒土所组成的冲填土,其性质类似于细砂。

这类土通常分布在长江、上海黄浦江和珠江两岸及天津滩地。

这种地基易产生流砂和管涌现象,应做地基处理,才能建造建筑物,否则会引起房屋倾斜和倒塌。

8. 杂填土地基

杂填土是由人类活动任意堆填的建筑垃圾、工业废料和生活垃圾构成的。杂填土的成因很不规律,填埋的物质杂乱,分布极不均匀,结构松散。其特性是强度低、压缩性高和均匀性差,同时还具有浸水湿陷性。即使在同一建筑单元下的不同位置,地基承载力和压缩性差异都很大。有机质含量较多的生活垃圾和对基础有侵蚀性的工业废料等杂土,不经处理不应作为地基持力层。

9. 高压缩性土地基

饱和松散粉细砂和粉土,也属软弱地基。在机械振动、地震等重复动荷载作用下,也会产生液化;基坑开挖时也会产生管涌。应经适合的地基处理方法处理后,才能作为地基。

第三节 地基的处理方法

地基处理有多种方法,有临时处理和永久处理;有深层处理和浅层处理;有砂性土处理和黏性土处理;有饱和土处理和非饱和土处理等。这里结合实践推荐几种处理方法。

一、重锤夯实法

一般适用于地下水位距地表面 0.8 m 以上稍湿的砂石土、黏性土、湿陷性黄土、杂填土和分层填土。

夯锤宜采用圆台形，锤重宜大于 2 t，锤底面单位静压力宜为 15～20 kPa，夯锤落距宜大于 4 m。夯时宜一夯挨一夯。当基坑底面标高不同时，应先深后浅夯实。累计夯击 10～15 次，最后两击平均夯沉量，砂土不超过 5～10 mm，细颗粒土不超过 10～20 mm。一般重锤夯实有效深度可达 1 m 左右，可消除 1.0～1.5 m 原土层的湿陷性。济南长清区山东艺术学院新校区就是采用这种方法处理的地基。

二、砂垫层换土设计法

砂垫层应有足够的设计厚度置换掉可能被剪切破坏的软弱土层，又应有足够的宽度防止砂垫层向两侧挤出，所以垫层厚度 z 应以垫层底面下土层的承载力确定，并符合式（2-8）的要求：

$$p_z + p_{cz} \leqslant f_z \tag{2-8}$$

式中　p_z——垫层底面处的附加压力设计值（kPa）；

　　　p_{cz}——垫层底面处土的自重压力标准值（kPa）；

　　　f_z——经深度修正后垫层底面处土层的地基承载力设计值（kPa）。

垫层底面处的附加压力值 p_z 可按压力扩散角 θ 进行计算：

条形基础：
$$p_z = \frac{b(p - p_c)}{b + 2z \cdot \tan\theta} \tag{2-9}$$

矩形基础：
$$p_z = \frac{b \cdot l(p - p_c)}{(b + 2z \cdot \tan\theta)(l + 2z \cdot \tan\theta)} \tag{2-10}$$

式中　b——条形或矩形基础底面宽度（m）；

　　　l——矩形基础底面的长度；

　　　p——基础底面压力的设计值（kPa）；

　　　p_c——基础底面处土的自重压力标准值（kPa）；

　　　z——基础底面下垫层的厚度（m）；

　　　θ——垫层的压力扩散角（°），如图 2-4 和表 2-11 所示。

垫层的底面宽度 b'（m）应满足基础底面应力扩散的要求，可用式（2-11）计算或根据经验确定。

$$b' = b + 2z \cdot \tan\theta \tag{2-11}$$

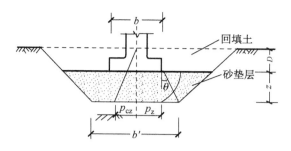

图 2 - 4　垫层内应力分布

表 2 - 11　压力扩散角　　　　　　(°)

z/b ＼ 换填材料	中砂、粗砂、砾砂、圆砾、角砾卵石、碎石	黏性土和粉土 $(8<I_p<14)$	灰土
0.25	26	6	30
≥0.50	30	23	30

注:当 $z/b<0.25$ 时,除灰土仍取 $\theta=30°$ 外,其余材料均取 $\theta=0°$;
　　当 $0.25<z/b<0.5$ 时,θ 值可通过内插求得。

垫层底面每边比基础底面大 500 mm,并防止砂垫层向两侧挤出。

垫层的承载力宜通过现场试验确定,无试验资料可按表 2 - 12 确定,同时应验算下卧层的承载力。

表 2 - 12　各种垫层的承载力

施工方法	换填材料类别	压实系数 λ_c	承载力标准值 f_k(kPa)
碾压或振密	碎石、卵石	0.94～0.97	200～300
	砂夹石(其中碎石、卵石占全重的30%～50%)		200～250
	土夹石(其中碎石、卵石占全重的30%～50%)		150～200
	中砂、粗砂、砾砂		150～200
	黏性土和粉土$(8<I_p<14)$		130～180
	灰土		200～250
重锤夯实	土或灰土	0.93～0.95	150～200

注:① 压实系数小的垫层,承载力标准值取低值,反之取高值。
　　② 重锤夯实土的承载力标准值取低值,灰土取高值。
　　③ 压实系数 λ_c 为土的控制干密度 ρ_d 与最大干密度 ρ_{dmax} 的比值,土的最大干密度采用击实试验确定,碎石或卵石的最大干密度可取 2.0～2.27 t/m³。

三、粉煤灰垫层设计处理法

粉煤灰是燃煤的工业废料,它类似于砂质粉土,其厚度计算可参考砂垫层厚度计算,其压力扩散角 $\theta=22°$。粉煤灰的内摩擦角 φ、黏聚力 c、压缩模量 E_s、渗透系数 k 都随粉煤灰的材质和压实密度的变化而变化,应通过试验确定。无资料时,可以下列数值作参考:λ_c(压实系数)$=0.90\sim0.95$,$\varphi=23°\sim30°$,$c=5\sim30$ kPa,$E_s=8\sim20$ MPa,$k=2\times10^{-4}\sim9\times10^{-5}$ cm/s。

由于粉煤灰压实垫层遇水后其强度有降低的特点,可参考下列经验数值:压实系数 $\lambda_c=0.90\sim0.95$ 时的浸水垫层,其容许承载力可采用 $120\sim200$ kPa,但应满足软弱下卧层的强度与地基变形要求。当 $\lambda_c>0.90$ 时,可抗 7 度地震液化。

粉煤灰垫层可用压路机和振动压路机、平板振动器、蛙式打夯机进行分层压实。

粉煤灰质量检验可用环刀压入法或钢筋贯入法。对大中型工程的检验:环刀法按 $100\sim400$ m² 布置 3 个测点,钢筋贯入法按 $20\sim50$ m² 布置 1 个测点。

四、干渣垫层地基处理法

干渣垫层用料可选用分级干渣、混合干渣或原状干渣。小面积垫层可用 $8\sim40$ mm、$40\sim60$ mm 的分级干渣,或 $0\sim60$ mm 的混合干渣;大面积垫层可用混合干渣或原状干渣。

干渣松散密度不小于 1.9 t/m³;泥土和有机质含量不大于 5%。

干渣分层压实与粉煤灰使用的机械相同,每层虚铺厚度不大于 300 mm。

五、强夯地基处理法

强夯地基处理法一般适用于碎石土、砂土、素填土、杂填土、湿陷性黄土,对淤泥土应经试验有效方可使用。

六、冻结地基处理法

冻结地基处理法适用于各类土,可用于临时性支承和地下水控制。特别在软土地质条件下,开挖深度大于 7m,以及低于地下水位的情况,是一种很好的施工措施。

七、高压喷射注浆法

高压喷射注浆法适用于淤泥、淤泥质土、黏性土、粉土、黄土、砂土、人工填土和碎石土等地基。

当然，处理地基的方法，应根据不同的地基，采取相应的处理措施，从而得到很好的效果。

第三章

建筑结构抗震设计基本概念

第一节　建筑抗震设计

众所周知,结构设计的基本概念要求结构在规定的荷载作用下,使结构处于弹性工作状态,并有足够的强度、刚度和一定的安全弹性变形,保证安全。如设计一个基本构件梁或板,在静荷载和活荷载共同作用下,使构件满足强度要求,并且挠度变形也控制在许可范围之内,从而使结构始终在功能上和外观上均满足要求。设计柔性结构时,必须控制柔性结构在水平荷载作用下的弹性工作状态,无论从结构强度或变形角度考虑,都应使结构在预期荷载作用下,保持弹性工作状态,结构的内力采用弹性分析法。在实际工程设计中,按照这样的设计原则,结构一般都能满足预期的荷载作用,很少出现结构的严重破坏和过度变形等不正常现象。

由于地震效应大小的不同,以及地震发生的随机性,在某一地区和某一基准期内,可能发生最大地震动效应的随机变量,无法预估。地震动的影响次数少,作用时间短,各次地震动的强度差异很大,若在各种地震动强度作用下,要求结构仍然处于弹性工作状态是不现实的,也是很不经济的。因此,结构的抗震设计与结构承担其他荷载作用是不同的,在进行抗震设计时,有其特殊要求,应准确地把握符合结构抗震设计的基本原则。

我国《建筑抗震设计规范》(GB 50011—2010)(以下简称《抗震规范》)规定,基本抗震设防目标是:当遭受低于本地区抗震设防烈度的多遇地震影响时,主体结构不受损坏或不需修理就可继续使用;当遭遇相当于本地区抗震设防烈度的设防地震影响时,可能发生损坏,但经一般性修理仍可继续使用;当遭受高于本地区抗震设防烈度的罕遇地震影响时,不致倒塌或发生危及生命的严重破坏。

《抗震规范》规定的目的是明确建筑抗震设防的政策、方针及基本目标。我国现行《抗震规范》沿用了"三水准"的抗震设计思想,即通常所说的"小震不坏,中震可修,大震不倒"三水准。

第一水准:建筑结构在使用期间,当遭遇频率较高、强度较低(低于本地区基本烈度)的地震时,建筑结构不损坏,不需修理,结构处于弹性工作状态,可以假定服从线弹性理论,用弹性反应谱进行地震作用计算,结构构件应力完全按弹性反应谱理论进行分析,其结果完全一致。

第二水准:建筑结构处于基本烈度的地震作用下,允许结构达到或超过屈服极限,产生弹塑性变形,依靠结构的塑性耗能能力,使结构保持稳定的生存状态,经过修复还可使用,这时结构的抗震应按变形要求设计。

第三水准:当建筑结构遭遇预先估计到的罕见强烈地震时,结构进入弹塑性大变形状态,结构部分产生破坏,但应防止结构倒塌,避免危及生命安全,此阶段应考虑倒塌设计。

三水准的含义,见表3-1和图3-1、图3-2。

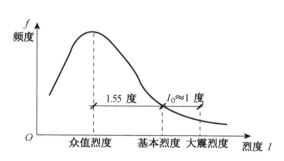

图3-1 三个水准下的烈度

表3-1 设防三个水准

水 准		50年超越概率	结构的位移	α_{max}				三个水准α的比值	三个水准烈度比较
				6度	7度	8度	9度		
众值烈度	多遇地震	约63%	$\frac{1}{400}\sim\frac{1}{500}$	0.04	0.08	0.16	0.32	0.355	$I_0-1.55$度
基本烈度	设防地震	10%	$\frac{1}{200}\sim\frac{1}{150}$	0.12	0.23	0.45	0.90	1	I_0
大震烈度	罕遇地震	2%	$\frac{1}{100}\sim\frac{1}{50}$	—	0.50	0.90	1.40	$2.17\sim1.55$	I_0+1度左右

所谓多遇地震烈度，是指在 50 年期限内，在一般场地条件下，可能遭遇的超越概率为 63% 的地震烈度值，相当于 50 年一遇的地震烈度值；所谓设防地震烈度是指在 50 年期限内，在一般场地条件下，可能遭遇的超越概率为 10% 的地震烈

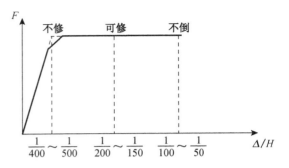

图 3-2　三个水准下的结构位移

度值，相当于 475 年一遇的烈度值；所谓罕遇地震烈度，是指在 50 年期限内，一般场地条件下，可能遭遇的超越概率为 2%～3% 的地震烈度值。三水准对应的重现期分别为 50 年、475 年和 1975 年。

三水准抗震设计的具体实施可通过两个阶段来实现：

第一阶段，对结构设计首先满足第一、第二水准的要求。先按多遇地震（即第一水准，比设防烈度低 1.55 度）的动参数计算地震作用，进行结构分析和地震内力计算，考虑各种分项系数、荷载组合值系数进行荷载与地震作用产生内力的组合，进行截面设计，并采取构造措施保证结构的延性，使之具有与第二水准（设防烈度）相适应的变形能力，从而实现"小震不坏"和"中震可修"。

第二阶段，对抗震能力较低、容易倒塌的结构进行抗震设计，对结构的易损部位（薄弱层）进行塑性变形计算，按建筑类别采取抗震措施和构造措施（表 3-2），提高薄弱层的承载力或增加变形能力，使薄弱层的塑性变形在可控范围之内。

表 3-2(a)　甲类建筑的地震作用、抗震措施和抗震构造措施

设防烈度	6		7		7(0.15g)	8		8(0.30g)	9	
场地类别	I	II～IV	I	II～IV	III,IV	I	II～IV	III,IV	I	II～IV
地震作用	根据地震安全性评价确定									
抗震措施	7	7	8	8	8	9	9	9*	9*	9*
抗震构造措施	6	7	7	8	8*	8	9	9*	9	9*

注：9* 表示比 9 度更高的要求；8* 表示比 8 度适当提高要求。

表 3－2(b)　乙类建筑的地震作用、抗震措施和抗震构造措施

设防烈度	6		7		7(0.15g)	8		8(0.30g)	9	
场地类别	I	II～IV	I	II～IV	III,IV	I	II～IV	III,IV	I	II～IV
地震作用	6	6	7	7	7(0.15g)	8	8	8(0.30g)	9	9
抗震措施	6	6	8	8	8	9	9	9	9＊	9＊
抗震构造措施	6	6	7	8	8＊	8	9	9＊	9	9＊

注:9＊表示比 9 度更高的要求;8＊表示比 8 度适当提高要求。

表 3－2(c)　丙类建筑的地震作用、抗震措施和抗震构造措施

设防烈度	6		7		7(0.15g)	8		8(0.30g)	9	
场地类别	I	II～IV	I	II～IV	III,IV	I	II～IV	III,IV	I	II～IV
地震作用	6	6	7	7	7(0.15g)	8	8	8(0.30g)	9	9
抗震措施	6	6	7	7	7	8	8	8	9	9
抗震构造措施	6	6	6	7	8	7	8	9	8	9

表 3－2(d)　丁类建筑的地震作用、抗震措施和抗震构造措施

设防烈度	6		7		7(0.15g)	8		8(0.30g)	9	
场地类别	I	II～IV	I	II～IV	III,IV	I	II～IV	III,IV	I	II～IV
地震作用	6	6	7	7	7(0.15g)	8	8	8(0.30g)	9	9
抗震措施	6	6	7—	7—	7	8—	8—	8—	9—	9—
抗震构造措施	6	6	6	7—	7	7	8—	8	8	9—

注:7—表示比 7 度适当降低要求;8—表示比 8 度适当降低要求;9—表示比 9 度适当降低要求。

给定重现期为 X 的地震烈度(即 X 年一遇的地震烈度),若以中震烈度(地震基本烈度)I 为基础,从平均意义上说,将"小震"定义为(I－1.55)度,"大震"定义为(I＋1)度。实际上大、中、小地震烈度,因地区不同而不同,这种定义的烈度差别是一种人为的规定,适用于工程应用,若按此定义,对不同的基本地震烈度区,重现期为 X 的设防烈度,可用式(3－1)表示:

$$I = a(\lg X)^2 + b \lg X + c \qquad (3-1)$$

式中 a,b,c 三系数可由表 3－3 确定。

表 3 - 3　不同烈度时公式 (3 - 1) 的系数值

系数		a	b	c
烈度	7	0.02	1.50	2.85
	8	0.01	1.50	3.85
	9	−0.48	3.68	2.59

例如,在 7 度区给出 50 年、100 年、500 年的重现期,其基本设防烈度分别是:

$$I = 0.02 \times (\lg 50)^2 + 1.5 \lg 50 + 2.85 = 5.44$$
$$I = 0.02 \times (\lg 100)^2 + 1.5 \lg 100 + 2.85 = 5.93$$
$$I = 0.02 \times (\lg 500)^2 + 1.5 \lg 500 + 2.85 = 7.04$$

假定使用年限为 T,重现期为 X,若地震发生时符合"泊松比过程",在使用年限 T 内烈度 I 超过 i 的超越概率 P_T 和 T 之间的关系如下:

$$P_T(I \geqslant i) = 1 - e^{-\lambda(I \geqslant i)T} \tag{3 - 2}$$

式中　λ——地震的年平均发生率,与地震重现期 X 互为倒数,即

$$X(I \geqslant i) = 1/\lambda \ (I \geqslant i) \tag{3 - 3}$$

运用式 (3 - 2) 和式 (3 - 3) 可建立设计使用年限 T 与地震重现期 X 的关系,由此可确定不同设计使用年限的抗震设防水准,由式 (3 - 2) 可得

$$\lambda = \frac{\ln\left(\dfrac{1}{1 - P_T(I \geqslant i)}\right)}{T} \tag{3 - 4}$$

由规范定义的基本抗震设防烈度 (中震) 的超越概率为 10%,代入式 (3 - 3) 和式 (3 - 4) 得

$$X(I \geqslant i) = \frac{T}{\ln\left(\dfrac{1}{1 - 0.1}\right)} = \frac{T}{\ln 1.11} = 9.58T \tag{3 - 5}$$

根据设计使用年限,按式 (3 - 5) 可得地震重现期 X;再按式 (3 - 1) 和表 3 - 1 可算出不同地震烈度区对应不同的设计使用年限的建筑抗震设防烈度 (表 3 - 4)。

表 3-4　不同设计使用年限的抗震设防烈度

使用年限		1	5	10	15	20	50	100	150	200
烈度	7	4.33	5.42	5.88	6.10	6.37	7.00	7.49	7.78	8.01
	8	5.33	6.42	6.88	7.10	7.37	8.00	8.49	8.78	9.01
	9	5.72	7.41	7.95	8.29	8.48	9.00	9.29	9.43	9.51

按照《中国地震动参数区划图》,与抗震设防烈度相对应的基本地震加速度(单位:g)可用式(3-6)表示,即

$$A = 0.1 \times 2^{I-7} \tag{3-6}$$

式中　A——用震动幅值表示的地震强弱程度,可用强震记录峰值 A 表示加速度。

用式(3-6)可算出不同设计使用年限的抗震设防烈度所对应的基本地震加速度。如设计使用年限为 100 年时,7 度、8 度、9 度烈度区所采用的多遇地震(小震)、地震基本烈度(中震)和罕遇地震(大震)对应的加速度峰值如表 3-5 所示。

表 3-5　设计使用年限为 100 年的地震加速度峰值　　(cm/s²)

设防烈度	7 度	8 度	9 度
多遇地震	49	98	189
设防烈度地震	140	280	540
罕遇地震	308	560	837

地震动参数有三个:震动幅值、频谱特性和持续时间。震动幅值是表示地震大小的物理量,用强震记录峰值加速度表示;频谱特性是具有不同自振周期的结构对地面运动的响应特征,它是震源机制、传播介质、振距远近和结构阻尼大小的物理量,用反应谱曲线表示;持续时间长短与结构的累计损坏效应相关,在弹塑性分析时可呈现明显的影响。设计地震动参数是工程结构人员对结构未来可能遭遇地震的一种预估,是对结构安全性的地震动评价。根据《抗震规范》的规定,设计地震动参数是指建筑结构抗震设计用的地震加速度(速度和位移)时程曲线、加速度反应谱和峰值加速度。

地震动一般对地面产生一种很不规则的复杂运动,有水平运动也有竖向运动,一般分为四个阶段(图 3-3):开始由小逐渐增大(直线上升

段),时间由 0 s 至特征周期 0.1 s;随后在最大振幅值附近持续一段时间
(水平段),持续时间由 0.1 s 至特征周期 T_g,水平地震影响系数为最大
值 α_{max};然后是曲线下降段,自特征周期 T_g 至 $5T_g$,曲线衰减指数应取
0.9;最后直线下降段,自特征周期 $5T_g$ 至 6 s,下降斜率调整系数应取
0.02。以上规定是以建筑结构的阻尼比取 0.05,地震影响系数曲线的
阻尼调整系数按 1.0 取用为准的。

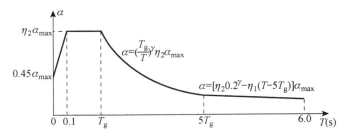

α—地震影响系数;α_{max}—地震影响系数最大值;η_1—直线下降段的下降斜率调整系数;

γ—衰减指数;T_g—特征周期;η_2—阻尼调整系数;T—结构自振周期

图 3-3　地震影响系数曲线

当建筑结构的阻尼比不等于 0.05 时,地震影响系数曲线的阻尼调
整系数和形状参数应符合下列规定:

(1) 曲线下降段的衰减指数 γ 应按式(3-7)确定:

$$\gamma = 0.9 + \frac{0.05 - \zeta}{0.3 + 6\zeta} \tag{3-7}$$

式中　γ——曲线下降段的衰减指数;

　　　ζ——阻尼比。

(2) 直线下降段的下降斜率调整系数应按式(3-8)确定:

$$\eta_1 = 0.02 + \frac{0.05 - \zeta}{4 + 32\zeta} \tag{3-8}$$

式中　η_1——直线下降段的下降斜率调整系数,小于 0 时取 0;

　　　ζ——阻尼比。

(3) 阻尼调整系数应按式(3-9)确定:

$$\eta_2 = 1 + \frac{0.05 - \zeta}{0.08 + 1.6\zeta} \tag{3-9}$$

式中　η_2——阻尼调整系数,当小于 0.55 时,应取 0.55;

　　　ζ——阻尼比。

　　根据《抗震规范》的规定,建筑结构的地震影响系数应根据烈度、场地类别、设计地震分组和结构自振周期以及阻尼比确定。水平地震影响系数最大值应按表 3-6 采用;特征周期应根据场地类别和设计地震分组按表 3-7 采用,计算罕遇地震作用时,特征周期应增加 0.05 s。周期大于 6.0 s 的建筑结构所采用的地震影响系数应专门研究。

表 3-6　水平地震影响系数最大值

地震影响	6 度	7 度	8 度	9 度
多遇地震	0.04	0.08(0.12)	0.16(0.24)	0.32
罕遇地震	—	0.50(0.72)	0.90(1.20)	1.40

注:括号中数值分别用于设计基本地震加速度为 0.15g 和 0.30g 的地区。

表 3-7　特征周期值　　　　　　　　(s)

设计地震分组	场 地 类 别				
	I_0	I_1	II	III	IV
第一组	0.20	0.25	0.35	0.45	0.65
第二组	0.25	0.30	0.40	0.55	0.75
第三组	0.30	0.35	0.45	0.65	0.90

　　用弹性时程分析时,每条时程曲线计算所得的结构基底剪力不应小于振型分解反应谱法计算结果的 65%,多条时程曲线计算所得的结构基底剪力的平均值不应小于振型分解反应谱法计算结果的 80%。

　　正确的地震加速度时程曲线应满足地震动的三个要求,即频谱特性、有效峰值和持续时间均要符合规定。

第二节　抗震设计基本概念

　　根据《抗震规范》的规定,建筑结构抗震概念是根据地震灾害和工程实践经验形成的基本设计原则和设计思想,形成建筑和结构总体布局并确定结构细部构造的全过程。

　　构件布置的规则性,应按抗震设计的明确要求,确定建筑规则性的形体。不规则的建筑形体应按规定加强结构措施;对特别不规则的建筑形体应进行专门研究和专家论证,采用特殊的加强结构措施;对严重不规则的建筑应加强修改或否定。

建筑形体变化包括建筑平面、立面和竖向剖面的变化。平面不规则的主要类型包括:扭转不规则[在规定的水平力作用下,楼层的最大弹性水平位移(层间位移)大于该楼层两端弹性水平位移(或层间位移)平均值的 1.2 倍];凹凸不规则(指平面凹进的尺寸,大于相应投影方向总尺寸的 30%);楼板局部不规则(指楼板尺寸和平面刚度急剧变化,如有效楼板宽度小于该层楼板宽度的 50%,或开洞面积大于该楼层楼面面积的 30%,或较大的楼层错层)。

竖向不规则的主要类型是侧向刚度不规则(该层的侧向刚度小于相邻上一层的 70%,或者小于其上相邻三个楼层侧向刚度平均值的 80%,局部收进的水平向尺寸大于相邻下一层的 25%);竖向抗侧力构件不连续[指柱、抗震墙、抗震支撑的内力由水平转换构件(梁、桁架等)向下传递];楼层承载力突变(抗侧力结构的层间受剪承载力小于相邻上一层的 80%)。

特别不规则的建筑体型指:①扭转偏大(裙房以上有较多楼层,考虑偶然偏心的扭转位移比大于 1.4);②抗扭刚度弱(扭转周期比大于0.9,混合结构扭转周期比大于 0.85);③楼层刚度偏小(本层侧向刚度小于相邻上层的 50%);④高位转换(框支墙体的转换位置:7 度超过 5 层,8度超过 3 层);⑤厚板转换(7~9 度设防的厚板转换结构);⑥塔楼偏置(单塔或多塔的合质心与大底盘的质心偏心距大于底盘相应边长的20%);⑦复杂连接(各部分楼层数、刚度、布置不同的错层或连体两端塔楼显著不规则的结构);⑧多重复杂结构(同时具有转换层、加强层、错层连体和多塔类型中的两种以上的结构)。图 3-4(a)—图 3-4(e)为不规则建筑结构示意图。

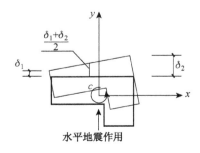

(a) 建筑结构平面的扭转不规则示例

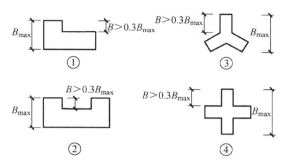

（b）建筑结构平面的凸角或凹角不规则示例

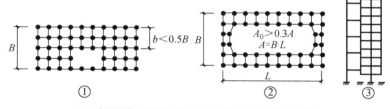

（c）建筑结构平面的局部不连续示例（大开洞及错层）

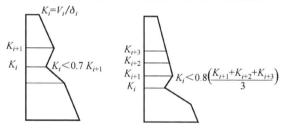

（d）沿竖向的侧向刚度不规则（有软弱层）

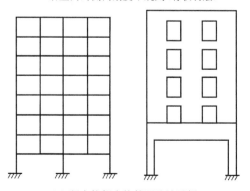

（e）竖向抗侧力构件不连续示例

图 3-4 不规则建筑结构示意图

第三节　地震作用计算

由于地震发生的随机性,其对建筑结构的作用也是随机的,而且结构的抗侧力构件也不一定是正交的,这都是在计算地震作用时应考虑的方面。另外,结构物的刚度中心与质量中心不一定重合,这必然会导致结构物产生不同程度的扭转,在震中区的竖向地震作用也不可忽视。所以地震作用分水平地震计算、竖向地震计算和扭转地震计算。

（1）一般规定,在建筑结构的两个主轴方向分别考虑水平地震作用并进行抗震作用计算,各方向的水平地震作用全部由该方向的抗侧力结构构件承担。

（2）存在斜交抗侧力构件的结构,当相交角度大于15°时,应分别考虑各抗侧力构件方向的水平地震作用。

（3）质量和刚度明显不对称的结构,应考虑双向水平地震作用下的扭转。其他情况,可采用调整地震作用效应的方法计入扭转影响。

（4）8度和9度的大跨度结构、长悬臂结构及9度的高层建筑,应考虑竖向地震作用的计算。

地震作用结构的计算方法有三种:

（1）适用于多自由度体系的振型分解反应谱法。

（2）将多自由度体系看作等效单自由度体系的底部剪力法(适用于多层砖混结构)。

（3）直接输入地震波求解运动方程及结构地震反应的时程分析法。

以上三种计算方法的使用范围是:

（1）高层不超过40 m,以剪切变形为主,且质量和刚度沿高度分布的较均匀的结构,或单质点体系的结构,可采用底部剪力法。

（2）其余结构,宜采用振型分解反应谱法。

（3）特别不规则的建筑,甲类建筑和表3-8所列的高层建筑,应采用时程分析法进行多遇地震作用的补充计算,并取多条时程曲线计算结果的平均值与振型分解反应谱法计算结果比较的最大值。

采用时程分析法时,应按建筑场地类别和设计地震分组选用适当数量的实际地震波记录(不少于两组)和一组人工模拟的加速度时程曲线,其平均地震影响系数曲线应与振型分解反应谱法所采用的地震影响系数曲线在统计意义上相符,其加速度时程的最大值可按表3-9采用。

表 3 - 8　采用时程分析的房屋高度范围

烈度、场地类别	房屋高度范围(m)
8 度 Ⅰ、Ⅱ 类场地和 7 度	＞100
8 度 Ⅲ、Ⅳ 类场地	＞80
9 度	＞60

表 3 - 9　时程分析所用地震加速度时程的最大值　（cm/s²）

地震影响	6 度	7 度	8 度	9 度
多遇地震	18	35(55)	70(110)	140
罕遇地震	125	220(310)	400(510)	620

注:表中括号内数值分别用于基本地震加速度为 0.15g 和 0.30g 的地区。

一、水平地震作用计算

（1）采用结构基底剪力法时,各楼层可作为一个自由度,结构的水平地震作用标准值可按式(3-10)—式(3-12)确定,计算简图如图 3-5 所示。

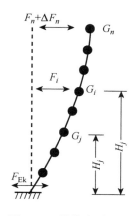

$$F_{Ek} = \alpha_1 G_{eq} \qquad (3-10)$$

$$F_i = \frac{G_i H_i}{\sum\limits_{j=1}^{n} G_j H_j} F_{Ek}(1-\delta_n) \qquad (3-11)$$

$$(i = 1,\ 2,\ \cdots,\ n)$$

$$\Delta F_n = \delta_n F_{Ek} \qquad (3-12)$$

图 3 - 5　结构水平地震
作用计算简图

式中　F_{Ek}——结构总水平地震作用标准值;

　　　α_1——相应于结构基本自振周期的水平地震影响系数值,按表 3 - 6 采用,对多层砌体房屋、底部框架砌体房屋,宜取水平地震影响系数最大值;

　　　G_{eq}——结构等效总重力荷载,单质点应取总重力荷载代表值,多质点可取总重力荷载代表值的 85%;

　　　F_i——质点 i 的水平地震作用标准值;

　　　$G_i,\ G_j$——分别为集中于质点 $i,\ j$ 的重力荷载代表值,重力荷载代

51

表值应取结构和构配件自重标准值和各可变荷载组合值
之和,各可变荷载的组合值系数,应按表 3-10 采用;

表 3-10　组合值系数

可变荷载种类		组合值系数
雪荷载		0.5
屋面积灰荷载		0.5
屋面活荷载		不计入
按实际情况计算的楼面活荷载		1.0
按等效均布荷载计算的楼面活荷载	藏书库、档案库	0.8
	其他民用建筑	0.5
起重机悬吊物重力	硬钩吊车	0.3
	软钩吊车	不计入

注:硬钩吊车的吊重较大时,组合值系数应按实际情况采用。

H_i,H_j——分别为质点 i,j 的计算高度;

δ_n——顶部附加地震作用系数,多层钢筋混凝土和钢结构房屋可
　　　按表 3-11 采用;

表 3-11　顶部附加地震作用系数

$T_g(s)$	$T_1 > 1.4T_g$	$T_1 \leqslant 1.4T_g$
$T_g \leqslant 0.35$	$0.08T_1 + 0.07$	
$0.35 < T_g \leqslant 0.55$	$0.08T_1 + 0.01$	不考虑
$T_g > 0.55$	$0.08T_1 - 0.02$	

注:T_1 为结构基本自振周期。

ΔF_n——顶部附加水平地震作用力。

（2）当采用振型分解反应谱法时,不进行扭转耦联计算的结构,可
按以下方法计算地震作用。

① 结构 j 振型 i 质点的水平地震作用标准值,可按式（3-13）和式
（3-14）确定:

$$F_{ji} = \alpha_j \gamma_j X_{ji} G_i \quad (i = 1, 2, \cdots, n, \ j = 1, 2, \cdots, m) \quad (3-13)$$

$$\gamma_j = \sum_{i=1}^{n} X_{ji} G_i \Big/ \sum_{i=1}^{n} X_{ji}^2 G_i \quad (3-14)$$

式中　　F_{ji}——j 振型 i 质点的水平地震作用标准值；

　　　　α_j——相应于 j 振型自振周期的地震影响系数；

　　　　X_{ji}——j 振型 i 质点的水平相对位移；

　　　　γ_j——j 振型的参与系数。

② 当相邻振型的周期比小于 0.85 时，水平地震作用效应（指弯矩、剪力、轴向力和变形）可按式（3-15）确定：

$$S_{Ek} = \sqrt{\sum S_j^2} \qquad (3-15)$$

式中　　S_{Ek}——水平地震作用标准值的效应，可只取前 2～3 个振型，当基本自振周期大于 1.5 s 或房屋高宽比大于 5 时，振型个数应适当增加。

（3）地震动引起结构的扭转效应的计算。建筑结构出现扭转的原因，一方面是地面运动存在转动分量，或地震时地面各点的运动存在相位差；另一方面是结构本身的刚度中心和质量中心不重合。当前对地面运动转动分量引起的扭转效应很难定量分析，这里主要讨论由于结构偏心引起的地震扭转效应。

尽管建筑结构平面是规则的，但由于施工和使用等因素会产生偶然偏心，引起结构扭转效应。当规则结构不考虑扭转耦联计算时，也应采用增大边榀结构地震内力的方法，即平行于地震作用方向的两个边榀，地震作用效应也可以乘以增大系数，一般情况下，短边左、右两端榀可采用 1.15，长边左、右两端榀可采用 1.05，对于扭转刚度较小的结构，宜采用不小于 1.3 的增大系数。角部构件宜同时乘以两个方向各自的增大系数。

按扭转耦联运用振型分解法计算时，各楼层可取两个正交的水平位移和一个转角的位移共三个自由度，并按相应的规定计算结构的地震作用效应。

① j 振型 i 层的水平地震作用标准值，应按式（3-16）确定：

$$\left.\begin{array}{l} F_{xji} = \alpha_j \gamma_{tj} X_{ji} G_i \\ F_{yji} = \alpha_j \gamma_{tj} Y_{ji} G_i \\ F_{tji} = \alpha_j \gamma_{tj} \gamma_i^2 \varphi_{ji} G_i \end{array}\right\} \qquad (3-16)$$

$$(i = 1, 2, \cdots, n; \ j = 1, 2, \cdots, m)$$

式中　　F_{xji}，F_{yji}，F_{tji}——分别为 j 振型 i 层的 x 方向、y 方向和转角方

向的地震作用标准值；

X_{ji}，Y_{ji}——分别为 j 振型 i 层质心在 x、y 方向的水平相对位移；

φ_{ji}——j 振型 i 层的相对扭转角；

γ_i——i 层转动半径，可取 i 层绕质心的转动惯量除以该层质量的商的正二次方根；

γ_{tj}——计入扭转的 j 振型的参与系数，可按以下方法确定。

当仅取 x 方向地震作用时

$$\gamma_{tj} = \sum_{i=1}^{n} X_{ji} G_i \Big/ \sum_{i=1}^{n} (X_{ji}^2 + Y_{ji}^2 + \varphi_{ji}^2 \gamma_i^2) G_i \qquad (3-17)$$

当仅取 y 方向地震作用时，

$$\gamma_{tj} = \sum_{i=1}^{n} Y_{ji} G_i \Big/ \sum_{i=1}^{n} (X_{ji}^2 + Y_{ji}^2 + \varphi_{ji}^2 \gamma_i^2) G_i \qquad (3-18)$$

当取与 x 方向斜交的地震作用时，

$$\gamma_{tj} = \gamma_{xj} \cos \theta + \gamma_{yj} \sin \theta \qquad (3-19)$$

式中　γ_{xj}，γ_{yj}——分别由式(3-17)和式(3-18)求得的参与系数；

θ——地震作用方向与 x 方向的夹角。

② 单向水平地震作用下的扭转耦联效应，按式(3-20)确定：

$$S_{Ek} = \sqrt{\sum_{j=1}^{m} \sum_{k=1}^{m} \rho_{jk} S_j S_k} \qquad (3-20)$$

式中

$$\rho_{jk} = \frac{8\sqrt{\zeta_j \zeta_k}(\zeta_j + \lambda_T \zeta_k)\lambda_T^{1.5}}{(1-\lambda_T^2)^2 + 4\zeta_j \zeta_k(1+\lambda_T^2)\lambda_T + 4(\zeta_j^2 + \zeta_k^2)\lambda_T^2} \qquad (3-21)$$

式中　S_{Ek}——地震作用标准值的扭转效应；

S_j，S_k——分别为 j，k 振型地震作用标准值的效应，可取前 9～15 个振型；

ζ_j，ζ_k——分别为 j，k 振型的阻尼比；

ρ_{jk}——j 振型与 k 振型的耦联系数；

λ_T——k 振型与 j 振型的自振周期比。

③ 双向水平地震作用下的扭转耦联效应，按式(3-22)和式(3-23)中的较大值确定。

$$S_{Ek} = \sqrt{S_x^2 + (0.85S_y)^2} \qquad (3-22)$$

或
$$S_{Ek} = \sqrt{S_y^2 + (0.85S_x)^2} \qquad (3-23)$$

式中　S_x，S_y——分别为 x 向、y 向单向水平地震作用按式(3-20)计算的扭转效应。

　　（4）突出屋面的塔楼结构的地震作用。

　　突出屋面的塔楼是指楼梯间、电梯间、水箱间、女儿墙、烟囱等小型结构物。由于地震产生的鞭梢效应使地震引起的内力急剧增大，引起屋顶小结构物的破坏较为严重。因此，带有突出屋面的小房间，底部剪力法不再适用，应采用振型分解反应谱法。若要对带有突出屋面的小房屋仍采用底部剪力法时，在计算时，将突出屋面的小房间作为一个质点，将该质点的水平地震作用系数增大到 3，此增加部分不应往下传，与其相连的其他构件在计算时，应考虑这种增大影响。对有斜撑杆的三铰拱式钢筋混凝土和钢天窗架的横向抗震计算采用底部剪力法时，跨度大于9 m或进行 9 度抗震烈度设计时，混凝土天窗架的地震作用效应应乘以增大系数1.5。其他情况的天窗架横向地震作用效应采用振型分解法。

　　（5）楼层最小地震剪力的规定。

　　由于地震影响系数在长周期段下降比较快，对于基本周期大于3.5 s的结构，由此计算所得的水平地震作用的剪力可能较小。对长周期结构，地震动作用时地面运动的速度和位移对结构产生的破坏有更大的影响，目前《抗震规范》所采用的振型分解反应谱法尚未作出计算。出于结构安全的考虑，增加了对各楼层水平地震剪力最小值的规定，以及不同烈度下的剪力系数（不考虑阻尼比的不同）。为此，《抗震规范》规定，抗震验算时，结构任一楼层的水平剪力应符合式(3-24)的要求：

$$V_{eki} > \lambda \sum_{j=1}^{n} G_j \qquad (3-24)$$

式中　V_{eki}——第 i 层对应于水平地震作用标准值的楼层剪力；

　　　　λ——剪力系数，不应小于表(3-12)规定的楼层最小地震剪力系数值，对竖向不规则结构的薄弱层，还应乘以 1.15 的增大系数；

　　　　G_j——第 j 层的重力荷载代表值。

表 3-12　楼层最小地震剪力系数值

类别	6 度	7 度	8 度	9 度
扭转效应明显或基本周期小于 3.5 s 的结构	0.008	0.016(0.024)	0.032(0.048)	0.064
基本周期大于 5.0 s 的结构	0.006	0.012(0.018)	0.024(0.036)	0.048

注:① 基本周期介于 3.5 s 和 5 s 之间的结构,按内插法取值。
　　② 括号内数值分别用于设计基本地震加速度为 0.15g 和 0.30g 的地区。

二、竖向地震作用计算

9 度的高层建筑结构,其竖向地震作用标准值应按式(3-25)和式(3-26)确定,计算简图如图 3-6 所示;楼层的竖向地震作用效应可按各构件承受的重力荷载代表值的比例分配,并乘增大系数 1.5。

$$F_{Evk} = \alpha_{max} G_{eq} \qquad (3-25)$$

$$F_{vi} = \frac{G_i H_i}{\sum G_j H_j} F_{Evk} \qquad (3-26)$$

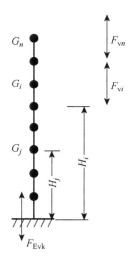

图 3-6　结构竖向地震作用计算简图

式中　F_{Evk}——结构总竖向地震作用标准值;

　　　　F_{vi}——质点 i 的竖向地震作用标准值;

　　　　α_{max}——竖向地震影响系数的最大值,可取水平地震影响系数最大值的 65%;

　　　　G_{eq}——结构等效重力荷载,可取其重力荷载代表值的 75%。

对跨度平面投影尺度很大的空间结构,应根据结构形式和支承条件,分别按单点一致、多点、多向单点或多向多点输入进行抗震计算。按多点输入计算时,应考虑地震波效应和局部场地效应。对 6 度和 7 度 I、II 类场地的支承结构、上部结构和基础的抗震验算可采用简化方法,根据结构跨度、长度不同,其短边构件可乘以附加地震作用效应系数 1.15~1.30;对 7 度 III、IV 类场地以及 8 度和 9 度地震烈度区,应采用时程分析法进行抗震验算;对平板型屋架、屋盖和跨度大于 24 m 的屋架、屋盖横梁及托架的竖向地震作用标准值,宜取其重力荷载代表值和竖向地震作用系数的乘积;竖向地震作用系数可按表3-13采用。

表 3-13　竖向地震作用系数

结构类型	烈度	场 地 类 别		
		I	II	III，IV
平板型屋架、钢屋架	8	可不计算(0.10)	0.08(0.12)	0.10(0.15)
	9	0.15	0.15	0.20
钢筋混凝土屋架	8	0.10(0.15)	0.13(0.19)	0.13(0.19)
	9	0.20	0.25	0.25

注:括号中数值用于设计基本地震加速度为0.30g的地区。

对长悬臂构件和不属于上述规定的大跨度结构的竖向地震作用标准值,8度及9度可分别取该结构构件重力荷载代表值的10%和20%,设计基本地震加速度为0.30g时,可取该结构构件重力荷载代表值的15%。

对大跨度空间结构的竖向地震作用,亦可按竖向振型分解反应谱法计算。其竖向地震影响系数可按表3-6规定的水平地震影响系数的65%取用,但特征周期可按表3-7的设计地震分组的第一组采用。

三、构件截面抗震验算

(1)结构构件的地震作用效应和其他荷载效应的基本组合应按式(3-27)计算:

$$S = \gamma_G S_{GE} + \gamma_{Eh} S_{Ehk} + \gamma_{Ev} S_{Evk} + \varphi_w \gamma_w S_{wk} \qquad (3-27)$$

式中　S——结构构件内力组合的设计值,包括组合的弯矩、轴向力和剪力设计值等;

　　γ_G——重力荷载分项系数,一般取1.2,当重力荷载效应对构件承载力有利时,可取1.0;

　　γ_{Eh}，γ_{Ev}——分别是水平、竖向地震作用分项系数,应按表3-14采用;

　　γ_w——风荷载分项系数,一般取1.4;

　　S_{GE}——重力荷载代表值的效应,可按表3-9采用,但有吊车时,还应包括悬吊物重力标准值的效应;

　　S_{Ehk}——水平地震作用标准值的效应,还应乘以相应的增大系数或调整系数；

S_{Evk}——竖向地震作用标准值的效应，还应乘以相应的增大系数或调整系数；

S_{wk}——风荷载标准值的效应；

φ_w——风荷载组合值系数，一般结构取 0.0，风荷载起控制作用的建筑应取 0.2。

表 3-14　地震作用分项系数

地震作用	γ_{Eh}	γ_{Ev}
仅计算水平地震作用	1.3	0.0
仅计算竖向地震作用	0.0	1.3
同时计算水平与竖向地震作用(水平地震为主)	1.3	0.5
同时计算水平与竖向地震作用(竖向地震为主)	0.5	1.3

（2）结构构件的截面抗震验算，应满足式（3-28）：

$$S \leqslant R/\gamma_{RE} \qquad (3-28)$$

式中　γ_{RE}——承载力抗震调整系数，应按表 3-15 采用。

表 3-15　承载力抗震调整系数

材料	结构构件	受力状态	γ_{RE}
钢	柱，梁，支撑，节点板件，螺栓，焊缝柱，支撑	强度	0.75
		稳定	0.80
砌体	两端均有构造柱、芯柱的抗震墙	受剪	0.9
	其他抗震墙	受剪	1.0
混凝土	梁	受弯	0.75
	轴压比小于 0.15 的柱	偏压	0.75
	轴压比不小于 0.15 的柱	偏压	0.80
	抗震墙	偏压	0.85
	各类构件	受剪、偏拉	0.85

（3）当仅计算竖向地震作用时，各类结构构件承载力抗震调整系数均采用 1.0。

四、抗震变形验算

（1）各类结构应进行多遇地震作用下的抗震变形验算，其楼层内最大的弹性层间位移应符合式(3-29)的要求：

$$\Delta u_e \leqslant [\theta_e] h \tag{3-29}$$

式中　Δu_e——多遇地震作用标准值产生的楼层内最大弹性层间位移，计算时，除了以弯曲变形为主的高层建筑外，可不扣除结构整体弯曲变形；应计入扭转变形，各作用分项系数均采用 1.0；钢筋混凝土结构构件的截面刚度可采用弹性刚度。

　　$[\theta_e]$——弹性层间位移角限值，宜按表 3-16 采用。

　　h——计算楼层层高。

表 3-16　弹性层间位移角限值

结构类型	$[\theta_e]$
钢筋混凝土框架	1/550
钢筋混凝土框架-抗震墙、板柱-抗震墙、框架-核心筒	1/800
钢筋混凝土抗震墙、筒中筒	1/1 000
钢筋混凝土框支层	1/1 000
多、高层钢结构	1/250

　　(2) 结构在罕遇地震作用下薄弱层的弹塑性变形验算，应满足下列要求。

　　① 下列结构应进行弹塑性变形验算：

　　(a) 8 度Ⅲ，Ⅳ类场地和 9 度时，高大的单层钢筋混凝土柱厂房的横向排架；

　　(b) 7~9 度时楼层屈服强度系数小于 0.5 的钢筋混凝土框架结构和排架结构；

　　(c) 高度大于 150 m 的结构；

　　(d) 甲类建筑和 9 度的乙类建筑中的钢筋混凝土结构和钢结构；

　　(e) 采用隔震和消能减震设计的结构。

　　② 下列结构宜进行弹塑性变形验算：

　　(a)《抗震规范》(GB 50011—2010) 中所列竖向不规则类型的高层建筑结构；

　　(b) 7 度Ⅲ，Ⅳ类场地和 8 度时，乙类建筑中的钢筋混凝土结构和钢结构；

（c）板柱-抗震墙结构和底部框架砌体结构房屋；

（d）高度不大于 150 m 的其他高层钢结构；

（e）不规则的地下建筑结构及地下空间综合体。

③ 结构薄弱层（部位）的位置按下列情况确定：

（a）楼层屈服强度系数沿高度分布均匀的结构，可取底层；

（b）楼层屈服强度系数沿高度分布不均匀的结构，可取该系数最小的楼层（部位）和相对较小的楼层，一般不超过 2～3 处；

（c）单层厂房，可取上柱。

④ 弹塑性层间位移可按式（3－30）或式（3－31）计算：

$$\Delta u_{\mathrm{p}} = \eta_{\mathrm{p}} \Delta u_{\mathrm{e}} \qquad (3-30)$$

或

$$\Delta u_{\mathrm{p}} = u\Delta u_{\mathrm{y}} = \frac{\eta_{\mathrm{p}}}{\zeta_{\mathrm{y}}} \Delta u_{\mathrm{y}} \qquad (3-31)$$

式中　Δu_{p}——弹塑性层间位移。

Δu_{y}——层间屈服位移。

u——楼层延性系数。

Δu_{e}——罕遇地震作用下，按弹性分析的层间位移。

η_{p}——弹塑性层间位移增大系数，当薄弱层（部位）的屈服强度系数不小于相邻层系数平均值的 0.8 时，可按表 3－17 采用；当不大于该平均值的 0.5 时，可按表 3－17 内相应数值的 1.5 倍采用；其他情况可采用内插法取值。

ζ_{y}——楼层屈服强度系数。

表 3－17　弹塑性层间位移增大系数

结构类型	总层数 n 或部位	ξ_{y}		
		0.5	0.4	0.3
多层均匀框架结构	2～4	1.30	1.40	1.60
	5～7	1.50	1.65	1.80
	8～12	1.80	2.00	2.20
单层厂房	上柱	1.30	1.60	2.00

⑤ 结构薄弱层（部位）弹塑性层间位移应符合式（3－32）的要求：

$$\Delta u_{\mathrm{p}} \leqslant [\theta_{\mathrm{p}}]h \qquad (3-32)$$

式中 $[\theta_{\mathrm{p}}]$——弹塑性层间位移角限值,可按表3-18采用。对钢筋混凝土框架结构,当轴压比小于0.4时,可提高10%;当柱子全高的箍筋构造比《抗震规范》规定的体积配箍率大30%时,可提高20%,但累计不超过25%。

h——薄弱层楼层高度或单层厂房上柱高度。

表3-18 弹塑性层间位移角限值

结 构 类 型	$[\theta_{\mathrm{p}}]$
单层钢筋混凝土柱排架	1/30
钢筋混凝土框架	1/50
底部框架砌体房屋中的框架-抗震墙	1/100
钢筋混凝土框架-抗震墙、板柱-抗震墙、框架-核心筒	1/100
钢筋混凝土抗震墙、筒中筒	1/120
多、高层钢结构	1/50

第四章
多层砌体房屋结构抗震设计

　　20 世纪 80 年代以来,在我国的西北、西南、西部和北部山区,都发生过多次地震,各类砌体房屋先后都遭到严重破坏。如 1976 年 7 月的唐山大地震,震级 7.8 级,震中烈度 11 度,建筑遭到严重破坏;1996 年 2 月 3 日,云南丽江发生 7.0 级地震,震中烈度达 9 度,房屋破坏比例达 77%,其中砌体房屋占很大比重;1996 年 5 月 3 日,内蒙古包头发生 6.4 级地震,房屋破坏达 70%,其中砌体房屋结构占大多数;1999 年 9 月 21 日发生在台湾的集集大地震,有相当多的砌体结构的住宅、学校等建筑遭到破坏;2008 年 5 月 21 日,发生在四川省汶川县的 8 级特大地震,绵阳、德阳、都江堰等地遭到破坏和倒塌的房屋都是以砌体结构为主。

　　实践证明,砌体房屋结构只要做到合理设计,按《抗震规范》采取有效措施,精心设计,精心施工,形成多层砌体房屋"小震"不坏、设防烈度可修、"大震"不倒的抗震设计方针,就可使多层砌体房屋减少地震破坏或避免损失。多层砌体房屋结构的破坏通常都是由于剪切和连接造成的局部破坏,当然也有许多完全倒塌的实例。

第一节　多层砌体房屋的震害和对应措施

一、常见震害和对应措施

1. 多层砌体房屋承重墙体的破坏

　　承重墙体的破坏主要是抗剪强度不足,出现斜裂缝,在地震力反复作用下砖墙会出现更多的斜向交叉裂缝(图 4-1)。若墙体的高宽比小于 1,则在墙体中间部位会出现水平裂缝;若墙体高宽比接近于 1,则墙体呈现 X 形交叉裂缝。从而使墙体破坏严重,丧失承受竖向荷载的能力,导致房屋倒塌。

对应措施:

(1) 可在墙体中间部位设置构造柱,提高墙体的抗剪变形能力,或各道承重墙均设构造柱并连续至屋顶,构造柱的位置应符合《砌体结构设计规范》(GB 5003—2011)的规定,但构造柱不可单独设置基础。

(2) 加强墙段端部构造柱的截面尺寸和配筋。

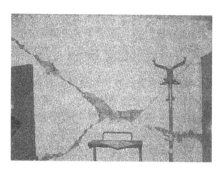

图 4-1　都江堰市某住宅楼室内墙体破坏情况

(3) 提高墙的施工砌筑质量,根据不同砌体所用的材料,选择不同的砂浆强度和配合比,将砌体施工质量按优良次序依次分为 A,B,C 三级,《砌体结构工程施工质量验收规范》(GB 50203—2011)中给出了砌体各项指标,设计时宜选用 B 级的砌体强度指标,而在施工时宜采用 A 级的施工质量控制等级,当施工质量控制等级为 C 级时,砌体强度设计值应乘以承载力调整系数 0.80。

(4) 承重墙体也可选择配筋砌体。

(5) 在验算承重墙体水平抗剪强度时,应选择墙体承担地震剪力较大的墙段或竖向压力较小的墙段,以及局部削弱较大的墙段。在进行地震剪力墙段分配验算时,墙段的层间抗侧力等效刚度应符合下列原则:

① 当墙段高宽比小于 1 时,可计算剪切变形;

② 当墙段高宽比不大于 4 且不小于 1 时,应同时计算弯曲和剪切变形;

③ 当墙段高宽比大于 4 时,可不考虑刚度。

注:墙段的高宽比(指层高与墙长之比)对门窗洞边的小墙肢而言是指洞净高与洞侧墙宽之比。

④ 墙段宜按门窗洞口划分,对设构造柱的小开口墙段按毛墙面计算的刚度,可根据开洞率乘以表 4-1 中的墙段洞口影响系数。

表 4-1　墙段洞口影响系数

开洞率	0.10	0.20	0.30
影响系数	0.98	0.94	0.88

注:① 开洞率为洞口水平截面积与墙段水平毛截面积之比,相邻洞口之间净宽小于 500 mm 的墙段视为洞口。

② 洞口中线偏离墙段中线大于墙段长度的 1/4 时,表中影响系数数值乘以 0.9;门洞的洞顶高度大于层高 80%时,表中数据不适用;窗洞高度大于 50%层高时,按门洞对待。

任意楼层 i 的层间地震剪力标准值为 i 层及以上各楼层水平地震作用标准值的总和,即

$$V_i = \sum_{j=i}^{n} F_j \quad (j = i,\ i+1,\ \cdots,\ n) \tag{4-1}$$

式中　V_i——第 i 层的地震剪力标准值,应由该楼层各墙体共同承担;

　　　F_j——第 j 层的水平地震作用标准值。

楼层地震剪力 V_i 在各墙体间的分配方式如下。

(1) 现浇钢筋混凝土楼、屋盖

假定楼、屋盖在其平面内为刚性,地震作用只对楼、屋盖的墙体顶部产生相等的平动位移,各横墙所承担的剪力之和就是楼层剪力 V_i,即

$$V_i = \sum_{m=1}^{n} V_{im} \tag{4-2}$$

各横墙剪力:

$$V_{im} = \Delta_i \cdot K_{im} \tag{4-3}$$

由式(4-3)可得楼层剪力:

$$V_i = \sum_{m=1}^{n} K_{im} \Delta_i \tag{4-4}$$

由式(4-4)可得层间位移:

$$\Delta_i = \frac{V_i}{\sum\limits_{m=1}^{n} K_{im}} \tag{4-5}$$

将式(4-5)代入式(4-3)得到第 i 层第 m 道横墙所受地震剪力为

$$V_{im} = \frac{K_{im}}{\sum\limits_{m=1}^{n} K_{im}} V_i \tag{4-6}$$

式中　Δ_i——层间地震作用在第 i 层产生的层间位移;

　　　K_{im}——第 i 层第 m 道墙体的抗剪刚度。

(2) 木楼层、屋盖

木楼层、屋盖的水平刚度小,由地震作用在楼层、屋盖的各处产生不等的水平位移,为近似计算各墙的地震作用,可按该层两侧相邻墙体之

间一半面积上作用的重力荷载来分配,即

$$V_{im} = \frac{G_{im}}{G_i} V_i \qquad (4-7)$$

式中　G_{im}——第 i 层第 m 道墙体所分担的重力荷载;

　　　G_i——第 i 层楼面的总重力荷载。

当楼层单位面积荷载相等时,其地震作用按面积比例进行分配,即

$$V_{im} = \frac{A_{im}}{A_i} V_i \qquad (4-8)$$

式中　A_{im}——第 i 层第 m 道墙体分担的地震作用的面积;

　　　A_i——第 i 层楼面的总面积。

（3）预制装配式楼、屋盖

由于装配式楼、屋盖的刚度比现浇钢筋混凝土楼、屋盖的刚度小,但比木楼、屋盖的刚度大,故可取两者的平均值:

$$V_{im} = \frac{1}{2} \left[\frac{K_{im}}{\sum\limits_{m=1}^{n} K_{im}} + \frac{G_{im}}{G_i} \right] V_i \qquad (4-9\text{a})$$

当楼层单位面积的荷载相等时,可取

$$V_{im} = \frac{1}{2} \left[\frac{K_{im}}{\sum\limits_{m=1}^{n} K_{im}} + \frac{A_{im}}{A_i} \right] V_i \qquad (4-9\text{b})$$

（4）纵向墙段

由于纵向墙段较长,无论何种楼、屋盖的纵向刚度都较大,故纵向地震作用可按纵墙的刚度比例进行分配,即

$$V_{ik} = \frac{K_{ik}}{\sum\limits_{k=1}^{n} K_{ik}} V_i \qquad (4-10)$$

式中　V_{ik}——第 i 层第 k 道纵墙所承担的地震剪力;

　　　K_{ik}——第 i 层第 k 道纵墙的抗剪刚度。

注:当纵墙长度较短时,其楼盖的刚度应按实际情况确定。

承重墙的地震破坏方式有多种,大多是因砖砌体抗剪强度不足而出现的,如:

（1）纵、横墙和它们的门、窗间墙,由于层间剪切变形产生的应力超

过砖砌体抗剪强度,产生单向或交叉斜裂缝。

(2)纵、横墙上门、窗间的墙,其平面内的抗弯强度低于抗剪强度,地震发生时,门、窗洞口墙肢的层间剪弯变形产生水平错动,引起较大的弯曲应力,使洞口处的上下端产生水平裂缝并向内延伸,或在洞口角处的砖砌体被局部压碎。

(3)横墙间距较大时,地震发生时会出现显著的水平变形,致使外纵墙在平面外发生弯曲变形破坏,或在窗间墙的上、下端出现贯通的水平裂缝。

基于上述原因,在抗震分析中,仅考虑各楼盖发生平动,而不发生转动,在确定砖墙的层间侧移刚度时,可认为砖墙或门间墙、窗间墙均为下端固定上端嵌固的构件,所以它们的侧移柔度仅包括弯曲和剪切,两种变形如图 4-2 所示。

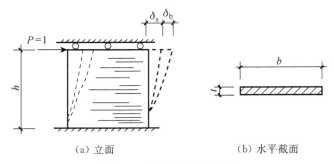

(a) 立面   (b) 水平截面

图 4-2   墙肢的侧移柔度

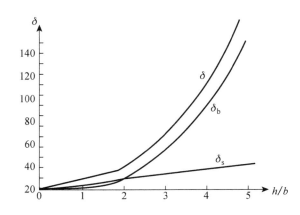

图 4-3   剪切变形和弯曲变形的比例

下面给出不同高宽比墙肢剪切变形和弯曲变形的数量关系及在总变形中各自所占的比例。由图4-3可知：当$h/b<1$时，弯曲变形仅占总变形中的10%以下；当$h/b>4$时，剪切变形在总变形中所占比例极小，可忽略；当$1\leqslant h/b\leqslant4$时，剪切变形和弯曲变形同时存在，在总变形中各占有相当比例，根据各自变形在总变形中的比例关系，提出下列近似侧移刚度计算方法：

情况一：当$h/b<1$时，只考虑剪切变形的影响，其侧移刚度为

$$K_i = GA/1.2H \qquad (4-11)$$

情况二：当$1\leqslant h/b\leqslant4$时，应同时考虑剪切变形和弯曲变形的影响，其侧移刚度为

$$K_i = GA/1.2H(1+h^2/3b^2) \qquad (4-12)$$

情况三：当$h/b>4$时，则不考虑剪切变形的影响，其侧移刚度取零，即

$$K_i = 0 \qquad (4-13)$$

式中　A——抗震墙横截面面积(m^2)；

　　　H——抗震墙墙段层高(m)；

　　　G——剪切模量(表4-2)，通常取$G=0.3E$。

表4-2　实心砖砌体弹性模量　　(10^6 kN/m^2)

砖强度等级	砂浆强度等级			
	M10	M7.5	M5	M2.5
MU15	3.66	3.28	2.91	2.20
MU10	2.98	2.68	2.37	1.79
MU7.5	2.59	2.32	2.05	1.55

2. 多层砌体房屋转角处墙体的破坏

转角墙体一般指房屋的外纵墙和外横墙的墙体转角部位。由于转角处在x和y两个方向均有相当大的刚度，可吸收更多的地震力，造成应力集中，转角处两个墙面常出现斜裂缝。若地面运动强烈及持续时间长，破坏后的墙角处会因两个方向的往复错动而被挤出去，从而导致转角墙体破坏(图4-4)。

(a)   (b)

图 4-4 都江堰市某住宅楼转角处底层墙体的破坏

图片来源:《建筑震害与设计对策》,图 4-5—图 4-11 同

对应措施:

(1)在墙体转角处设置"L"形构造柱,或在原有角部构造柱的基础上,增大构造柱的截面尺寸,变成"L"形构造柱,并沿柱高每隔 500 mm 增设水平拉结筋,长度不少于 1 000 mm。

(2)在施工阶段,角柱和墙体之间砌成马牙槎,增加墙体和构造柱之间的连接。

(3)在内横墙和内纵墙的转角处,设立"T"字形构造柱或"十"字交叉构造柱,加强纵横墙之间的连接。

3. 多层房屋内外墙交接处的破坏

由于内外墙不同时施工,留有直槎缝,或未设置留槎,或未设置水平拉结筋,或砂浆强度低,或未设置足够的圈梁和构造柱,造成内外交叉处连接不足而发生破坏(图 4-5)。

(a)   (b)

图 4-5 都江堰市某住宅楼底层内外墙交接处墙体的破坏

对应措施：

（1）在内外墙交接处设置圈梁、构造柱和墙内水平拉结筋。

（2）在原有圈梁和构造柱的基础上，增大圈梁和构造柱截面尺寸和配筋。

（3）在交叉墙体的施工中，留有咬槎，提高砂浆强度标号。

4. 多层房屋外纵墙承重的破坏

由于楼板不进入横墙内，各层横墙顶缺少横向支撑，横向水平地震力很少通过楼板传递给横墙，而是在纵横墙交接处通过纵墙传递给横墙。地震时，因外纵墙与楼板的拉结不良，墙易弯曲而向外倒塌，接着楼板落下，导致房屋倒塌。横墙因是非承重墙，受剪承载力很低，也会遭到破坏。

对应措施：

（1）一般不采用内外纵墙承重，首先采用横墙承重或纵横墙混合共同承重的结构体系，特别是在8度和9度地震烈度区，不提倡纵墙承重。

（2）纵横墙体、圈梁、楼板之间应加强连接，设置足够的构造柱。

5. 多层房屋山墙端部的破坏

由于房屋的纵向两端山墙与内纵墙咬合较少，在地震力的作用下，外墙边端产生地震效应，造成应力集中，导致墙体破坏（图4-6）。

对应措施：

（1）房屋结构平面宜规则，在山墙内侧连接的各道横墙宜均匀对称。

（2）在房屋的四角处一定要设置构造柱（最好是"L"形），并加大截面和配筋，在7,8,9度地震烈度区最好设置水平拉结筋；在内纵墙与外端墙交接处宜布置"T"形构造柱并加强配筋。

图4-6　都江堰市某住宅楼端部底层墙体破坏，因有构造柱、圈梁，裂而未倒

（3）必要时在外山墙中部设立构造柱，全柱箍筋加密。

（4）在构造柱与墙体的连接处应砌成马牙槎，并沿墙高每隔500 mm设立拉结筋2φ6，每边伸入墙内不少于1 000 mm。

（5）每层均应设置圈梁。

6. 多层房屋楼梯间的墙体破坏

因楼梯间往往设置在房屋两端山墙内侧，楼梯间墙体缺少与各层楼板的侧向支撑联系，有时会因楼梯踏步进入外墙内而削弱墙体，特别是楼梯间顶层的砌

图 4-7 都江堰市某砌体房屋从中部楼梯间破坏

体，有一层半没有横向支撑，在地震中楼梯间易被严重破坏（图 4-7）。

对应措施：

（1）楼梯间不宜设置在房屋的尽端或转角处，应增设楼梯段上下端对应墙体处的构造柱，与原楼梯间四角设置的构造柱，组合成 8 根构造柱，再与楼层半高处的平台板构成应急疏散的安全通道。

（2）楼梯的梯段板配筋，板端负钢筋和梯段板正钢筋，应各自上下拉通，不再采用分离式配筋。

7. 房屋窗间墙的破坏

房屋细高的窗间墙因受地震力的往复弯曲和剪切的双重作用，在窗台处产生交叉的裂缝或水平裂缝（图 4-8）。

对应措施：

多层砌体房屋的局部墙段尺寸应有限值，应满足《抗震规范》中房屋局部尺寸限值的要求，如表 4-3 所示。

图 4-8 都江堰市某住宅楼外纵墙上窗间墙和窗下墙破坏

表 4-3　房屋的局部尺寸限值　　　　　　　　（m）

部　位	6 度	7 度	8 度	9 度
承重窗间墙最小宽度	1.0	1.0	1.2	1.5
承重外墙尽端至门窗洞边的最小距离	1.0	1.0	1.2	1.5
非承重外墙尽端至门窗洞边的最小距离	1.0	1.0	1.0	1.0
内墙阳角至门窗洞边的最小距离	1.0	1.0	1.5	2.0
无锚固女儿墙（非出入口处）的最大高度	0.5	0.5	0.5	0.0

注：① 局部尺寸不足时，应采取局部加强措施弥补，且最小宽度不宜小于 1/4 层高和表中数据的 80%。

② 出入口处的女儿墙应有锚固。

8. 多层房屋门窗

过梁的破坏因门窗过梁的刚度与砌体墙的刚度不同,又是砖墙与过梁上下两者的连接体,在连接处,在地震力往复作用下,梁因受拉力和剪力作用而破坏(图4-9)。

对应措施:

在建筑设计许可的情况下,门窗洞口上端完全用钢筋混凝土过梁,或者与楼层圈梁合并为整体的过梁。

图4-9　绵阳市某砌体房屋钢筋砖过梁破坏

9. 多层房屋出屋面的小塔楼结构破坏

出大屋面的小型附属物,如楼梯间、电梯间、烟囱、女儿墙等,由于地震力的鞭梢效应,可将地震力放大几倍,再加上大屋顶与小型附属物连接不按抗震规定,如大屋顶的构造柱未伸出到小屋顶,大屋顶与小型建筑连接差等,易造成小型建筑的破坏(图4-10)。

对应措施:

(1) 突出大屋面部分的小屋,按基底剪力法计算内力时,其内力计算宜乘以放大系数,一般采用3。若在8、9度地震烈度地区,放

图4-10　都江堰市某砌体房屋出屋面小建筑甩落(该房屋高度不大)

大系数可放大到3~5。

(2) 在塔楼与主楼的连接处,应加强构造措施,如在小塔四角处由主楼伸出构造柱,或在小屋顶四周加放圈梁等措施。

(3) 塔楼可采用较小的刚度结构,或减轻突出屋面结构的自重。

(4) 应与主体结构进行抗震连接,对女儿墙、烟囱采用竖向配筋结构。

10. 横墙较少房屋的破坏

砖砌体结构中的中小学及幼儿园的教学楼、医院等建筑,虽层数不多,但横墙较少,没有足够的墙体承担水平剪力,从而易造成严重破坏或倒塌,造成人员伤亡(图4-11)。

对应措施:

（1）总高度应比《抗震规范》中的规定降低 3 m，层数应减少 1 层，横墙很少时应减少 2 层。

（2）对抗震设防类别为乙类的医院、教学楼等多层砌体房屋应比《抗震规范》中的规定减少 2 层且总高度应降低 6 m。

（3）宜采用钢筋混凝土楼、屋盖。

图 4 - 11　都江堰市聚源中学两栋教学楼倒塌，造成严重人员伤亡

（4）对外廊式、单面走廊式的多层砖房，应根据房屋增加 1 层后的层数，按《抗震规范》中的要求设置构造柱，且单面走廊两侧的纵墙均要求设置构造柱。

（5）对教学楼、医院等横墙较少的多层房屋，应根据房屋增加 1 层后的层数，按《抗震规范》中的要求设置构造柱；当教学楼、医院等横墙较少的房屋为外廊式或单面走廊式时，除应按增加 1 层后的层数设置构造柱外，在 6 度不超过 4 层、7 度不超过 3 层和 8 度不超过 2 层时，应按增加 2 层后的层数设置构造柱；单面走廊两侧的纵墙均应按外墙处理。

（6）房屋的高度和层数接近限值时，构造柱应按《抗震规范》中的要求加密。

（7）对多层砌体抗震横墙较少的横墙间距，不应超过表 4 - 4 的规定。

表 4 - 4　房屋抗震横墙的间距　　　　　　　　　　　　（m）

房 屋 类 别		烈 度			
		6	7	8	9
多层砌体房屋	现浇或装配整体式钢筋混凝土楼、屋盖	15	15	11	7
	装配式钢筋混凝土楼、屋盖	11	11	9	4
	木屋盖	9	9	4	—
底部框架-抗震墙砌体房屋	上部各层	同多层砌体房屋			
	底层或底部两层	18	15	11	—

注：① 多层砌体房屋的顶层，除木屋盖外的最大横墙间距应允许适当放宽，但应采取相应的加强措施。

　　② 多孔砖抗震横墙厚度为 190 mm 时，最大横墙间距应比表中数值减少 3 m。

二、层数和总高度要求

在一般情况下,多层房屋的层数和总高度不应超过表4-5的规定。

对横墙较少的多层砌体房屋,总高度应比表4-5的规定降低3 m,层数相应减少1层;各层横墙很少的多层砌体房屋,还应再减少1层。

注:横墙较少是指同一楼层内开间大于4.2 m的房间占该层总面积的40%以上,其中,开间不大于4.2 m的房间占该层总面积不到20%,且开间大于4.8 m的房间占该层总面积的50%以上。

表4-5　房屋的层数和总高度限值　　　　　(m)

房屋类别		最小抗震墙厚度(mm)	烈度和设计基本地震加速度											
			6		7				8				9	
			0.05g		0.10g		0.15g		0.20g		0.30g		0.40g	
			高度	层数	高度	层数	高度	层数	高度	层数	高度	层数	高度	层数
多层砌体房屋	普通砖	240	21	7	21	7	21	7	18	6	15	5	12	4
	多孔砖	240	21	7	21	7	18	6	18	6	15	5	9	3
	多孔砖	190	21	7	18	6	15	5	15	5	12	4	—	—
	小砌块	190	21	7	21	7	18	6	18	6	15	5	9	3
底部框架-抗震墙砌体房屋	普通砖多孔砖	240	22	7	22	7	19	6	16	5	—	—	—	—
	多孔砖	190	22	7	19	6	16	5	13	4	—	—	—	—
	小砌块	190	22	7	22	7	19	6	16	5	—	—	—	—

注:① 房屋的总高度指室外地面到主要屋面板板顶或檐口的高度,半地下室从地下室室内地面算起,全地下室和嵌固条件好的半地下室应允许从室外地面算起,对带阁楼的坡屋面应算到山尖墙的1/2高度处。
② 室内外高差大于0.6 m时,房屋总高度应允许比表中的数据适当增加,但增加量应少于1.0 m。
③ 乙类的多层砌体房屋仍按本地区设防烈度查表,其层数应减少一层且总高度应降低3 m,不应采用底部框架-抗震墙砌体房屋。
④ 本表小砌块砌体房屋不包括配筋混凝土小型空心砌块砌体房屋。

当采用蒸压灰砂砖和蒸压粉煤灰砖的砌体房屋,其砌体抗剪强度仅达到普通黏土砖砌体的70%时,房屋层数比普通砖房减少1层,总高度应减少3 m;当砌体抗剪强度达到普通黏土砖的抗剪强度值时,则房屋层数和总高度同普通砖。

多层砌体承重房屋的层高,不应超过3.6 m。

采用约束砌体等加强措施的普通砖房屋,层高不应超过 3.9 m。

对配筋混凝土小型空心砌块抗震墙房屋适用的最大高度按表 4-6 采用。

对多层砌体房屋总高度与总宽度的最大比值,宜按表 4-7 采用。

对配筋混凝土小型空心砌块抗震墙房屋的最大高宽比应按表 4-8 采用。

对配筋混凝土小型砌块抗震墙的最大间距按表 4-9 采用。

表 4-6　配筋混凝土小型空心砌块抗震墙房屋适用的最大高度　　(m)

最小墙厚 (mm)	6 度	7 度		8 度		9 度
	0.05g	0.10g	0.15g	0.20g	0.30g	0.40g
190	60	55	45	40	30	24

注:① 房屋高度超过表内高度时,应进行专门研究和论证,采取有效的加强措施。
②　某层或几层开间大于 6.0 m 以上的房间建筑面积占相应层建筑面积 40%以上时,表中数据相应减少 6 m。
③　房屋高度指室外地面到主要屋面板板顶的高度(不包括局部突出屋顶部分)。

表 4-7　房屋最大高宽比

烈度	6	7	8	9
最大高宽比	2.5	2.5	2.0	1.5

注:① 单面走廊房屋的总宽度不包括走廊宽度。
②　建筑平面接近正方形时,其高宽比宜适当减小。

表 4-8　配筋混凝土小型空心砌块抗震墙房屋的最大高宽比

烈度	6 度	7 度	8 度	9 度
最大高宽比	4.5	4.0	3.0	2.0

注:房屋的平面布置和竖向布置不规则时应适当减小最大高宽比。

表 4-9　配筋混凝土小型空心砌块抗震横墙的最大间距

烈度	6 度	7 度	8 度	9 度
最大间距(m)	15	15	11	7

对配筋混凝土小型空心砌块抗震墙房屋的抗震等级应按表 4-10 采用。

表 4-10　配筋混凝土小型空心砌块抗震墙房屋的抗震等级

烈度	6 度		7 度		8 度		9 度
高度(m)	≤24	>24	≤24	>24	≤24	>24	≤24
抗震等级	四	三	三	二	二	一	一

注:接近或等于高度分界时,可结合房屋不规则程度及场地、地基条件确定抗震等级。

对配筋混凝土小型空心砌块抗震墙房屋的层高,应符合下列要求:

（1）底部加强部位的层高,一、二级不宜大于 3.2 m,三、四级不应大于 3.9 m;

（2）其他部位的层高,一、二级不应大于 3.9 m,三、四级不应大于 4.8 m。

注:底部加强部位指不小于房屋总高度的 1/6,且不小于底部二层的高度范围,当房屋总高度小于 21 m 时,取 1 层。

第二节　底部框架-抗震墙砌体房屋的震害与对应措施

一、概述

底层框架-抗震墙砌体结构是上刚下柔"鸡腿式"特殊结构,是国内特有的一种结构形式,是对抗震不利的结构。但由于这种结构形式造价便宜,施工方便,是沿大街两旁使用量大面广的大空间结构。特别是在我国经济欠发达地区或旧城改造的地方,它可提供面临街道的底部商店、餐厅、舞厅、车库、银行、娱乐等场合所需求的大空间,是面临街面的方便使用的结构形式,有一定的现实意义,所以对这类结构进行抗震设防非常重要。

由于这类结构是由上下两层两种不同材料组成的复合结构,上下各侧向刚度的大小不同,从多次地震震害来看,是破坏比较严重的结构。

理想的抗震结构要求上部砌体和下部框架均为等强度的结构,使在水平地震力的作用下所产生的变形沿房屋高度分布是均匀的。要求各楼层的侧移刚度由上而下随地震剪力的增加而按比例增大。

在国内外历次地震中为数较多的震害表明,底层空旷、上层有较多纵、横墙体的多层房屋,由于底层较柔、上部较刚,造成头重脚轻,地震时往往在底层形成薄弱层,发生变形集中,底部出现过大的侧移而破坏,甚至倒塌。

根据日、美等国对同类房屋的研究和我国对这类房屋的震害与试验调查,提出底层框架-抗震墙砌体房屋中的二层与底层在纵横两个方向的侧移刚度比值为

6,7 度时,$\gamma = \dfrac{\sum K_{w_2} + \sum K_{f_2}}{\sum K_{f_1} + \sum K_{cw_1} + \sum K_{bw_1}} \leqslant 2.5$ （4－14）

8 度时,$\gamma = \dfrac{\sum K_{w_2} + \sum K_{f_2}}{\sum K_{f_1} + \sum K_{cw_1} + \sum K_{bw_1}} \leqslant 2.0$ （4－15）

式中　γ——二层与底层侧移刚度比值;

　　　　K_{w_2}——二层砖砌体的侧移刚度;

　　　　K_{f_2}——二层构造柱的侧移刚度;

　　　　K_{f_1},K_{cw_1},K_{bw_1}——分别是底层框架、混凝土抗震墙、砖砌体抗震墙的侧移刚度。具体计算时,K_{cw_1} 或 K_{bw_1} 只允许取一项。

当底层采用钢筋混凝土抗震时,由于混凝土的弹性模量 10 倍于上层砖砌体的弹性模量,故式(4－14)或式(4－15)易得到满足。

当采用砖砌体抗震墙时,为使砖墙不致太密,影响使用,宜采用 M 7.5 或 M 10的砂浆砌筑,墙面不宜开洞。也可沿墙全长采用配筋砌体,配筋量由计算确定,但竖向截面配筋量不宜小于0.05%,也不小于每半砖墙的厚度设置1φ6,竖向间距不宜大于 500 mm,水平钢筋锚入框架柱的长度应按框架抗震等级确定。

底层采用砖抗震墙时,框架梁柱节点阴角处宜放配置 2φ16 的 45°斜筋(图4－12)。

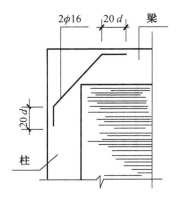

图 4－12　底层框架角部斜筋图

底层柱网应与上部砖砌体房屋纵横墙布置相协调。上部砖墙应上下对齐,纵横拉通,下设框架梁柱支托,使柱网尺寸尽量整齐统一(图 4－13)。

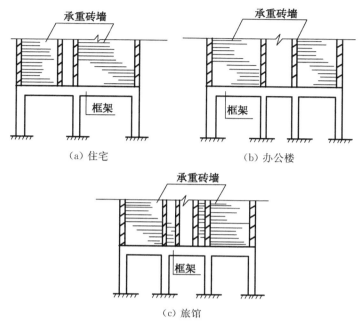

（a）住宅　　　　　　　　　（b）办公楼

（c）旅馆

图 4 - 13　柱网布置示意图

有震害和研究表明,底层框架抗震砖墙的相对刚度较小,上部砖房刚度较大,在强烈地震作用下,底层会出现较大的侧移而造成破坏,甚至倒塌。要求按第二层与底层侧移刚度的比例增大底层的地震剪力,比例（$\gamma = K_2/K_1$）愈大,底层地震剪力增加愈多,则可减少底层的薄弱程度。增大系数可按式(4 - 16)确定

$$\eta_v = 1 + 0.17(K_2/K_1) \qquad (4 - 16)$$

η_v 取值一般在 1.2～1.5 之间。

底层在两个主轴方向上的地震力,应分别由相应方向上的底层抗震墙全部承担,而不扣除底层框架分担的部分。底层各抗震墙之间地震剪力的分配,仍按各道抗震墙的侧移刚度比分配。框架与抗震墙相比,侧移刚度小,因此,分担很少的地震剪力。而且在震害中也常常反映抗震墙先于框架破坏。可先不考虑框架承担剪力,以增强底层抗震墙的抗震能力。

底层框架部分的剪力 V_c,按该方向各构件有效侧移刚度比例分配,即

$$V_c = \frac{K_f V}{\sum K_f + 0.3 \sum K_{cw_1} + 0.2 K_{mw_1}} \qquad (4-17)$$

式中 K_f，K_{cw_1}，K_{mw_1}——分别为一榀框架、钢筋混凝土抗震墙和砖填
充墙的侧移刚度，具体计算时，K_{cw_1} 和 K_{mw_1}
只允许取一项；

V——底部总地震剪力。

二、震害

1. 底部全部框架结构，二层以上全是砖砌体结构

由于此类房屋底层框架侧向刚度小，地震时水平位移增大，过大的水平位移增加了垂直荷载的偏心距，使结构产生较大的附加内力，出现 $P\text{-}\Delta$ 效应，严重时会使结构倒塌。在 5·12 汶川大地震中，某建筑由于底部未设抗震墙或仅设砖抗震墙（数量少），震害基本集中在底层，底层墙体破坏程度比框架柱严重，框架柱破坏程度又比梁严重，房屋破坏严重时会倒塌，房屋上部几层的破坏程度比底部破坏要轻（图 4-14）。

（a）底层整体倒塌、房屋倾斜　　　　　　　（b）底层柱全部折断

图 4-14　五层底部框架住宅楼（底部一层）底层倒塌

2. 底部框架-抗震墙房屋震害

当底部设有足够的抗震墙时，与底部纯框架结构相比，其震害有区别：

（1）当结构薄弱层在底部时，抗震墙和框架节点、填充墙破坏严重，但不会出现整体垮塌；当薄弱层在过渡层时，该层破坏较明显，而底部破坏较轻；当过渡层破坏严重时，该层出现整体垮塌，过渡层以上各层随之倒塌，仅剩下底层框架。

（2）当房屋底部框架-抗震墙部分和上部砌体部分抗震性能匹配较好时，可使结构刚度上下均匀，薄弱层部位在底部或者在过渡层，房屋破坏均匀分散，整体不会倒塌，底部框架的震害主要集中在梁柱节点处，柱的破坏大于梁，柱顶破坏大于柱底，角柱破坏大于内柱和边柱。框架柱端的破坏由

图 4-15 柱顶破坏状况（梁腋底）

剪力、弯矩和轴力压曲引起，混凝土破碎，柱主筋压曲，柱顶破坏很普遍（图 4-15）。破坏的主因是底部框架托墙梁受力复杂，托梁承担上部墙体很大的荷载，托梁尺寸往往较大，形成"强梁弱柱"，很难实现"强柱弱梁"，梁柱节点破坏多发生在梁底。

（3）当底部框架中设有足够的抗震墙时，由于墙体的侧向刚度大，将分担底部大部分地震力，墙体受力明显。一般钢筋混凝土墙体比砖墙体受损轻，由于砖墙延性差，破坏较重（图 4-16）。

（4）当底层框架设有填充墙时，在底部的填充墙虽不是承重墙，但它有一定的侧向刚度，由于材料强度低，当底部框架有较大的变形时，首先破坏的是填充墙，填充墙出现斜裂缝或交叉裂缝，当框架拉结筋不足或烈度较高的地区，还会出现平面外的破坏，使房屋局部或整体倾斜（图 4-17）。

图 4-16 底层横向砖抗震墙破坏

图 4-17 底层横向填充墙破坏

（5）对于过渡楼层墙体破坏的情况，由于过渡层受力复杂，既传递上部的地震剪力，又要受上部各层墙体的倾覆力矩引起的转角，会使下层层间位移增大，在底部框架上方的过渡层墙体易出现水平裂缝

（图 4 - 18）。这些裂缝也是横墙受剪引起的剪切裂缝的延伸，过渡层墙体的抗弯能力应当重视，加强上、下层的刚度匹配性，增加过渡层的构造措施。

（6）底部框架-抗震墙房屋楼梯间破坏形式有：楼梯梯段中部垂直梯段方向开裂或中部断裂，或楼梯梯段板钢筋屈服或断裂（图 4 - 19）；楼梯平台梁中部与框架梁交接节点破坏，混凝土破碎，钢筋变形（图 4 - 20）。

图 4 - 18　常见的过渡楼层受损情况
（外纵墙及横墙破坏）

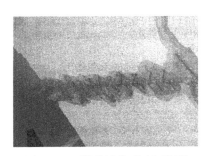

图 4 - 19　梯段板典型破坏状况

图 4 - 20　楼梯平台梁破坏状态

（7）托梁的受力和破坏，分以下几种情况。

① 无洞口墙梁上承受垂直荷载的受力迹线和受力机构分别如图 4-21(a)和图 4-21(b)所示（虚线为主拉应力，实线为主压应力）。梁两端几乎垂直的实线是剪切线，这样拉杆拱的某一部位达到极限强度而导致整根梁受力机构破坏。不同的托梁部位破坏则表现出不同的破坏形

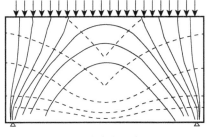

（a）主应力迹线

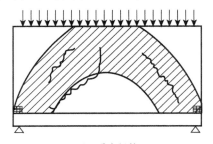

（b）受力机构

图 4 - 21　无洞口墙梁的主应力迹线及受力机构

态：当托梁钢筋达到极限强度丧失承载力时，表现为托梁弯曲破坏；当拱肋墙体被压坏或斜拉裂缝贯穿拱肋或拱脚而使墙梁丧失承载力时，则表现为墙梁斜压或斜拉破坏（墙体剪力破坏）；当拱脚砌体局部压碎而导致墙梁丧失承载力时，表现为局部破坏。

② 梁跨中墙开洞，与无洞口墙梁受力机构一样，是一个拉杆拱。洞口处的墙体处于低应力区，如图 4-21(a) 所示。与无洞口墙梁破坏机构几乎是一样，如图 4-21(b) 所示。

③ 梁上墙开偏洞的受力特性，如图 4-22(a) 所示，梁体主应力 σ_3 迹线一部分呈拱形指向两支座，还有一部分分量指向门洞口内侧附近。墙体主要受力部分为大拱内套一个小拱。这时托梁除起拉杆作用外，还作为小拱一端的弹性支座，具有梁的受力特性，可组成梁-拱组合受力机构[图 4-22(b)]。由图 4-22(b) 表明，裂缝出现在梁拱机构之外，这些裂缝不会直接导致受力机构的破坏，是非破坏裂缝。由于裂缝的发展，会使侧墙在门角和支座上方承压面积大大减小，导致侧墙局部压碎。由计算(有限元法)表明，洞口右上角附近是双向受拉力(σ_1，σ_3 均为拉应力)，当梁锚固长度不够时，在机构外的裂缝可能绕过梁端上部发展，或托梁配筋不足，不能控制裂缝，会导致受力拱的顶部被破坏，从而导致整个受力机构破坏。在机构内的裂缝，它们的发展将直接导致受力机构的破坏，是破坏性裂缝。进一步分析可知，当受力机构的某一部分首先达到极限强度状态，该部分破坏，从而使整个机构破坏。洞口托梁底裂缝的发展，使托梁底钢筋达到极限状态，呈受弯破坏；侧墙斜裂缝的发展导致墙体剪力破坏；而支座上部和洞口角隅处的局部压力集中导致局部破坏。

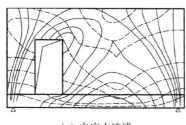

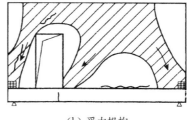

(a) 主应力迹线   (b) 受力机构

图 4-22 托梁墙开偏洞主应力迹线及受力机构

以上分析表明，随着洞口位置向跨中靠拢，大拱的作用逐渐增大，而小拱的作用逐渐减小,托梁的梁式作用逐渐减弱,当洞口处在托梁跨中时,小拱作用消失,托梁变成拱的拉杆。

三、对应措施

1. 前述六种震害的对应措施

前述六种破坏形式不外乎底部框架柱、框架填充墙、过渡层墙体、框架柱头等,采取的对应措施是:

(1)增加底层框架柱的混凝土标号或加大柱断面尺寸和配筋;

(2)增加框架节点处的斜向配筋;

(3)在过渡层或以上各层增加构造柱设置,其构造柱应与下部框架柱相通,上部构造柱应延伸到屋顶,增加整个房屋的抗侧延性,改善内力调整能力;

(4)梯段板上下正负钢筋各自拉通,不再采用分离式梯板配筋。

2. 托梁破坏的对应措施

无论是无洞口托墙梁或洞口开在托梁跨中或开偏洞口的托梁,托梁上、下纵向钢筋均应按受拉对称配筋,在托梁两端支座处或开偏洞口的小拱支座处,均应加密箍筋,混凝土不低于 C30,托梁两端支座钢筋应与构造柱按《抗震规范》规定锚固。

3. 采用合理的结构布置方案

底层框架-抗震墙砌体房屋的建筑结构,属于平面不规则和竖向不规则的结构。历次震害调查表明,体型复杂、结构构件布置不合理,将加重房屋的震害。对这类房屋的平、立面布置规则性要从严掌握,房屋体型宜简单、对称,结构抗侧构件布置尽量对称(图 4-23),可减少水平地震作用下的扭转。

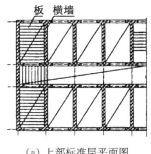

(a)上部标准层平面图
(正确布置方案)

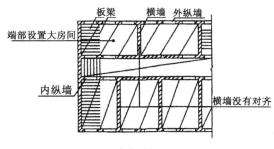

(b)上部标准层平面图
(错误布置方案)

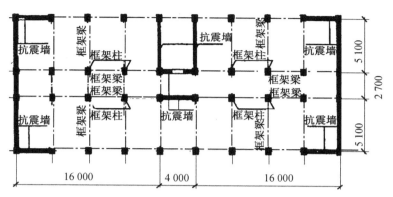

（c）底层平面图（正确布置方案）

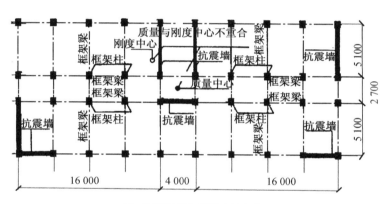

（d）底层平面图（错误布置方案）

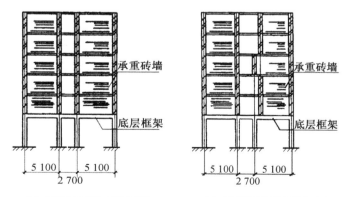

（e）剖面图（正确布置方案）　　　　（f）剖面图（错误布置方案）

图 4 - 23　底部框架抗震墙结构布置方案

若平面布置复杂,存在严重凹凸不规则,可采用抗震缝分为规则的结构布置。具体要求是:

(1)上部的砌体墙体与底部的框架梁或抗震墙均应对齐,除楼梯间附近的个别墙段外。

(2)在底部沿纵横两方向设置一定数量的抗震墙,并均匀对称。在6度总层数不超过4层的底层框架-抗震墙砌体房屋,应允许使用嵌砌于框架之间的约束普通砖或小型砌块的抗震墙,但应计入砌体墙对框架的附加轴力和附加剪力,并进行底层的抗震验算,在同一方向不应同时采用钢筋混凝土抗震墙和约束砌体抗震墙。8度时应采用钢筋混凝土抗震墙,6、7度时应采用钢筋混凝土抗震墙或配筋小砌块砌体抗震墙。

(3)底层框架-抗震墙砌体房屋的纵横两个方向,应计入构造柱的侧向刚度与底层侧向刚度的比值,6、7度时不应大于2.5,8度时不应大于2.0,且均不应小于1.0。

(4)底部框架-抗震墙砌体房屋的抗震墙应设置条形基础、筏形基础或整体性基础。另外,底部混凝土框架的抗震等级,6、7、8度应分别按三、二、一级采用,混凝土墙体的抗震等级,6、7、8度应分别按三、三、二级采用。

4.满足层数、总高度、层高的规定

对这类房屋的震害调查表明,层数越多和高度越高,地震破坏越重,因此,层数和总高度应按表4-11规定采用。

表4-11 底部框架-抗震墙房屋层数和总高度限值 (m)

烈度	6	7	8
层数	7	7	6
高度	22.0	22.0	19.0

在9度地区不使用底部框架-抗震墙上部砌体结构房屋。

底部框架-抗震墙砌体房屋底部的层高不应超过4.5 m。

5.满足高宽比的规定

底部框架-抗震墙砌体房屋总高度与总宽度的最大比值,宜符合表4-12的要求。

表4-12 底部框架-抗震墙砌体房屋最大高宽比

烈度	6	7	8
最大高宽比	2.5	2.5	2.0

6. 满足抗震横墙最大间距的要求

对底部框架-抗震墙砌体房屋抗震横墙最大间距按表 4 - 13 执行。

表 4 - 13　底部框架-抗震墙砌体房屋抗震横墙最大间距　　（m）

烈度	6	7	8
底层或底部两层	21	18	15
上部各层	同多层砌体房屋的要求		

7. 满足抗震设防的基本要求

对底部框架-抗震墙砌体房屋设防的基本要求：

（1）底层均应设置纵、横向的双向框架体系，避免一个方向为框架，另一个方向为连续梁的体系。

（2）底部的抗震墙宜沿纵、横两个方向对称布置，使纵、横向抗震墙相连。抗震墙宜布置成"T"形或"L"形。底部的抗震墙应贯通到顶层。

（3）控制上部砌体的纵、横墙布置及开洞率。纵、横墙布置宜均匀对称，平面对齐、沿竖向上下连续。同一轴线上的窗间墙宜均匀，内纵墙宜贯通。对外纵墙开洞率的控制，6 度时不宜大于 55％，7 度时不应大于 55％，8 度时不应大于 50％。

（4）对于与底部框架相连的过渡层，应使上下层柱与构造柱相连接，注意楼板层水平刚度的加强，墙体适当配置水平钢筋，以利竖向刚度的渐变。

（5）薄弱层的判别。底部框架-抗震墙砌体房屋底部的层间极限剪力系数 A 与上部砌体结构的层间极限剪力系数 B 的对比来判断薄弱层。

若 $A < 0.8B$，则底层为薄弱楼层；

若 $A > 0.9B$，则第二层或上部砌体房屋中的某一层为薄弱层；

若 $0.8B \leqslant A \leqslant 0.9B$，则该结构为均匀结构。

（6）有关防震缝的设置。由于该类房屋底部侧向刚度小于上部砌体的侧向刚度，底部层间位移较大，房屋整体水平位移相应增大，防震缝的宽度应比多层砌体房屋大一些。

第三节　底部框架地震剪力计算

底部框架承担的地震剪力设计值，可由式（4 - 18）计算：

$$V_j = \frac{K_j}{\sum K_j + 0.3 \sum K_{cwj} + 0.2 \sum K_{bwj}} V \qquad (4-18)$$

式中　　V_j——第 j 榀框架承担的地震剪力；

　　　　V——底部总地震剪力；

　　　　K_j——第 j 榀框架的弹性刚度；

　　　　K_{cwj}——第 j 片钢筋混凝土抗震墙的弹性刚度；

　　　　K_{bwj}——第 j 片砖抗震墙的弹性刚度。

一、底部地震倾覆力矩的分配

对多层砌体房屋一般不考虑地震倾覆力矩对墙体受剪承载力的影响。而对于底部框架-抗震墙砌体房屋，由于上刚下柔是两种不同的承重和抗侧力结构体系，应考虑地震倾覆力矩对底部框架-抗震墙结构构件的影响。

作用于房屋过渡层（含）以上的各楼层水平地震力会对底层引起倾覆力矩，而倾覆力矩引起构件变形的性质与水平剪力不同，将使底部抗震墙产生附加弯矩，并使底部框架柱产生附加轴力。

在确定底部的地震作用时，应计入地震倾覆力矩对底部抗震墙产生的附加弯矩和对底部框架柱产生附加轴力。因倾覆力矩引起构件变形的性质与水平剪力引起的构件变形不同，因此，倾覆力矩在底层框架和抗震墙之间的分配，不是按它们的侧移刚度比例分配，而是按它们的转动刚度比例分配。

1. 底层钢筋混凝土框架刚度

（1）侧移刚度：假定框架梁为绝对刚性，柱上下端为固定。

单柱：
$$K_c = \frac{12 E_c I_c}{H_1^3} \qquad (4-19)$$

式中　　K_c——单柱的侧移刚度；

　　　　E_c——单柱的弹性模量；

　　　　I_c——单柱的截面惯性矩；

　　　　H_1——由基础顶面算起的柱高。

框架：
$$K_f = \sum K_c = \frac{12 E_c \sum I_c}{H_1^3} \qquad (4-20)$$

式中　　K_f——框架的侧移刚度。

（2）转动刚度：由框架整体弯曲和框架基础整体转动两部分组成。

$$K_{f}' = \cfrac{1}{\cfrac{H_1}{E_c \sum\limits_{i=1}^{n} A_{ci} x_i^2} + \cfrac{1}{C_z \sum\limits_{i=1}^{n}(A_{fi} x_{fi}^2) + \cfrac{1}{12} A_{fi} b^2}} \qquad (4-21)$$

式中　K_f'——一榀框架的转动刚度；

　　　A_{ci}，x_i——分别为 i 柱截面面积及其中心到框架的形心距离（图4-24）；

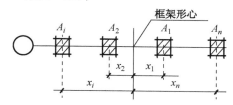

图 4-24　框架形心距离

　　　A_{fi}，x_{fi}——分别为 i 柱基础底面面积及其中心到框架基础底面形心的距离；

　　　b——验算方向的柱基底面边长；

　　　C_z——天然地基抗压刚度系数，如表 4-14 所示。

表 4-14　天然地基抗压刚度系数 C_z　（kN/m³×10³）

地基承载力标准值 f_k(kPa)	岩石、碎石土	黏土	粉质黏土	砂土
1 000	176	—	—	—
800	135	—	—	—
700	117	—	—	—
600	102	—	—	—
500	88	88	—	—
400	75	75	—	—
300	61	61	53	48
250	—	53	44	41
200	—	45	36	34
150	—	35	28	26
100	—	25	20	18
80	—	18	4	—

注：① 表中所列 C_z 值适用于底面积 A_f 大于或等于 20 m³ 的基础，当底面积小于 20 m² 时，表中数值应乘以 $\sqrt[3]{\dfrac{20}{A_f}}$。

　　② 天然地基抗弯刚度系数 $C_\phi = 2.15 C_z$。

2. 底层钢筋混凝土抗震墙刚度

(1) 侧移刚度 K_{cw}

① 无洞口抗震墙：

墙身剪切变形：
$$\zeta_s = 2.5\eta \frac{H_1}{E_c A_{cw}} \qquad (4-22)$$

墙身弯曲变形：
$$\zeta_m = \frac{H_1^3}{3E_c I_{cw}} \qquad (4-23)$$

基础转动变形：
$$\zeta_r = \frac{H_1^3}{C_\phi I_\phi} \qquad (4-24)$$

总变形：
$$\zeta_{cw} = \zeta_s + \zeta_m + \zeta_r \qquad (4-25)$$

侧移刚度：
$$K_{cw} = \frac{1}{\zeta_{cw}} = \frac{1}{\zeta_s + \zeta_m + \zeta_r} \qquad (4-26)$$

式中 H_1——从基础底面算起的底层抗震墙高度；

η——剪应力不均匀系数，矩形截面取 1.2；

A_{cw}，I_{cw}——底层抗震墙（包括相连柱）水平截面面积和惯性矩；

C_ϕ——天然地基抗变刚度系数，$C_\phi = 2.5C_z$，C_z 如表 4-14 所示；

I_ϕ——抗震墙与相连柱联合基础底面惯性矩；

E_c——混凝土的弹性模量。

② 小洞口抗震墙：当墙面开洞率 α（等于洞口立面面积与墙面立面面积之比的平方根）不大于 0.4，且洞口位于墙面中央部位时：

$$K_{cw} = \frac{1 - 1.2\alpha}{\zeta_s + \zeta_m + (1 - 1.2\alpha)\zeta_r} \qquad (4-27)$$

(2) 转动刚度 K_{cw}

① 无洞口抗震墙：

$$K'_{cw} = \frac{1}{\dfrac{H_1}{E_c I_{cw}} + \dfrac{1}{C_\phi I_\phi}} \qquad (4-28)$$

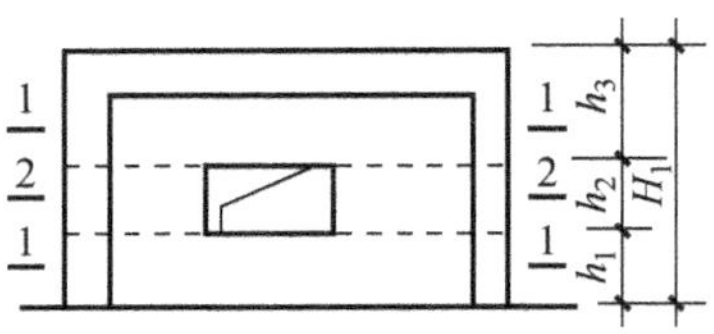

② 有洞口抗震墙（图 4-25）：

K'_{cw} 仍按式(4-28)计算，但是 I_{cw} 用 $\bar{I}_{cw}$ 代替，其中

图 4-25 有洞口墙的惯性矩

$$\bar{I}_{cw} = 0.85 \frac{I_1(h_1 + h_2) + I_2 h_2}{H_1} \qquad (4-29)$$

式中　　I_1，I_2——分别为抗震墙水平截面 1-1(无洞)惯性矩，2-2 截面(有洞)惯性矩。

3. 底层砖抗震墙刚度

(1) 侧移刚度 K_{mw}：一般只考虑剪力变形，并取 $G = 0.4E_m$。

① 无洞口抗震墙：

$$K_{mw} = \frac{E_m b t}{3H_1} \qquad (4-30)$$

式中　　E_m——砖弹性模量；

　　b，t——分别为抗震墙的宽度和厚度。

② 小洞口抗震墙：

$$K_{mw} = (1-1.2\alpha)\frac{E_m b t}{3H_1} \qquad (4-31)$$

③ 大洞口抗震墙：

$$K_{mw} = \frac{1}{\sum \zeta_i} \qquad (4-32)$$

(2) 转动刚度 K'_{mw} 由框架转动刚度和墙体转动刚度组成。

① 无洞口抗震墙：

$$K'_{mw} = \frac{1}{\dfrac{H_1}{E_m I_{mw}} + \dfrac{1}{C_\phi I_\phi}} \qquad (4-33)$$

式中　　I_{mw}——砖抗震墙（不包括相连柱）的水平截面惯性矩，$I_{mw} = tb^3/12$。

② 有洞口抗震墙：

K'_{mw} 可仍按式(4-33)计算，但是 I_{mw} 用 $\bar{I}_{mw}$ 代替：

当墙面有一个或两个窗时[4-26(a)]：

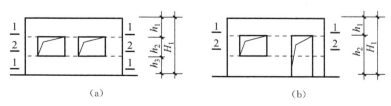

(a)　　　　　　　　　　　　　　(b)

图 4-26　有洞口墙惯性矩

$$\overline{I}_{mw} = 0.85 \frac{I_1(h_1 + h_2) + I_2 h_2}{H_1} \tag{4-34}$$

当墙面上有一个门或一门一窗时[图 4-26(b)]:

$$\overline{I}_{mw} = 0.85 \frac{I_1 h_1 + I_2 h_2}{H_1} \tag{4-35}$$

4. 抗震墙框架并联体刚度

当抗震墙不能沿轴线全长布置时,在同一轴线内有墙有柱(或框架)形成抗震墙并联体。

(1) 侧移刚度 K_{fw}

① 钢筋混凝土墙:

$$K_{fw} = K_f + K_{cw} \tag{4-36}$$

② 砖墙

$$K_{fw} = K_f + K_{mw} \tag{4-37}$$

(2) 转动刚度 K'_{fw}

① 钢筋混凝土抗震墙与框架并联体:

$$K'_{fw} = \frac{1}{E_c(\sum A_{ci}x_i^2 + I_{cw} + A_{cw}x_w^2) + C_\phi(\sum A_{fi}x_{fi}^2 + I_\phi + A_\phi x_{fw}^2)} \tag{4-38}$$

式中　A_{ci}, x_i ——分别为 i 柱(不与墙相连)截面面积及其中心至墙柱并联体中和轴的距离;

A_{cw}, I_{cw}, x_w ——分别为墙(包括相连柱)截面面积、惯性矩及中心至墙柱并联体中和轴的距离;

A_{fi}, x_{fi} ——分别为 i 柱(不与墙相连)基础底面面积及其中心至墙柱并联体基础底面中和轴的距离;

A_ϕ, I_ϕ, x_{fw} —— 墙与相连柱联合基础底面面积惯性矩及其中心至墙柱并联体基础底面中和轴的距离。

② 砖抗震墙与框架并联体:

$$K'_{fw} = \frac{1}{E_c \sum A_{ci}x_i^2 + E_m(I_{mw} + A_{mw}x_m^2) + C_\phi \sum A_{fi}x_{fi}^2 + I_\phi + A_\phi x_{fw}^2} \tag{4-39}$$

式中　A_{mw}, I_{mw}, x_m ——砖墙(不包括相连柱)截面面积、惯性矩及其中
心至墙柱并联体中和轴的距离。

二、底层倾覆力矩的计算

底层地震倾覆力矩(图 4 - 27)：

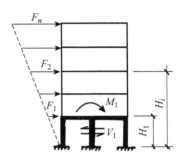

$$M_1 = \sum_{i=2}^{n} F_i(H_i - H_1) \quad (4-40)$$

式中　M_1 ——底层地震倾覆力矩；

　　　H_i ——从地面算起的楼层高度；

　　　F_i ——楼层 i 的水平地震作用力。

图 4 - 27　倾覆力矩计算图

三、底层倾覆力矩的近似分配

(1) 上部砖房每开间均有砖墙

① 一片钢筋混凝土抗震墙：

$$M_{cw} = \frac{K'_{cw}}{K'_1} M_1 \qquad (4-41)$$

② 一片砖抗震墙：

$$M_{mw} = \frac{K'_{mw}}{K'_1} M_1 \qquad (4-42)$$

③ 一榀框架：

$$M_f = \frac{K'_f}{K'_1} M_1 \qquad (4-43)$$

④ 一片抗震墙框架并联体：

$$M_{fw} = \frac{K'_{fw}}{K'_1} M_1 \qquad (4-44)$$

式(4 - 41)—式(4 - 44)中

　　K'_1 ——底层总转动刚度,等于各抗震墙、框架和抗震墙框架并联体
的转动刚度之和；

　　M_{cw}, M_{mw}, M_f, M_{fw} ——分别为每一钢筋混凝土抗震墙、砖抗震
墙、框架和抗震墙框架并联体分配的倾覆
力矩。

（2）上部砖房不是每开间均有砖墙

① 一榀框架（图 4-28）：

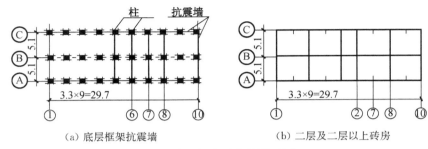

（a）底层框架抗震墙　　　　　（b）二层及二层以上砖房

图 4-28　底层框架砖房简图（单位：m）

当框架上无砖墙（如⑦轴）时，

$$M_f = \frac{K_f'}{K_1'} M_1 \qquad (4-45)$$

当框架上有砖墙（如⑧轴）时，

$$M_f = \frac{1}{2}\left(M_{1j} + \frac{K_f'}{K_i'} M_1\right) \qquad (4-46)$$

式中　M_{1j}——直接位于框架上的第 j 片各层砖墙水平地震作用力 F_{1j} 对底层产生的倾覆力矩（如⑧轴）。

$$M_{1j} = \sum F_{ij}(H_i - H_1) \qquad (4-47)$$

② 一片抗震墙或抗震墙框架并联体，同式（4-41）—式（4-44）。

四、底层框架柱附加轴力的近似计算

（1）纯框架（图 4-28）

$$N_{ai} = \pm \frac{A_{ci}x_i}{\sum A_{ci}x_i} M_f \qquad (4-48)$$

式中　N_{ai}——i 柱承受的附加轴力；

A_{ci}，x_i——i 柱截面面积及其中心到框架形心的距离。

（2）框架加钢筋混凝土抗震墙

$$N_{ai} = \pm \frac{A_{ci}x_i}{\sum A_{ci}x_i^2 + \sum A_w x_w^2} M_{cw} \qquad (4-49)$$

式中　x_i——i 柱中心至墙柱联合形心的距离；

　　　A_w，x_w——分别为墙片(不包括柱)截面面积及其中心到墙柱联
合形心的距离。

（3）框架加抗震墙

可按纯框架和抗震墙各自计算。

（4）抗震墙框架并联体：

$$N_{ai} = \pm \frac{A_{ci}x_i}{\sum A_{ci}x_i^2 + \sum A_w x_w^2} M_{fw} \qquad (4-50)$$

例题 1　底层为框架，上部为四层砖砌房，总高度 15.2 m，底层为砖
砌抗震墙，先砌墙后浇柱，框架为混凝土 C30，柱截面为 450 mm×
450 mm；砖抗震墙 MU10，砂浆 M10，墙厚 370 mm。各层楼盖为现浇钢
筋混凝土板。设有构造柱(图 4-29)。基础顶面标高-0.50 m，柱基础
底面为 2.1 m×2.1 m，抗震墙为条形基础，宽 1.0 m。7 度设防，Ⅱ类场
地土，粉质黏土，$f_k = 300$ kPa，天然地基抗压刚度系数 C_z 见表4-14。

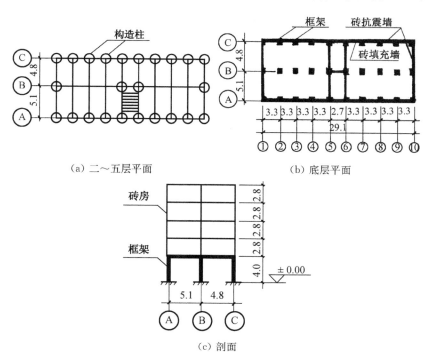

（a）二～五层平面　　　　　　　　（b）底层平面

（c）剖面

图 4-29　建筑平、剖面图(单位:m)

93

解：1. 地震作用和地震剪力设计值

（1）求各层质点及其地震作用分布（图 4 - 30）

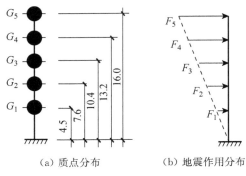

（a）质点分布   （b）地震作用分布

图 4 - 30   各层质点及其地震作用

（2）求各质点重力荷载代表值 G_i（表 4 - 15）

表 4 - 15   计算结果

层	$G_i(\mathrm{kN})$	$H_i(\mathrm{m})$	$G_iH_i(\mathrm{kN \cdot m})$	$F_i(\mathrm{kN})$	$V_i(\mathrm{kN})$
5	2 500	15. 7	39 250	360	360
4	4 500	12. 9	58 050	532	892
3	4 500	10. 1	45 450	416. 7	1 308. 7
2	4 500	7. 3	32 850	301. 8	1 609. 7
1	5 000	4. 5	22 500	206	1 815. 7
Σ	21 000	—	198 100	1 815. 7	—

（3）求总的水平地震作用标准值 F_{EK}，用底部剪力法：

$$G_{\mathrm{eq}} = 0.85 \times 21\,000 = 17\,850 \text{ kN}$$

$$\alpha_1 = \alpha_{\max} = 0.08$$

$$\zeta_n = 0$$

$$F_{\mathrm{EK}} = \alpha \cdot G_{\mathrm{eq}} = 0.08 \times 17\,850 = 1\,428 \text{ kN}$$

（4）求各层地震作用设计值 F_i

$$F_i = \gamma_{\mathrm{Eh}} \frac{G_iH_i}{\sum\limits_{j=1}^{n} G_jH_j} F_{\mathrm{Ek}} = 1.3 \times \frac{1\,428}{198\,100} \times G_iH_i = 0.009\,17 G_iH_i$$

（式中 $\gamma_{\text{Eh}} = 1.3$ 依据《抗震规范》中的取值）

（5）求各层地震剪力设计值 V_i（表 4 - 15）

地震基底总剪力设计值 $V_i = \displaystyle\sum_{i=1}^{n} F_i$

2. 底层横向刚度计算

（1）单榀框架侧移刚度

单柱：$E_c = 30 \times 10^6 \text{ kN/m}^2$

$$
\begin{aligned}
K_c &= 12 E_c I_c / H_1^3 \\
&= 12 \times 30 \times 10^6 \times 3.41 \times 10^{-3} / 4.5^3 \\
&= 12\,404 \text{ kN/m}
\end{aligned}
$$

单榀框架：

$$
K_f = 3 K_c = 3 \times 12\,404 = 37\,212 \text{ kN/m}
$$

（2）单榀框架转动刚度（图 4 - 31）

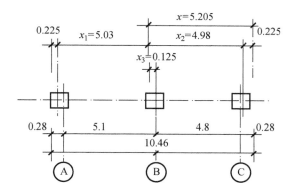

图 4 - 31　框架转动刚度（单位：m）

$$
x = \frac{0.202\,5 \times (10.285 + 5.105 + 0.225)}{3 \times 0.202\,5} = 5.205 \text{ m}
$$

$$
K_f' = 1 \Bigg/ \left(\frac{4.5}{3 \times 10^6 \times 0.202\,5 \times (5.03^2 + 4.98^2 + 0.125^2)} + \right.
$$

$$
\left. \frac{1}{\sqrt[3]{\dfrac{20}{4.41}} \times 53 \times 10^3 \times \left[2.1 \times 2.1 \times (5.03^2 + 4.98^2 + 0.125^2) + \dfrac{1}{12} \times 2.1^2 \times 2.1^2 \times 3\right]} \right)
$$

$$
= \frac{1}{\dfrac{1}{67\,657\,848.76} + \dfrac{1}{19\,815\,364.66}} = 15.33 \times 10^6 \text{ kN/m}
$$

（3）每片砖抗震墙侧移刚度

$$K_{wm} = \frac{E_m bt}{3H_1}（无洞口）$$

$$= \frac{2.98 \times 10^6 \times (10.46 - 2 \times 0.45) \times 0.37}{}$$

$$= 0.780 \times 10^6 \text{ kN/m}$$

（4）每片砖抗震墙转动刚度（图 4-32）

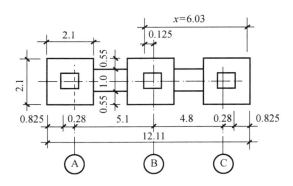

图 4-32　砖抗震墙转动刚度（单位：m）

$$x = \frac{1 \times 12.11 \times 12.1/2 + 2.1 \times 1.1 \times (11.06 + 5.905 + 1.05)}{1 \times 12.11 + 2.1 \times 1.1 \times 3}$$

$$= \frac{73.32 + 41.614}{19.04}$$

$$= 6.03 \text{ mm}$$

$$\sum A_f = 1 \times 12.11 + 2.1 \times 1.1 \times 3 = 19.04$$

$$\sqrt[3]{\frac{20}{A_f}} = \sqrt[3]{\frac{20}{19.04}} = 1.016（因 A_f = 19.04 \text{ m}^2 < 20 \text{ m}^2）$$

$$I'_\phi = \frac{1 \times 1 \times 12.11^3}{12} + 1 \times 12.11 \times (12.11/2 - 6.03)^2 +$$

$$1/12 \times 1.1 \times 2.1^3 \times 3 + 1.1 \times 2.1 \times (5.03^2 + 4.98^2 + 0.125^2)$$

$$= 148 + 0 + 2.55 + 115.77$$

$$= 266.33 \text{ m}^4$$

$$K'_{wm}$$

$$= \frac{1}{E_c \sum A_{ci} x_i^2 + E_m (I_{mw} + A_{mw} x_w^2) + C_\phi (\sum A_{fi} x_{fi}^2 + I_\phi + A_\phi x_{fw}^2)}$$

$$= \cfrac{1}{\cfrac{12 \times 4.5}{3 \times 10^6 \times 0.37 \times 9.56^3} + \cfrac{1}{1.016 \times 2.15 \times 53 \times 10^3 \times 266.33}}$$

$$= \frac{1}{0.055\,6 \times 10^{-6} + 0.032 \times 10^{-6}} = 11.415 \times 10^6 \text{ kN/m}$$

（5）底层横向总刚度

侧移刚度：$K_1 = \sum K_f + \sum K_{wm}$

$\qquad\qquad = 10 \times 37\,212 + 780\,000 \times 4$

$\qquad\qquad = 3.49 \times 10^6 \text{ kN/m}$

转动刚度：$K_1' = \sum K_f' + \sum K_{wm}'$

$\qquad\qquad = 10 \times 15.33 \times 10^6 + 4 \times 11.415 \times 10^6$

$\qquad\qquad = 198.96 \times 10^6 \text{ kN/m}$

3. 二层砖墙横向侧移刚度计算

假定二层砖墙横向总侧移刚度 $K_2 = 6.192 \times 10^6 \text{kN/m}$（略去计算过程）。

4. 底层构件地震剪力

（1）底层总剪力：

二层与底层侧移刚度比 $= \dfrac{6.192 \times 10^6}{3.49 \times 10^6} = 1.774 < 3$，剪力增大系数 $=$

$\sqrt{1.774} = 1.33$

增大后的底层总剪力设计值：$V_1 = 1.33 \times 1\,815.7 = 2\,414.88 \text{ kN}$

（2）一片砖抗震墙的横向地震剪力设计值：

$$V_{wm} = \frac{0.78 \times 10^6}{3.49 \times 10^6} \times 2\,414.88 = 539.715 \text{ kN}$$

（3）一根钢筋混凝土柱的横向地震剪力设计值：

$$V_c = \frac{K_f V_1}{\sum K_f + 0.2 \sum K_{mw}}$$

$$= \frac{12\,404}{10 \times 37\,212 + 4 \times 0.2 \times 0.78 \times 10^6} \times 2\,414.88$$

$$= \frac{29\,954\,171.52}{996\,120} = 30.07 \text{ kN}$$

5. 底层构件地震倾覆力矩计算(二层以上每开间均有横墙)

(1)底层地震倾覆力矩

$$M_1 = \sum_{i=2}^{n} F_i(H_i - H_1)$$
$$= 301 \times 2.8 + 416.7 \times 5.6 + 532 \times 8.4 + 360 \times 11.2$$
$$= 11\ 677.12\ \text{kN} \cdot \text{m}$$

(2)一片砖抗震墙的横向地震倾覆力矩

$$M_{wm} = \frac{K'_{wm}}{K'_1}M_1 = \frac{11.415 \times 10^6}{198.96 \times 10^6} \times 11\ 677.12$$
$$= 669.96\ \text{kN} \cdot \text{m}$$

(3)一榀框架的横向地震倾覆力矩:

$$M_f = \frac{K'_f}{K'_1}M_1 = \frac{15.32 \times 10^6}{198.96 \times 10^6} \times 11\ 677.12 = 899.14\ \text{kN} \cdot \text{m}$$

6. 底层横向抗震墙验算

(1)砖墙横向抗震验算

砖墙按实心不配筋砖墙验算。

$\sigma_0 = 0.15\ \text{N/mm}^2$(重力荷载代表值的砌体截面平均压应力,$\sigma_0 = \frac{G_E}{A}$,截面取层高 1/2 处的截面)

$f_v = 0.18\ \text{N/mm}^2$(非抗震设计的砌体抗剪强度设计值)

$f_{VE} = \zeta_N f_v = 0.97 \times 0.18 = 0.174\ 6\ \text{N/mm}^2$(式中 ζ_N 为砌体强度的正应力影响系数)

$$A = 370 \times (10\ 460 - 280 \times 2 - 120 \times 2) = 3\ 574\ 200\ \text{mm}^2$$

① 砖砌体:$\zeta_N = \frac{1}{1.2}\sqrt{1 + 0.45\sigma_0/f_v}$(分母 1.2 为矩形截面剪应力不均匀系数)

② 混凝土小砌块:$\zeta_N = \begin{cases} 1 + 0.25\sigma_0/f_v & (\sigma_0/f_v = 5.0) \\ 2.25 + 0.17(\sigma_0/f_v - 5) & (\sigma_0/f_v > 5.0) \end{cases}$

③ 中砌块:$\zeta_N = \begin{cases} 1 + 0.18\sigma_0/f_v & (\sigma_0/f_v \leqslant 5.0) \\ 1.9 + 0.15(\sigma_0/f_v - 5) & (\sigma_0/f_v > 5.0) \end{cases}$

$$V \leqslant f_{VE}A/\gamma_{RE} = 0.174\ 6 \times 3\ 574\ 200/0.9$$
$$= 693.39\ \text{kN} > 669.96\ \text{kN}$$

故砖墙体水平钢筋可不配置。

（2）钢筋混凝土框架柱

① 横向地震剪力引起的梁、柱端部弯矩：

柱端弯矩：

$$M_{CE} = \pm 30.07 \times 0.5 \times 4.5 = \pm 67.63 \text{ kN} \cdot \text{m}$$

梁端弯矩：

$$M_{ABE} = M_{CBE} = 67.65 \text{ kN} \cdot \text{m}$$
$$M_{BAE} = \pm 33.25 \text{ kN} \cdot \text{m}$$
$$M_{BCE} = \pm 34.40 \text{ kN} \cdot \text{m}$$

② 横向地震倾覆力矩引起柱的附加轴力：

$$N_{AE} = \pm \frac{0.202\,5 \times 5.03 \times 899.14}{0.202\,5 \times (5.03^2 + 4.98^2 + 0.125^2)} = \pm 90.24 \text{ kN}$$

$$N_{BE} = \pm \frac{0.202\,5 \times 0.125 \times 899.14}{0.202\,5 \times (5.03^2 + 4.98^2 + 0.125^2)} = \pm 2.24 \text{ kN}$$

$$N_{CE} = \pm \frac{0.202\,5 \times 4.98 \times 899.14}{0.202\,5 \times (5.03^2 + 4.98^2 + 0.125^2)} = \pm 89.34 \text{ kN}$$

③ 上述地震内力应与重力荷载内力组合后进行抗震验算（略）。

五、砖抗震墙对框架产生的附加轴力和剪力

在底层框架-抗震墙砌体房屋中。当底层用嵌砌于框架之间的砖砌体作为抗震墙时，砖墙和框架组合的抗侧力构件，其地震力将通过周边框架向下传递，故底层砖抗震墙周边的框架柱还应考虑砖墙引起的附加轴向力和附加剪力（图4-33）。

框架柱的附加轴向力和附加剪力，其值由（式4-51）和（式4-52）确定：

$$\Delta N_f = V_w H_f / l \qquad (4-51)$$
$$\Delta V_f = V_w \qquad (4-52)$$

式中　ΔN_f —— 框架柱的附加轴向压力设计值；

　　　　ΔV_f —— 框架柱的附加剪力设计值；

　　　　V_w —— 墙体承担的剪力设计值，框架柱两侧有墙时，采用两者的较大值；

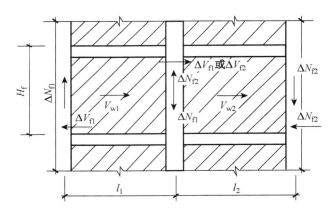

图 4 - 33　普通砖抗震墙对框架柱的附加轴向力和附加剪力

　　H_{f}——框架层高；

　　l——框架跨度(柱中距,图 4 - 33 中 l_1 或 l_2)。

　　砌于框架之间的砖抗震墙及两端框架柱,计算抗震受剪承载力时,需按组合构件进行抗震分析。

六、截面抗震验算

　　1. 底部框架-抗震墙内力调整

　　由于底部框架-抗震墙有较好的地震破坏机理,按弹性理论计算得到的组合内力设计值,在 6、7、8 度其抗震等级分别是三、二、一级时,应进行内力调整,调整内容是：

　　(1) 底层柱下端弯矩；

　　(2) 框架柱的角柱柱端弯矩、剪力；

　　(3) 框架梁端和柱端及钢筋混凝土抗震墙底部的剪力。

　　2. 截面抗震验算

　　底部框架-抗震墙砌体房屋的构件截面验算如下：

$$S \leqslant R/\gamma_{\mathrm{RE}} \qquad\qquad (4-53)$$

式中　S——结构构件内力组合的设计值,包括组合的弯矩、轴力和剪力设计值,底部钢筋混凝土构件按式(4-54)计算；

　　　R——结构构件承载力设计值；

　　　γ_{RE}——承载力抗震调整系数,按表(4-16)采用。

表 4 - 16　承载力抗震调整系数

材料	结构构件		受力状态	γ_{RE}
砌体	承重墙	两端均有构造柱、芯柱的抗震墙和其他抗震墙	受剪 受剪	0.90 1.00
	自承重抗震墙		受剪	0.75
钢筋混凝土	梁		受弯	0.75
	轴压比小于 0.15 的柱		偏压	0.75
	轴压比不小于 0.15 的柱		偏压	0.80
	抗震墙		偏压	0.85
	各类构件		受剪、偏拉	0.85

$$S = \gamma_G S_{GE} + \gamma_{Eh} S_{Ehk} \tag{4-54}$$

式中　γ_G——重力荷载分项系数,一般应采用 1.2,当重力荷载效应对构件承载力有利时,应小于或等于 1.0;

　　γ_{Eh}——水平地震作用分项系数,可采用 1.3;

　　S_{GE}——重力荷载代表值的效应,应取结构构件标准值和其他可变重力荷载的组合值之和的效应;

　　S_{Ehk}——水平地震作用标准值的效应,还应乘以相应的增大系数或调整系数。

第四节　底部框架-抗震墙砌体房屋抗震构造措施

一、底部框架-抗震墙部分

底部框架应与相应抗震等级的钢筋混凝土框架及抗震墙相同外,还应满足下列要求。

1. 过渡楼层的底板

由于过渡楼层底板承担着传递上、下层不同间距墙体的水平地震力和倾覆力矩的共同作用,为使该层具有传递水平地震力的刚度,要求采用现浇钢筋混凝土板。板厚不应小于 120 mm。当底部框架榀距大于 3.6 m时,板厚不应小于 140 mm,并要求少开洞、开小洞。当洞口尺寸大于 800 mm 时,洞口四周应设置边梁。

2. 底部钢筋混凝土托墙梁

① 因托墙梁承担上部砌体的竖向荷载,故截面宽度不应小于 300 mm,截面高度不应小于跨度的 1/10。

② 当托梁上部砌体在梁端附近开洞时,托梁截面高度不宜小于跨度的 1/8,且不宜大于梁跨度 1/6。

③ 当梁端截面受剪承载力不够时,可加扩主梁。

④ 梁的箍筋直径不应小于 8 mm,非加密区间距不应大于 200 mm;在离梁端 1.5 倍且不小于 1/5 净跨范围内,以及上部墙体的洞口处和洞口两侧各 500 mm 且不小于梁高的范围内,箍筋间距不应大于 100 mm。

⑤ 因托梁与上部砌体共同工作,托墙梁成为大偏拉构件,因此,托墙梁的截面应力分布与一般框架梁有差异,其截面应力分布的中和轴上移。因此,梁底面的纵向受拉钢筋应全长拉通,不得弯起或截断;梁顶面纵向钢筋不应小于底面纵向钢筋的 1/3,且至少有 2 根 $\phi 18$ 的通长钢筋,梁高应设腰筋,数量不少于 2 $\phi 14$,间距不大于 200 mm。

⑥ 梁的主筋和腰筋应按钢筋锚固在柱内,且支座上部的纵向钢筋在柱内的锚固长度应符合钢筋混凝土框支梁的有关要求。

⑦ 框架柱、混凝土墙和托墙梁的混凝土强度等级不应低于 C30;过渡层砌体块材的强度等级不应低于 MU10,砖砌体砌筑的砂浆强度的等级不应低于 M10,砌块砌体砌筑的砂浆强度的等级不应低于 Mb10。

3. 底部钢筋混凝土抗震墙

① 抗震墙周边应设置梁(或暗梁)和边框柱组成的边框。边框梁的截面宽度不宜小于墙板厚度的 1.5 倍,截面高度不宜小于墙板厚度的 2.5 倍;边框柱的截面高度不宜小于墙板厚度的 2 倍。

无法设置框柱的墙,应设暗柱,其截面高度不宜小于 2 倍的墙板厚度,应单独设置箍筋。

② 抗震墙板厚度不宜小于 160 mm,且不应小于墙板净高的 1/20,其墙体宜开洞形成若干墙段,各墙段高宽比不宜小于 2。

③ 抗震墙的竖、横向分布钢筋配筋率均不应小于 0.25%,应双排布置;分布钢筋间的拉筋间距不应大于 600 mm,钢筋直径不应小于 6 mm。

4. 底部砌体抗震墙

① 砌体墙厚不应小于 240 mm,砌筑砂浆强度等级不应低于 M10。

② 沿框架柱每隔 500 mm 配置 2ϕ6 拉结钢筋,并沿砖墙全长布置。

在墙半高处还应设置与框架柱相连的钢筋混凝土水平偏梁(梁高可采用
60 mm)。

③ 墙长大于 5 m 时,应在墙中部增设钢筋混凝土构造柱。

二、上部砌体部分

① 钢筋混凝土构造柱的位置,应根据房屋的总层数和房屋所在地区的地震烈度,按多层房屋的要求设置。过渡层还应在底部框架柱对应的位置设构造柱。

② 构造柱截面尺寸不宜小于 240 mm×240 mm。

③ 构造柱的纵向钢筋不宜小于 4φ14,箍筋间距不大于 200 mm。

④ 过渡层构造柱的纵向钢筋,7 度时不宜少于 4φ16,8 度时不宜少于 6φ16,纵筋应锚入框架柱内,当钢筋锚入下部的框架梁内时,框架梁的相应位置应采取加强措施。

⑤ 构造柱应与每层圈梁或现浇板可靠拉结。

⑥ 当房屋的层数和高度接近《抗震规范》规定限值时,横墙内构造柱间距不宜大于层高的 2 倍;当外纵墙开间大于 3.9 mm 时,应采取加强措施。内纵墙的构造柱间距不宜大于 4.2 m。

第五章

多、高层钢筋混凝土框架结构抗震设计

第一节　框架结构在强震作用下的破坏

　　房屋建筑的破坏状况和破坏程度，一方面取决于地震动的特性，另一方面还取决于结构自身的力学性能。地震动特性受震源深度、震级大小、震中距、地形、场地条件等多种因素的影响；结构力学性能与建筑平面布置、体形、结构材料、抗侧力体系、刚度分布、施工等诸多因素有关，因而可能存在着先天性缺陷和不均匀性，造成框架结构的某些部位存在着薄弱环节，或存在着层间屈服强度特别弱的楼层（即薄弱层），或结构平面布置刚度中心和质量中心明显不重合，或框架在平面内沿高度方向不对齐，形不成完整的对称框架，造成扭转效应传力路线中断等。在强烈地震作用下，结构的薄弱层先屈服，产生弹塑性变形或形成弹塑性变形集中现象。在超静定较少的结构中，在大地震作用下，远远超过建筑结构的极限承载力，导致结构整体破坏或局部破坏。在 2008 年中国汶川 8 级大地震中，钢筋混凝土框架结构的具体破坏实例大体上有以下几种。

　　（1）两栋分别为三层和四层的钢筋混凝土框架结构整体倒塌（图 5 - 1）。原因是框架结构横向柱子太少，超静定次数太少，抗侧刚度不够，不符合《抗震规范》中的规定。

图 5 - 1　某中学两栋三层和四层框架结构整体倒塌

（2）六层钢筋混凝土框架结构，梁、柱节点和角柱破坏，如图 5 - 2 所示。

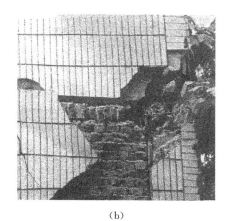

（a）　　　　　　　　　　　　　　（b）

图 5 - 2　六层钢筋混凝土框架梁、柱节点和角柱破坏

框架结构的震害一般是梁轻柱重，柱顶比柱底严重，边柱、角柱更容易破坏。原因是中柱承受重力荷载和双向弯曲的压弯破坏，轻者出现水平裂缝或斜向断裂，重者出现交叉裂缝，混凝土被压碎。

（3）绵阳市某建筑柱脚混凝土压碎，钢筋笼呈灯笼状破坏（图 5 - 3）。

普通柱一般是柱端发生弯曲破坏。原因是混凝土强度等级不够设计标准，施工存在严重缺陷造成的。

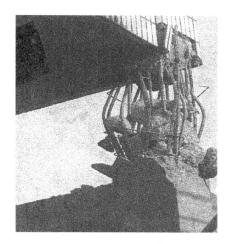

图 5 - 3　钢筋笼呈灯笼状破坏　　　　**图 5 - 4　主筋呈灯笼状破坏**

（4）某建筑短柱脆性破坏，混凝土压碎，箍筋崩脱，主筋呈灯笼状破坏（图 5 - 4）。原因是剪跨比较小的短柱发生剪切破坏，混凝土先压碎，后钢筋鼓出。

（5）某建筑框架节点核心区破坏（图 5 - 5）。

原因是节点核心区箍筋约束不足，或无约束筋时，节点和柱端合并，加重破坏。

图 5 - 5　节点核心破坏　　　　图 5 - 6　框架柱形成短柱的破坏

（6）某建筑框架结构填充墙的约束使框架柱形成短柱的破坏（图 5 - 6）。

原因：强度较高的填充墙的砌筑不合理，导致普通柱因侧向变形受到约束而形成短柱，造成短柱剪切破坏。《抗震规范》规定，剪跨比不大于 2 的短柱，应沿柱全高加密箍筋，优先采用复合螺旋筋；剪跨比小于 1.5 的超短柱，应专门研究。

（7）16 层钢筋混凝土单跨框架结构的破坏（图 5 - 7）。

原因：单跨的混凝土框架不利于抗震，因单跨框架的抗侧刚度小，耗能能力差，结构超静定次数少，一旦柱子在强震下出现塑性铰，倒塌的可能性很大，所以中学、小学、幼儿园、医院等不宜采用单跨带走廊式的建筑。

（a）倒塌

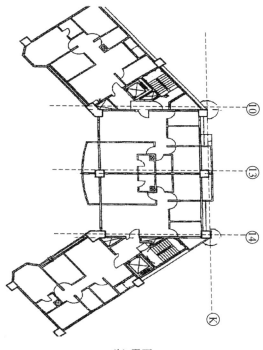

（b）平面

图 5-7 钢筋混凝土单跨框架结构的破坏

（8）非结构构件（填充墙）破坏（图 5-8）。

原因：由于框架中的填充墙刚度大，承载力和变形能力小，在地震中首先遭到破坏。在8度或大于8度的地区，填充墙首先出现裂缝，若拉结措施不当或失去拉结，易造成破坏。《抗震规范》规定，框架结构中的围护和隔墙，应考虑对结构的不利影响，避免不合理设置而导致主体结构破坏。当抗震要求不同的两个非结构构件连接在一起时，应按较高要求进行抗震设计。其中一个非结构构件损坏时，不至于引起与之相连的有较高要求的非结构构

图5-8　填充墙的破坏

件失效。当框架采用填充墙时，应设置拉结筋，水平系梁、圈梁、构造柱等与主体结构拉结，同时要求能适应主体结构不同方向的层间位移。

第二节　多、高层钢筋混凝土框架结构抗震设计

钢筋混凝土框架结构房屋是工业与民用建筑惯用的一种结构形式，既能承担重力荷载又能承担水平荷载。框架结构有独特的优势：构件类型少，柱网间距可大可小（4～10 m），能提供大的空间，建筑平面布置灵活，适用于商场、展览厅、娱乐场馆等；设计、计算、施工简单，造价相对低廉，层数在15层左右［6度60 m，7度50 m，8度（0.2g）40 m，8度（0.3g）35 m，9度24 m］。

抗震设计要求框架结构体系平面规则，纵横两向都设计成框架体系（避免纵向设计成排架），两向都应具有很好的抗侧刚度和延性性能，提高框架的耗能能力。对矩形平面柱网多采用横轴向承重的工程，楼板搁置走向平行于房屋纵轴向，这是由于纵轴向柱多，横轴向柱少（甲、乙类建筑及高度大于24 m的丙类建筑，不应采用单跨框架结构；高度不大于24 m的丙类建筑不宜采用单跨框架结构）。

要求横轴向梁、柱截面尺寸大于纵轴向梁、柱截面尺寸，使横轴向抗侧刚度尽量增强，以满足建筑物沿横轴向抵御地震力的实际需要。对于强风地区及设防烈度较高的建筑物，风荷载和地震力效应仍是主要的水平荷载时，则仍采用横轴向承重方案为好。

框架结构平面布置，力求纵横两方向刚度接近。平面宜简单、规则、

对称、减少偏心，不对称平面布置应在各方面加强抗震措施。

平面各部分的尺寸都有一定要求。平面长度不宜过长，房屋长宽比宜小于6，避免平面过长，两端距离太远，振动不同步，使结构的振动复杂化。

为了保证楼板在平面内有很大的刚度，减少或防止楼板各部分振动不同步，楼板内尽量不开洞，或开小洞。同时建筑平面的突出部分长度 l 不宜过长（图5-9）。L，l 的值宜满足：

6，7度时：$L/B \leqslant 6.0 \cdots\cdots$(a)

$l/B_{max} \leqslant 0.35 \cdots\cdots$(b)

$l/b \leqslant 2.0 \cdots\cdots$(c)

8，9度时：$L/B \leqslant 5.0 \cdots\cdots$(d)

$l/B_{max} \leqslant 0.30 \cdots\cdots$(e)

$l/b \leqslant 1.5 \cdots\cdots$(f)

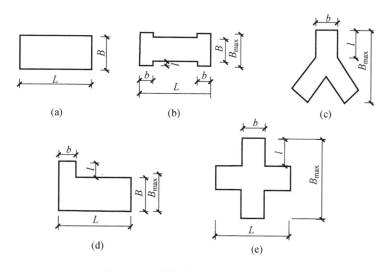

图5-9　建筑平面的突出部分示例

高层建筑结构的竖向体型宜规则、均匀，避免过大的外挑和内收。结构的侧向刚度宜下大上小，逐渐均匀变化，不采用竖向布置不规则的结构。楼层侧向刚度不宜小于相邻上部楼层侧移刚度的70%或其上相邻三层侧向刚度平均值的80%。

当结构上部楼层收进部位到它外地面的高度 H_1 与房屋总高度 H 之比，即 $H_1/H > 0.2$ 时，上部楼层收进后的水平尺寸 B_1 不宜小于下部

楼层水平尺寸 B 的 0.75 倍,即图 5 - 10(a) 和(b)中的 $B_1/B \geqslant 0.75$;当上部结构楼层相对于下部楼层外挑时,下部楼层的水平尺寸 B 不宜小于上部楼层水平尺寸 B_1 的 0.9 倍,且水平外挑尺寸 a 不宜大于 4 m[图 5 - 10(c) 和(d)]。

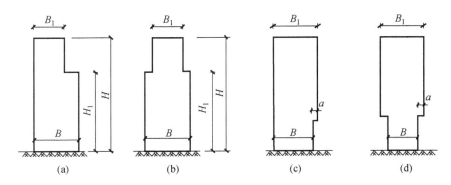

图 5 - 10 结构竖向收进和外挑示意图

根据地震作用下框架结构的受力特点,框架结构需要承担房屋横向和纵向双向地震力的效应,因此,无论是横向还是纵向框架,梁和柱在楼层处的连接均应采用刚性连接,以形成双向刚性节点框架。为了使纵、横向都有足够的刚度和承载力,高层宜采用方形、圆形、多边形或正方形的柱截面,使两向的柱截面尺寸和刚度接近,柱截面尺寸高宽比不宜大于 1.5。

无论是框架结构的角柱、边柱还是中柱,都要设计成承担双向地震力的作用,使双向都有一定的抗侧刚度和扭转刚度,实现"强柱型框架"。对柱截面的双向弯曲都要进行验算。框架结构设计成延性结构的一般原则是:①"强柱弱梁"。使柱端屈服弯矩大于梁端屈服弯矩,形成强柱弱梁。梁端出现塑性铰,不会使框架结构变成机构变形,而且梁出现的塑性铰数目越多,消耗地震的能量就越强。梁受弯具有较高的延性,可保证结构的延性。②"强剪弱弯"。要求结构的各构件抗剪能力大于抗弯能力,从而避免梁-柱构件过早地发生脆性的剪切破坏。③"强节点、强锚固"。由于节点区域受力复杂,容易产生破坏。钢筋的锚固、箍筋的加密程度和直径大小都是发挥节点承载力的关键。

由于框架结构由杆件构成,有一定的延性和抗震性能,必定能承担一定的竖向荷载和水平荷载,靠的是框架节点构成一个非机动结构来平衡受力状态。从多次地震对建筑结构的破坏来看,要避免房屋倒塌和破坏,结构构件发生强度塑性铰屈服的先后次序应该是：①先杆件后节点；②先梁后柱；③先弯曲后剪切；④先拉杆后压杆。也就是梁的塑性变形铰先于柱的塑性变形铰，柱的塑性变形铰先于节点的塑性变形铰。而且梁和柱应是先弯曲屈服，后剪切屈服，柱产生塑性铰的过程，则是先拉屈服，后压屈服。这样杆件受力变形时，结构具有一定的延性，不至于混凝土先压碎，变成剪切破坏。结构在各环节的变形中，使塑性变形的量值远大于结构的弹性变形量值，保证结构具有较高的耐震能力。当建筑遭遇等于或高于本地区的设防烈度不超过 1 度的地震时，建筑不会发生严重破坏，或遭遇高于本地区的设防烈度 1 度时，建筑不会倒塌。

一、框架结构的变形

　　框架结构在水平力的作用下会产生：①整体弯曲变形；②整体剪切变形；③整体平移；④整体转动四种变形。框架结构的弯曲变形和剪切变形是结构在受力状态之下自身变形所致。整体平移和整体转动是由地基受力后产生的侧向变形和竖向变形所致。位于坚硬土层上的高层建筑，结构的侧移主要由整体弯曲变形和整体剪切变形所形成，整体平移和整体转动的变形在房屋总体变形中所占比例甚小，一般略去不计。位于软弱土层上的整体平移和整体转动变形将占有一定比例，不能忽略。

　　1. 整体弯曲变形

　　框架在水平力作用下，由水平力引起的倾覆力矩 M，由框架各层中的近侧柱受拉和远侧柱受压所构成的抵抗力矩来平衡。柱子的拉伸和压缩引起框架的整体弯曲变形，并产生相应的水平位移。因弯曲转角随房屋高度的增加而累加，所以整体弯曲变形引起的层间位移随高度的增加而增加，因此，最顶层层间变形最大，为 Δ_m，底层层间位移最小（图 5 - 11）。

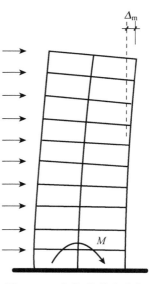

图 5 - 11　框架整体弯曲变形

　　2. 整体剪切变形

　　由水平地震力作用在各楼层处所产生的剪力，由各层柱的抗推刚度抵抗。各楼层剪力值自上而下逐层加大，在底层达到最大值。各楼层剪力使每层柱产生反向弯曲,反弯点约在每层柱的中间部位,引起上、下柱在楼层节点处的弯矩,由该层节点左、右梁承担,反向弯矩与之平衡,反弯点也在各梁跨的跨中部位。由各层梁、柱的弯曲变形引起的框架整体变形,称为剪切型变形(图 5 - 12),剪切变形在各楼层之间也产生相应的水平位移。尽管框架梁、柱截面也自上而下分段逐级加大,但梁柱的抗弯刚度增长率远低于楼层剪力的增长率,所以框架楼层侧移自上而下仍存在着逐层增大的趋势,框架整体侧移曲线近似于底部为零的正弦曲线,这种变形曲线称为框架剪切变形曲线。最小的层间侧移发生在结构的顶部,最大层间侧移发生在框架结构的底部或底部几层。

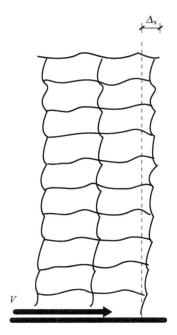

图 5 - 12　框架整体剪切变形

　　将以上两种变形进行比较:在建筑的最顶部整体弯曲变形对层间位移的贡献远远大于剪切变形对层间位移的贡献,但整体弯曲变形对总位移的贡献与剪切变形对总位移的贡献之比不会超过 10%,除非极高或细长的框架。因此,多、高层框架结构的变形合成以后仍然呈现剪切型变形特征(忽略不计整体平移和整体转动的变形影响)。

　　更进一步讲,多、高层框架结构的剪切变形应由以下变形构成,即柱的弯曲变形和剪切变形,梁的弯曲变形和剪切变形,框架节点域的剪切变形。梁和柱各杆的剪切变形所引起框架结构的侧移远小于梁和柱各杆的弯曲变形所引起结构的侧移。框架节点域的剪切变形,在数值上对框架结构侧移贡献并不大,然而,由于节点是将杆件构成框架系统的关键和保证,确保节点有足够的刚度和强度是关键。

　　层数较少的框架结构的侧移,几乎全部由整体剪切变形所控制。对层数较多的框架,特别是框架结构高宽比 H/B 增大的结构,柱子的轴向伸缩引起框架整体弯曲变形在框架侧移中所占比例将逐步增大。

二、强节点强锚固设计
　　框架由节点将柱和横梁连接构成,柱和横梁能承担一定的竖向荷载和水平荷载,由节点将柱和梁构成一个非机动机构。在外荷载作用下,一旦节点发生破坏,整个框架将变成机动机构,丧失承载力。节点破坏还将引起梁端和柱端钢筋在节点核芯区的锚固失效,使钢筋在节点域内锚固粘结的失效先于梁和柱的破坏。

由于框架节点区受力复杂,容易产生破坏,必须设计成强节点强锚固,才能保证框架有足够的承载力和变形能力。因此,节点区的塑性铰应滞后于梁和柱的塑性铰的破坏。

由震害可知,节点区域的破坏大都是节点区无箍筋或箍筋不足造成的,在剪、压力共同作用下混凝土出现斜裂缝,然后混凝土受挤压破坏,柱的纵向钢筋压屈成灯笼状,所以在节点区必须配置足够的箍筋,保证柱纵筋的水平支承,施工应控制混凝土强度和密实性,实现强节点。因节点在柱竖向压力、梁和柱端的弯矩和剪力共同作用下,节点区出现剪切变形,沿受压力的对角线会出现斜裂缝,在往复荷载作用下产生交叉斜裂缝。由试验得知,节点区域的破坏有两种情况:第一种通裂阶段,当核芯区的剪力达到 $60\%\sim70\%$ 时,核芯区出现贯通斜裂缝,钢筋应力很小,此阶段剪力主要由混凝土承担。第二种情况,随着地震力往复作用的逐渐增大,贯通裂缝加宽,这时剪力由箍筋承担,箍筋达到屈服,混凝土被压碎前达到最大承载力。

由于节点核芯区在框架结构中对延性贡献大小和承载力的影响占有十分重要地位,所以还应进行节点核芯区的抗震验算,其受剪承载力应按式(5-1)验算,即

$$V_j \leqslant \frac{1}{\gamma_{RE}}\left(0.1\eta_j f_t b_j h_j + 0.05\eta_j N \frac{b_j}{b_c} + f_{yv} A_{svj} \cdot \frac{h_{bo} - a'_s}{s}\right)$$

$$(5-1)$$

而9度的一级框架节点核芯区截面抗震受剪承载力应按式(5-2)验算,即

$$V_j \leqslant \frac{1}{\gamma_{RE}}\left(0.9\eta_j f_t b_j h_j + f_{yv} A_{svj} \cdot \frac{h_{bo} - a'_s}{s}\right) \qquad (5-2)$$

式(5-1)和式(5-2)中:

V_j——梁与柱节点核芯区组合的剪力设计值;

γ_{RE}——承载力抗震调整系数,可采用 0.85;

η_j——正交梁的约束影响系数。现浇楼板,梁柱中线重合,四侧各

梁截面宽度不小于该侧柱截面宽度的 1/2,且正交梁方向高度不小于较高框架梁高度的 3/4 时,采用 1.5,9 度一级采用 1.25,其他情况采用 1.0;

h_j ——节点核芯区的截面高度,可采用验算方向的柱截面高度;

N ——对应于组合剪力设计值的上柱组合轴向压力的较小值,其取值不应大于柱截面面积和混凝土轴心抗压强度设计值乘积的 50%。当 N 为拉力时,取 $N = 0$;

f_{yv} ——箍筋的抗拉强度设计值;

f_t ——混凝土轴心抗拉强度设计值;

A_{svj} ——核芯区有效验算范围内同一截面验算方向箍筋的总截面面积;

s ——箍筋间距;

h_{bo} ——梁截面有效高度,当节点两侧梁截面高度不等时,可取平均值;

a'_s ——梁受压钢筋合力点至受压边缘的距离;

b_j ——节点核芯区的截面有效验算宽度。当验算方向的梁截面宽度不小于该侧柱截面宽度的 1/2 时,可采用该侧柱截面宽度,当小于柱截面宽度的 1/2 时,可采用式(5-3)中的较小值:

$$\left.\begin{array}{c} b_j = b_b + 0.5h_c \\ b_j = b_c \end{array}\right\} \qquad (5-3)$$

式中　b_b ——梁截面宽度;

　　　h_c ——验算方向的柱截面高度;

　　　b_c ——验算方向的柱截面宽度。

当梁、柱的中线不重合且偏心距不大于柱宽度的 1/4 时,核芯区的截面有效宽度可采用式(5-3)和式(5-4)的较小值。

$$b_j = 0.5(b_b + b_c) + 0.25h_c - e \qquad (5-4)$$

其中 e 为梁与柱中线的偏心距。

为了控制节点核芯区平均剪应力不过高,不过早出现斜裂缝,不过多配置箍筋,应按式(5-5)限制节点区的平均剪应力:

$$V_j \leqslant \frac{1}{\gamma_{RE}}(0.30\eta_j\beta_c f_c b_j h_j) \qquad (5-5)$$

式中,β_c 为混凝土强度影响系数,当混凝土强度不超过 C50 时,取 1.0;

当混凝土强度为 C80 时,取 0.8;其中间值按线性内插法确定。

这里提醒设计者,为了节约造价,往往将梁板混凝土强度等级设计低于柱混凝土强度一个等级,这是不妥的,因梁、板和柱在节点施工时,往往将柱混凝土浇到梁底标高,待节点区梁、板和柱混凝土第二次浇筑时,造成柱内混凝土强度和梁、板混凝土强度相同。为保证柱内混凝土强度,最好将梁、板、柱混凝土强度设计成同一强度等级,或者在柱内混凝土强度设计的基础上,额外提高 5 MPa,保证节点区混凝土强度设计等级。

1. 框架节点在垂直荷载作用下的破坏机制

框架结构在垂直荷载作用下,框架节点两侧的梁端均产生负弯矩 $-M_{b1}$ 和 $-M_{b2}$[图 5 - 13(a)],其绕节点的转动方向相反,在数值大小上可相等(等跨)或不等(不等跨),这一对弯矩在节点域内不产生剪力(对称弯矩),或产生一定的剪力(不对称弯矩)[图 5 - 13(b)]。

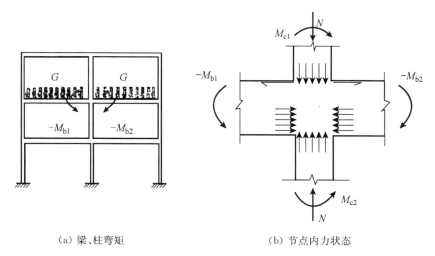

| (a) 梁、柱弯矩 | (b) 节点内力状态 |

图 5 - 13 垂直荷载作用下的框架内力

实践证明,即使在很大的竖向荷载作用下,也未产生过节点域的斜裂缝破坏。

2. 框架节点在水平荷载作用下的破坏机制

在水平荷载作用下的框架,节点两侧的梁端产生弯矩 $-M_{b1}$ 和 M_{b2},绕节点同一方向转动,节点上、下柱的柱端产生弯矩 $-M_{c1}$ 和 M_{c2},都是与梁端弯矩方向相反的转动[图 5 - 14(a)]。这两组反对称弯矩使框架节点处于剪压复合应力状态。当框架节点核芯区内的主拉应力超过混凝土的抗拉强度时,就会产生斜向裂缝[图 5-14(b)],在水平地震力的往复荷载作用下,在节点处往往会出现交叉的斜裂缝。

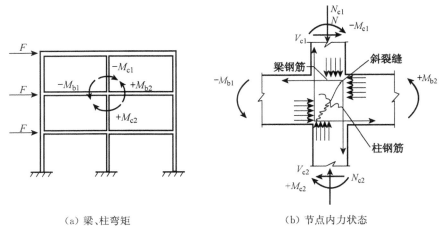

(a) 梁、柱弯矩 　　　　　　　　(b) 节点内力状态

图 5-14　水平地震力作用下的框架内力

为了防止梁柱节点在水平地震力作用下发生剪切破坏,应对节点进行受剪承载力验算。框架节点域的受力状态如图 5-15 所示,在节点域处水平截面的最大水平剪力为

$$V_{max} = A_{s1} f_y + A_{s2} f_y - H \qquad (5-6)$$

式中　A_{s1},A_{s2}——钢筋混凝土梁顶面和梁底面的纵向受力钢筋的截面面积;

　　　　f_y——受拉钢筋设计强度;

　　　　H——作用于节点处的柱底端水平强度。

试验表明,框架节点域的剪应力大于 $0.35f_c$ 时,节点内箍筋就不再能发挥抗剪作用。在不利受力状态下,节点域的剪应力也不得超过 $0.35f_c$(f_c 为混凝土的轴心抗压设计强度)。

由于框架结构的节点受双向地面运动的同时作用,使框架柱受双向弯曲,从而使节点域内的剪力进一步加大,这在框架节点设计中应充分重视。

至于扁梁框架的梁柱节点和圆柱框架的梁柱节点计算方法,则可依据《抗震规范》。

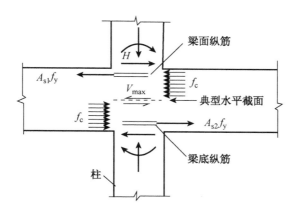

图 5 - 15 框架节点域水平剪力

为保证框架结构具有可靠的抗侧力构件,防止过大的偏心弯矩和柱子扭转,框架梁与柱轴线宜在同一竖直平面内,尽量避免梁置于柱一侧,更不要超出柱截面之外。若梁、柱轴线实在不能在一轴线上,则梁、柱偏心距 e 不得大于柱截面相应长边的 0.25 倍(图 5 - 16)。

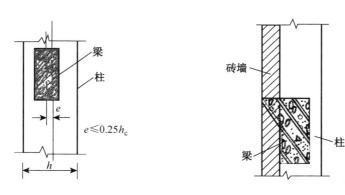

图 5 - 16 梁柱偏心距
e 的限值

图 5 - 17 梁承托外靠砖墙时,减少
梁轴线对轴线的偏心距

为了减少梁轴线对柱轴线的偏心,可在梁外侧设挑耳,承托填充墙(图 5 - 17),但填充墙两端与柱的接触面应设置水平拉结筋,或在梁支座处设置水平加腋[图 5 - 18(a)],加腋梁的外侧面纵向钢筋应放在柱外侧纵向钢筋的内侧[图 5 - 18(b)]。水平加腋厚度可取梁截面高度,水平尺寸宜满足:

$$\left.\begin{array}{l} b_x/l_x \leqslant 0.5 \\ b_x/b_b \leqslant 0.65 \\ b_b + b_x + x \geqslant 0.5b_c \end{array}\right\} \tag{5-7}$$

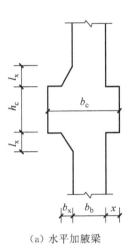

（a）水平加腋梁

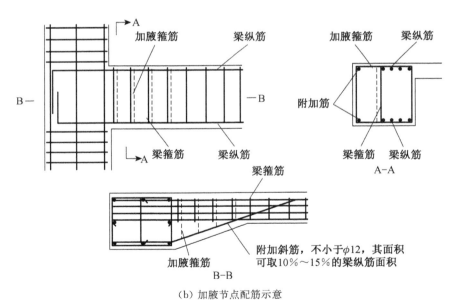

（b）加腋节点配筋示意

图 5 - 18　水平加腋梁和加腋节点配筋示意图

118

采用水平加腋的梁,框架节点的有效宽度 b_j 宜符合下列条件:

$$当\ x = 0\ 时,b_j \leqslant b_b + b_x \tag{5-8}$$
$$当\ x \neq 0\ 时,b_j \leqslant \max(b_b + b_x + x, b_b + 2x)$$

三、"强柱弱梁"设计

1. 柱端弯矩应大于梁端弯矩

为使框架结构在水平地震力作用下实现总体屈服机制,要求柱截面的屈服弯矩大于梁截面的屈服弯矩,使塑性铰尽可能出现在梁的端部(避免在梁跨中出现),利用梁的变形来消耗更多的地震能量。在进行构件截面设计时,需将框架设计成强柱弱梁,使柱的"屈服强度比"大于梁的"屈服强度比"(屈服强度比是指构件截面屈服时的承载力与该截面由外荷载所引起内力的比值)。因此,在框架中,梁和板仅承受本层荷载,属受弯构件,不致因塑性铰区的出现而导致结构严重破坏和倒塌,而柱因承受各层的重力荷载,是以受压为主的压弯构件,一旦折断破坏,会导致全结构破坏。为使框架实现梁铰机制,梁的塑性铰出现的次数越多,消耗地震能力就越强。对一、二、三、四级的梁柱节点处(框架顶层和轴压比小于 0.15 的柱,框支梁框支柱节点除外)柱端极限受弯承载力之和应大于梁端极限弯矩承载力之和。但要求梁端和柱端的塑性铰都具有一定的延性,才能保证结构在形成机制之前能够抵抗外来荷载。

一般情况下,框架梁柱节点应满足下列条件:

$$\sum M_c \geqslant \eta_c \sum M_b \tag{5-9}$$

式中　M_c, M_b ——分别是柱端和梁端实际截面及配筋计算出的极限受弯承载力(图5-19);

η_c ——框架柱端弯矩增大系数,对框架结构,一、二、三、四级分别取 1.7,1.5,1.3,1.2;其他结构类型中的框架,一级可取 1.4,二级可取 1.2,三、四级可取 1.1。

一级框架结构和 9 度的一级框架,应按式(5-10)要求:

$$\sum M_c = 1.2 \sum M_{bua} \tag{5-10}$$

式中,$\sum M_{bua}$ 为节点左右梁端截面逆时针或顺时针方向实配正截面抗震受弯承载力所对应的弯矩值之和,根据实配钢筋面积(计入梁受压筋和相关楼板钢筋)和材料强度标准值确定。

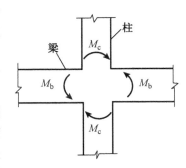

2. 柱在横截面核芯区内增设一定量的型钢或钢筋束

为了提高柱的承载力又能增加其延性,结构工程师精心创新设计,在柱截面核芯区内配置型钢或钢筋束,提高柱的极限抗压强度和延性,实现强柱弱梁型框架设计要求。特别是柱截面受到截面尺寸限制时,很受建筑师和投资方的欢迎。

图 5 - 19 框架节点的杆端弯矩

3. 采用大剪跨比柱,避免小剪跨比柱

首先明确柱的剪跨比 m 的定义,即

$$m = M_c/(V_c h_0) \tag{5-11}$$

式中　　M_c, V_c——柱端截面组合的弯矩计算值和对应截面内组合剪力计算值;

h_0——对应 M_c, V_c 的柱截面的有效高度。

柱的破坏形态与剪跨比有关,剪跨比 $m \geqslant 2$ 的柱为长柱,弯矩相对较大,一般为延性压弯破坏;剪跨比 $1.5 < m < 2$ 的柱为短柱,一般发生剪切破坏;若配置足够的箍筋和提高强度,也能产生剪切受压破坏;剪跨比 $m \leqslant 1.5$ 的柱为极短柱,一般产生剪切斜拉破坏,抗震性能不好。为了方便判断长柱和短柱,可用柱的净高 H_n 和计算方向柱截面高度 h_c 之比来判断:

若 $H_n/h_c \geqslant 4$,为长柱;

若 $3 < H_n/h_c < 4$,为短柱;

若 $H_n/h_c \leqslant 3$,为极短柱。

为了避免短柱或极短柱,可采用分离柱的方法,用隔板将柱分为四个单元柱(图 5 - 20),柱截面内力设计值由各单元柱均担,按规范进行单元柱的承载力设计。在柱的上、下端留有一定长度的整截面过渡区,在过渡区内配置复合箍。各单元柱的剪跨比应是整体柱的两倍,可避免短柱。

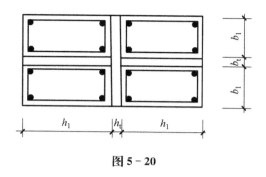

图 5 - 20

四、"强剪弱弯"设计

要求具有延性框架的抗震设计,不仅要求在梁的塑性铰出现之前不被破坏,并且塑性铰出现之后也不要过早破坏,要求梁的抗剪承载力大于抗弯承载力。通过调整构件斜截面和正截面之间的承载力大小,使结构具有一定的延性,梁和柱的延性是通过截面塑性铰的转动能力来实现的,所以框架结构抗震设计的关键是控制塑性铰设计,因塑性铰可出现在梁上,也可出现在柱上,但不允许出现在梁跨中,应使塑性铰出现在梁端,使其实现延性较好的弯曲破坏,避免脆性破坏。故提出以下几项措施:

(1) 限制梁柱剪跨比。因剪跨比反映了构件截面承受弯矩和剪力相对大小的量值,是影响梁、柱极限变形能力的主要因素之一,对构件的破坏形态有重要影响。如柱的剪跨比 $m = M/(Vh_0)$(M 为计算截面上与剪力设计 V 相对应的弯矩设计值,h_0 为柱截面高度)。剪跨比 $m \geqslant 2$ 的长柱,通常会发生延性较好的弯曲破坏;剪跨比为 $1.5 < m < 2$ 的短柱,柱将发生剪切为主的破坏,当提高混凝土强度等级或配有足够的箍筋时,也可能发生具有一定延性的剪切破坏;而对于剪跨比 $m \leqslant 1.5$ 的极短柱,柱的破坏形态为脆性的剪切斜拉破坏,设计中应避免。

在框架结构设计中,由地震力产生的柱内弯矩 M,其反弯点可近似假定在柱层高的中点,从而柱端弯矩 $M = VH_n/2$(H_n 为柱净高),由剪跨比 $m = M/(Vh_0)$,可得 $m = VH_n/(2Vh_0) = H_n/(2h_0)$。为保证柱子产生延性破坏,抗震设计时要求柱净高 H_n 与柱截面高度 h_0 之比宜大于 4,但柱截面高宽比不宜大于 3。若不满足,则应对全柱高度加密箍筋。

对框架梁则要求梁净跨 l_n 与其截面高度 h_b 之比不宜小于 4,即

$l_n/h_b \geqslant 4$。当梁跨度较小而设计内力较大时,应首选加大梁宽,使梁纵筋稍有增加,提高梁的延性。

(2)限制梁、柱剪压比。当构件的混凝土强度太低和截面尺寸太小时,需要较多数量的箍筋,在箍筋充分发挥作用之前,构件混凝土也会过早出现脆性斜压破坏,这时箍筋再多也不能发挥其抗剪作用,所以过多的箍筋数量也就失去作用,也是浪费,因此,在设计时应当限制梁的剪压比,即 $V/(f_c bh_0)$,其中 b 是梁宽,h_0 是梁高,f_c 为混凝土抗压强度。箍筋不能过多,但也应有足够的有效防止斜裂缝过早出现的数量,减轻混凝土的破碎程度,这种措施实际上是对构件截面尺寸的最小限制。

(3)限制柱轴压比。轴压比是指 $\mu_N = N/(f_c A)$,其中,N 为有地震力作用组合的柱的轴压力设计值,A 为柱全截面面积。从试验可知,柱的轴压比大小与柱的破坏形态和变形能力密切相关,长柱轴压比愈大,混凝土压屈范围加大,主筋压屈部位距柱端部愈远,有时会产生剪切受压破坏,柱延性减少;在短柱中轴压比加大,会改变柱的破坏状态。对 $m = 1.5$ 的短柱,当 $\mu_N = 0.15$ 时,为黏结开裂破坏;当 $\mu_N = 0.27$ 时,会发生剪切破坏;当 $\mu_N = 0.52$ 时,产生剪切受拉破坏,破坏时承载力突然丧失,基本没有延性。由于轴压比不同,柱的破坏形态可分为两种:①钢筋受拉屈服的大偏心受压破坏;②钢筋受拉不屈服的小偏心受压破坏。而且,轴压比对柱的延性影响很大,柱的变形能力随柱的轴压比的增大而急剧降低(图5-21)。尤其在柱轴压比很高的情况下,增加柱箍筋提高柱的变形能力并不明显。所以《高层建筑混凝土结构技术规程》规定,在抗震设计中,应按框架柱的抗震等级和土的类别限制柱的轴压比不能太高,对Ⅳ类场地土,一级框架柱的轴压比为0.65,二级框架柱的轴压比为0.75,三级框架柱的轴压比为0.85,四级框架柱的轴压比为0.90。以上规定适用于剪压比 $m \geqslant 2$ 的柱;对剪跨比为 $1.5 < m < 2$ 的柱,其轴压比应比以上框架抗震等级各自相应值减少 0.05;对剪跨比

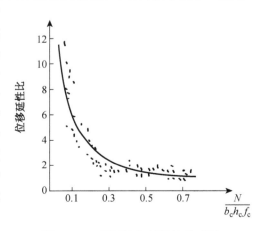

图5-21 轴压比与延性比关系图

$m \leqslant 1.5$ 的极短柱,其轴压比限值应专门研究,并采取特殊措施。《抗震规范》之所以提出柱轴比不能太大,就是希望框架柱在地震往复作用下,能实现大偏心受压柱仍能保持弯曲破坏,来保证柱具有足够的延性性能。

在高层框架结构中,底层柱承受的轴压力最大,很难将柱子的轴压比限制在适合的较低水平。为此,为改进柱子的延性性能,工程师们做了大量试验,试验表明,在柱截面面积相同时,即使素混凝土,圆柱截面的轴压承载力也高于方柱、矩形柱截面承载力,在相同条件下,方柱、矩形柱的曲率延性也大于 T 形、L 形截面柱。所以对矩形柱和圆形柱在其截面内设置小型矩形核芯柱(图 5-22),不但能提高柱的受压承载力,还能提高柱的延性变形能力。

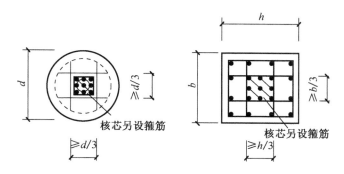

图 5-22 芯柱尺寸示意图

柱在压力、弯矩、剪力共同作用下,产生弯、剪裂缝的同时,柱内的核芯柱,可明显地减小柱的压缩,对承受高轴压比的柱,特别是短柱,更有利于提高柱的变形能力,可推迟柱的破坏。

(4)箍筋对柱混凝土横向变形的约束非常有用,可提高柱子的延性变形。箍筋对柱混凝土的约束作用不仅与箍筋的配筋量有关,而且与箍筋的配筋形式(图 5-23)有密切关系。

单个矩形箍筋对混凝土约束作用有限,仅对柱的四个角区域混凝土有约束作用,在箍筋的直线段上,因混凝土膨胀使箍筋外鼓而不能提供约束;增加拉筋或采用复合箍,同时在每个箍筋相交点设置纵筋,使纵筋和箍筋构成网格式钢筋骨架,减少箍筋水平无支长度,使箍筋产生更均匀的约束力,其约束效果优于矩形箍;螺旋筋受拉均匀,对混凝土提供均匀的侧压力,约束效果更好,但螺旋筋施工较困难;间距比较密的圆箍

(采用焊接)或圆箍外加矩形箍,也能达到螺旋箍的约束效果。

直径小、间距小的箍筋约束效果优于直径大、间距大的箍筋,其箍筋间距不超过纵筋直径的 6～8 倍,才能显示箍筋形式对混凝土的约束效果。

复合箍筋或螺旋箍筋(图 5-23)的约束效果较好,在条件允许时,最好选用螺旋箍筋。震害表明,框架节点的上、下柱端和梁的左、右端是震害的严重区域,是框架梁、柱的薄弱部位,应按强剪弱弯的设计原则,将箍筋主要配置在柱端和梁端的塑性铰区,称为箍筋加密区。

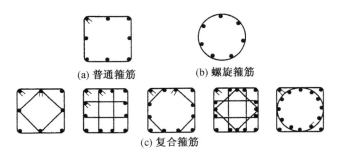

(a) 普通箍筋   (b) 螺旋箍筋

(c) 复合箍筋

图 5-23　箍筋的形式

在节点塑性区配置足够的箍筋,可约束柱核芯区混凝土(图 5-24),能显著提高塑性铰区混凝土的极限应变值,提高抗压强度,防止斜裂缝的开展,可充分发挥塑性铰的变形和耗能能力,提高梁、柱的延性,同时箍筋可作为柱竖向钢筋的侧向支承,阻止纵筋压屈,使纵筋充分发挥抗压承载力。所以《抗震规范》规定:在框架梁端、柱端的塑性铰区,箍筋必须加密。普通箍筋只能在柱的四个角区对混凝土产生有效约束。在箍筋直线段上,混凝土对箍筋产生压力,使箍筋外鼓,从而减少约束作用。螺旋箍筋或环形箍筋对核芯混凝土产生均匀的侧压力,使约束效果提高。图 5-24(c)所示的复合箍筋的无支承长度大大减小,在侧压力下可减少箍筋的变形,约束效果更好。另外,在复合箍筋的转角处必须设置纵向钢筋,使箍筋和纵筋形成网格状,约束混凝土的作用可进一步提高。在其他条件不变的情况下,采用连续复合矩形螺旋箍筋比一般复合箍筋能提高柱的极限变形角 25%,所以矩形柱截面采用连续复合矩形螺旋箍筋(图 5-25)可大大提高柱的延性(图 5-23 是各种不同的常用箍筋形式,而图 5-24 是各种箍筋受力示意图)。

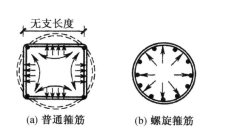

(a) 普通箍筋   (b) 螺旋箍筋   (c) 复合箍筋

图 5 - 24 箍筋约束作用示意

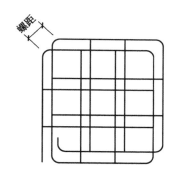

图 5 - 25 连续复合螺旋箍筋(用于矩形截面柱)

《抗震规范》提出:柱端箍筋加密区的体积配箍率计算公式为

$$\rho_v \geqslant \lambda_v f_c / f_{yv} \qquad (5-12)$$

式中 ρ_v——柱箍筋加密区的体积配箍率,一级框架柱不应小于
0.8%;二级框架柱不应小于 0.6%;三、四级框架柱不应
小于 0.4%;计算复合螺旋箍筋的体积配箍率时,其非螺
旋筋的箍筋体积配箍率应乘以折减系数 0.8。

      f_c——混凝土轴心抗压强度设计值,强度等级低于 C35 时,应按
C35 计算。

      f_{yv}——箍筋或拉筋抗拉强度设计值。

      λ_v——最小配箍特征值,宜按表 5 - 1 使用。

对剪跨比不大于 2 的柱,宜采用复合螺旋箍筋或"井"字复合箍筋,
其体积配箍率不应小于 1.2%,9 度一级时不应小于 1.5%。

表 5-1 柱箍筋加密区的箍筋最小配箍特征值

抗震等级	箍筋形式	柱 轴 压 比								
		≤0.3	0.4	0.5	0.6	0.7	0.8	0.9	1.0	1.05
一	普通箍、复合箍	0.10	0.11	0.13	0.15	0.17	0.20	0.23	—	—
	螺旋箍、复合或连续复合矩形螺旋箍	0.08	0.09	0.11	0.13	0.15	0.18	0.21	—	—
二	普通箍、复合箍	0.08	0.09	0.11	0.13	0.15	0.17	0.19	0.22	0.24
	螺旋箍、复合或连续复合矩形螺旋箍	0.06	0.07	0.09	0.11	0.13	0.15	0.17	0.20	0.22
三、四	普通箍、复合箍	0.06	0.07	0.09	0.11	0.13	0.15	0.17	0.20	0.22
	螺旋箍、复合或连续复合矩形螺旋箍	0.05	0.06	0.07	0.09	0.11	0.13	0.15	0.18	0.20

注:普通箍指单个矩形箍和单个圆形箍;复合箍指由矩形、多边形、圆形箍或拉筋组成的箍筋;复合螺旋箍指由螺旋箍与矩形、多边形、圆形箍或拉筋组成的箍筋;连续复合矩形螺旋箍指用一根通长钢筋加工而成的箍筋。

柱箍筋非加密区的体积配箍率不宜小于加密区的 50%,一、二级框架柱的箍筋间距不应大于 10 倍纵向钢筋直径,三、四级框架柱不应大于 15 倍纵向钢筋直径,一般情况下,柱箍筋的最大间距和最小直径,应按表 5-2 采用。一级框架柱的箍筋直径大于 12 mm,且箍肢距不大于 150 mm;二级框架柱的箍筋直径不小于 10 mm,且箍肢距不大于 200 mm时,除底层柱下端外,最大间距应允许采用 150 mm;三级框架柱的截面尺寸不大于 400 mm 时,箍筋最小直径应允许采用 6 mm;四级框架柱剪跨比不大于 2 时,箍筋直径不应小于 8 mm。

表 5-2 柱箍筋加密区的箍筋最大间距和最小直径

抗震等级	箍筋最大间距(采用较小值)(mm)	箍筋最小直径(mm)
一	6d, 100	10
二	8d, 100	8
三	8d, 150 (柱根 100)	8
四	8d, 150 (柱根 100)	6(柱根 8)

注:① d 为柱纵筋最小直径。

② 柱根指底层柱下端箍筋加密区。

对一、二、三级框架节点核芯区,配箍特征值分别不宜小于 0.12,

0.10 和 0.08，且体积配箍率分别不宜小于 0.6%，0.5% 和 0.4%。柱剪跨比不大于 2 的框架节点核芯区，体积配箍率不宜小于核芯区上、下柱端的较大体积配箍率。

五、"强压弱拉"设计

钢筋混凝土构件是钢筋和混凝土共同组合的构件，主要由混凝土受压和钢筋受拉共同平衡外力。然而混凝土和钢筋各自的受力性能正好相反，差别特大，混凝土从受压到破碎变形量很小，是脆性的；而钢筋主要受拉，从屈服到拉断，变形过程很长，变形量远远大于混凝土变形量，属延性较好的材料。因此，要充分发挥两种不同材料各自的性能，在进行钢筋混凝土杆件截面设计时，应采取措施，实现受拉区钢筋的屈服性能先于受压区混凝土的屈服性能，保证钢筋混凝土构件符合强压弱拉的设计原则。

首先应控制混凝土受压杆或压弯杆的轴压比，因为轴压比是影响构件延性的重要因素，轴压比很高的受压杆，其破坏过程是脆性的，突然产生破坏，彻底压溃。试验证实，柱的"位移延性比"随轴压比的增大而下降，在高轴压比情况下，过量增加箍筋用量对提高柱的延性作用不大。

柱的延性对耗散结构的地震能量，防止框架倒塌起着重要作用。为防止柱的脆性破坏，确定框架柱的截面尺寸必须控制轴压比，其次控制受拉区受拉钢筋的配筋量。配筋量过大，梁受弯时，受压区混凝土在钢筋达到屈服之前，混凝土先达到极限受压强度，当受压区边缘混凝土压应变 ε 达到 0.003 时，混凝土发生脆性压碎。当梁在适筋的配筋率下，梁受弯时，受拉钢筋达到屈服，同时受压区混凝土边缘纤维压应变 ε 也达到 0.003，此时适筋的含量称为平衡配筋率，也称适筋配筋率。当梁受拉区配筋率小于平衡配筋率时，受拉钢筋屈服而出现裂缝，这时梁再经一段变形过程，梁才破坏，这种破坏称延性破坏。

对普通的框架梁，其破坏时的平衡配筋率约为 0.035，这时，受压区混凝土矩形应力图形的高度 x 约等于梁有效高度 h_0 的 0.55 倍，即 $x \approx 0.55h_0$。《抗震规范》规定，梁端计入受压钢筋的混凝土受压区高度 x 和有效高度 h_0 之比，一级不应大于 0.25，二、三级不应大于 0.35，这时梁端的位移延性系数可达 3～4，从而满足抗震要求。同时梁端截面的底面和顶面纵向钢筋配筋量的比值，除按计算外，一级框架梁不应小于0.5，二、三级框架梁不应小于0.3。梁端受拉钢筋的配筋率不宜大于 2.5%。

第三节　结构的延性概念

结构的延性可从材料延性、构件延性和结构延性来分析。

一、材料延性

材料延性是指材料屈服后的变形能力,可用符号 ε_y、ε_u 分别表示材料的屈服应变和极限应变,则延性定义为 $\mu = \varepsilon_u/\varepsilon_y$。

在钢筋混凝土结构中,各构件主要由混凝土和钢筋组成,且混凝土用量占主导部分,混凝土和钢材的变形随其强度标号的不同而不同。

混凝土在凝结硬化过程和使用环境下都会出现变形。混凝土的变形多种多样:化学收缩变形、干缩变形、湿胀变形、温度变形、受荷变形等。按其变形性质可分为可塑变形与不可塑变形、弹性变形与塑性变形。这里主要叙述受荷变形。

1. 混凝土的弹塑性变形

（1）轴向受压

混凝土受压时产生的应力-应变曲线如图 5 - 26 所示。因混凝土是多相复合材料（砂、石骨料、水泥、游离水、气泡）,不是完全弹性体,而是弹塑性体。它在受力时,既产生可恢复的弹性变形（图 5 - 26 中的 CD 段 $\varepsilon_{弹}$）,也可产生不可恢复的塑性变形（图 5 - 26 中的 OC 段 $\varepsilon_{塑}$）,故其

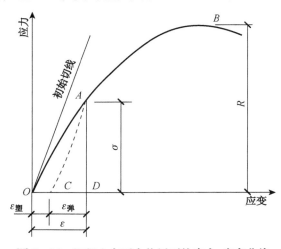

图 5 - 26　混凝土在压力作用下的应力-应变曲线

应变不是直线而是曲线,它的弹性变形和塑性变形是同时产生的,故混凝土是一个弹塑性变形体(图 5 - 27),其总变形 ε 包括弹性变形 $\varepsilon_{弹}$ 和塑性变形 $\varepsilon_{塑}$,即 $\varepsilon = \varepsilon_{弹} + \varepsilon_{塑}$ 。

另外,当材料的受力不大,处于外力与变形成正比的弹性阶段,可用弹性模量表示材料的弹性性能,其值等于应力与应变之比。弹性模量越大,材料越不易变形。弹性模量是衡量材料抵抗变形能力的指标之一。若混凝土受到某一恒定荷载的长期作用,其变形会随时间的延长而增加,这种变形称为混凝土的徐变。

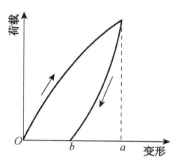

图 5 - 27 混凝土的弹塑性变形曲线

当压应力小于极限应力的 0.3 倍时,混凝土微裂缝不会开展,这时极限应力的 0.3 倍可定义为弹性极限。

当压应力小于 $(0.3 \sim 0.5) f_{cp}$ (f_{cp} 为棱柱体抗压强度)时,每次卸荷都会残留一部分塑性变形 $\varepsilon_{塑}$,但随重荷载次数的增加, $\varepsilon_{塑}$ 的增量逐渐减小,最后曲线稳定在 $A'C'$ 线上(图 5 - 28),它与初始切线大致平行,而且这时裂缝尖端产生应力集中,黏结微裂缝开始扩展,黏结裂缝在受力方向增长很快,但这种裂缝的扩展是稳定的,在应力不变的情况下,裂缝长度很快达到最终值而停止扩展。

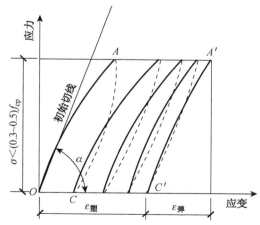

图 5 - 28 低应力下重复荷载的应力-应变曲线

当应力为极限应力的(0.5~0.7)倍时,粗骨料表面的一些裂缝与砂浆裂缝开始沟通,同时其他裂缝也开始缓慢增长,试件逐渐被平行于受力方向的裂缝所分割。

当应力大于极限应力的 0.75 倍时,最长的裂缝达到临界长度,裂缝继续扩展,且扩展率也将增加,这时荷载保持不变,也会使体系成为不稳定状态而发生完全破坏。极限应力的 0.7 倍可定义为"临界应力",此时体积应变达到最大值。

当应力接近极限应力时,砂浆中微裂缝彼此贯通,并与骨料表面黏结微裂缝相连接(图 5-29),试件产生破坏。由于微裂缝相互贯通需要一定时间才能完成,所以极限应力值的大小和应力-应变曲线下降段形状均与应变速率有很大关系。

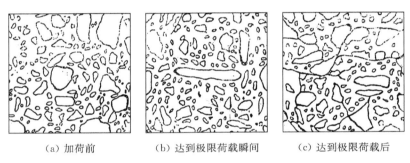

  (a) 加荷前   (b) 达到极限荷载瞬间   (c) 达到极限荷载后

图 5-29　轴向受压试件中部横截面裂缝图(粗线代表裂缝)

(2) 轴向受拉

混凝土轴向受拉的一般力学性能在诸多方面与轴向受压相似,原因都是混凝土微裂缝起作用。不同的是微裂缝的受拉应力强度仅是受压应力强度的 1/13~1/10,且抗压比随抗压强度的增大而减小。但抗拉强度对混凝土的抗裂性能起着重要作用。不同的是微裂缝在受拉应力状态下所起的作用比受压应力状态更为重要。图 5-30 为典型的混凝土轴向受拉应力-应变曲线。当应力小于受拉极限强度的 0.6 倍时,混凝土不会产生受拉微裂缝。所以受拉极限强度的 0.6 倍可定为弹性极限。当超过此应力后,会产生新的黏结微裂缝,从抗压与抗拉混凝土微裂缝的扩展来看,轴向拉应力状态比轴向压应力状态差,裂缝稳定的扩展间隔相对也短,当应力达到受拉极限强度的 0.75 倍时,裂缝开始出现不稳定扩展。裂缝扩展方向与应力作用方向垂直。每条新裂缝的出现和扩展,都将减小受荷构件的有效面积,同时也增加了裂缝尖端处的应力值。所以应力大于受拉极限应力的0.75倍时,裂缝扩展将加速进行,因此,破坏时形成贯通裂缝,导致混凝土破坏。

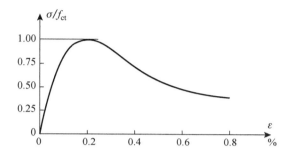

图 5 - 30　轴向受拉混凝土应力比-应变关系 (f_{ct} 为轴向受拉极限强度)

2. 钢材的变形

钢材的抗拉性能可用低碳钢受拉性能的应力-应变图来阐明(图 5 - 31)。

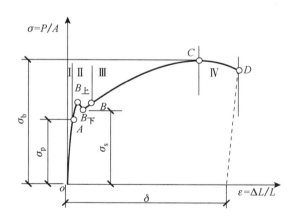

图 5 - 31　低碳钢受拉的应力-应变图

低碳钢受拉至拉断,可经四个阶段:

(1)弹性阶段

图 5 - 31 中的 OA 段代表钢的弹性阶段。在此阶段应力与应变成比例增加,卸荷后,恢复原状,反映钢的弹性,OA 是一条斜直线,在此斜直线阶段的变形,称弹性变形。A 点对应的应力称弹性极限,用 σ_p 表示。

应力与应变的比值为一常数,定义为弹性模量 E ,即 $E = \sigma/\varepsilon$。 E 反映钢材的刚度。

（2）屈服阶段

在图 5-31 中的 AB 曲线内,应力与应变不构成比例关系。应力超过 σ_p 后,钢材开始产生塑性变形,直至 B 点为止,也称屈服点或屈服极限,用 σ_s 表示,即 $\sigma_s = P_s/F_0$ （ P_s 为屈服下限时的荷载, F_0 为受力构件截面面积）。 σ_s 是屈服应力上下波动的最低值,在达到 σ_s 之前,钢材不会发生塑性变形。所以屈服点 B 可作为设计强度取值的依据。

（3）强化阶段

图 5-31 中的 BC 段称强化阶段。过 B 点后,钢材抵抗塑性变形的能力有所提高,变形随着应力的提高而增加。对应最高点 C 点的应力,称抗拉强度,用 σ_b 表示,即 $\sigma_b = P_b/F_0$ （ P_b 为 C 点的荷载值）。抗拉强度 σ_b 不能直接利用,但屈服点和抗拉强度之比 σ_s/σ_b （称"屈强比"）却能反映钢材的安全性和利用率。屈强比越小,表示材料的安全性和可靠性越高,钢材不易发生脆性断裂,但 σ_s/σ_b 不能太小,太小表示利用率低,浪费钢材。

（4）颈缩阶段

图 5-31 中的 CD 段称颈缩阶段。过 C 点后,钢材抵抗变形的能力大大降低。应变迅速增加,应力降低,变形不均匀,材料被拉长,在变形最大处发生"颈缩",钢材被拉断。

二、钢筋混凝土构件的延性

在钢筋混凝土受弯、偏压等构件的受力过程中,要保证钢筋和混凝土之间共同工作,使两种材料均能正常、充分地发挥作用,要靠钢筋和混凝土之间的黏结力起作用,黏结力可分为:①混凝土凝结时,水泥胶的化学作用,使钢筋和混凝土在界面处产生胶结力;②由于混凝土凝结对收缩、握裹钢筋,在发生相互滑动时所产生的摩擦力;③钢筋表面粗糙不平或变形钢筋的凸凹肋纹与混凝土之间的咬合力;④钢筋锚固措施所形成的机械锚固力。所以黏结力就是钢筋和混凝土接触界面上沿受力纵向钢筋的抗剪能力,统称为分布在界面上的纵向抗剪应力。

就简支梁而言,钢筋屈服之前,任意截面处的曲率和梁的挠度都是"线弹性"的,而在塑性铰形成之后,梁所增加的变形几乎全部来自塑性铰的转动,即把变形看成是塑性的,所以一个构件的最终变形由弹性变形和塑性变形组成。

就钢筋混凝土构件塑性铰而言,有受拉铰和受压铰之分,图 5 - 32 就是弯矩-塑性铰转动角($M-\theta$)图,可以看到受拉铰和受压铰的区别。受拉铰如图 5 - 32(a)所示,当弯矩 M 增加到 B 点的值时,受拉钢筋开始屈服,出现受拉塑性铰。从 B 点至 C 点(极限弯矩 M_u),就是对应塑性铰转动的角度(θ_u),超过 C 点,弯矩下降,截面发生破坏。所以受拉铰是由于受拉钢筋屈服后产生较大的塑性变形而形成的,这种情况多发生在受弯及大偏心受压构件中。受压铰如图 5 - 32(b)所示,它与受拉铰不同的是:在 $M-\theta$ 图上,没有明显的转折点,在 A 点,截面承受最大的弯矩,过 A 点后,弯矩迅速下降,截面发生破坏。显然受压铰中压力较小一侧的钢筋并未屈服,受压铰是由于受压混凝土的塑性变形而形成的,这种情况多发生在小偏心受压构件及超配筋受弯构件中。

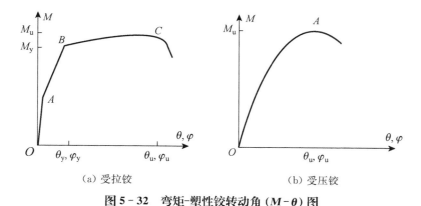

（a）受拉铰　　　　　　　　　　（b）受压铰

图 5 - 32 弯矩-塑性铰转动角（$M-\theta$）图

从能量理论的耗能能力来讲,受拉铰和受压铰有很大的差别。受拉铰的延性比较好,有较大的吸收能量的能力,因此,在抗震和抗爆结构设计中尽可能设计成使构件出现受拉塑性铰。但是,受压铰在实际工程中不可能完全避免,常用加密箍筋形成约束混凝土的办法以尽可能地增加混凝土受压时的塑性变形。

1. 钢筋混凝土受弯构件受拉铰的重要特性

根据螺纹钢筋梁受集中荷载下的混凝土和钢筋应变图及相应的荷载-挠度图所示(图 5 - 33),钢筋的塑性变形由跨中向两支座方向发展,裂缝也由跨中向两边发展。这就是钢筋混凝土受拉塑性铰的特性,受压混凝土和受拉钢筋的塑性变形是在一个相当长的区域内分布。受压塑性区的长度较短,而受拉塑性区较长。由于钢筋滑移,塑性变形向裂缝以外发展。光面钢筋配置试件与螺纹钢筋配置试件的塑性铰形成和发展基本类似。不过就整个塑性区长度而言,由于光面钢筋与混凝土的握裹力较差,螺纹钢筋塑性铰的长度比光面钢筋长。

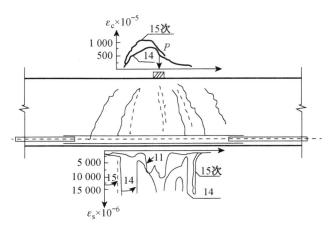

(a) 在塑性铰区钢筋和混凝土的应变 ε_s 及 ε_c(图中虚线表示在梁背面的裂缝位置)

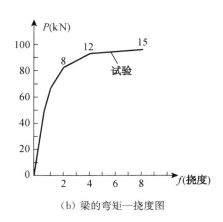

(b) 梁的弯矩—挠度图

图 5-33 在塑性铰区钢筋和混凝土的应变及相应的荷载-挠度图

2. 受拉塑性铰区在受弯构件中的长度

从图 5-33(a)中可以看出,塑性铰长度在受压区和受拉区不同,受压区长度比受拉区长度要短,有学者将塑性铰区理想化为图 5-34 中的 l_p。

塑性铰转动长度的计算可用曲率和塑性铰区长度来表示。有的学者采用有效高度 h_0 的倍数表示塑性铰区长度，如 Barker 等，胡德炘等。有的学者采用截面的 2 倍内力臂表示受拉塑性铰区长度等。下面列出塑性铰区长度计算方法（表 5-3）。

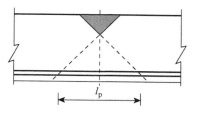

图 5-34　理想化的塑性铰区

表 5-3　塑性铰区长度计算

学　者	l_p	备　注
A. L. L. Barker	λh_0	λ——倍数
胡德炘	$\dfrac{2}{3}h_0 + a < h_0$	a——构件等弯曲段的长度
坂静雄	$2\left(1 - 0.5\mu_s \dfrac{f_y}{f_c}\right)h_0$	f_y, f_c——钢筋的屈服强度和混凝土的轴心受压强度 μ_s——截面配筋率

也有学者直接从弯矩中换算得到塑性铰区长度（图 5-35），图中 φ_u, φ_y 对应于 M_u 及 M_y 的曲率，即

$$l_p = 2\left(1 - \frac{M_y}{M_u}\right)z \tag{5-13}$$

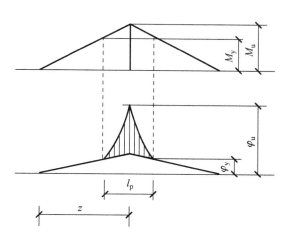

图 5-35　由弯矩计算塑性铰区长度示意图

这里值得提醒的是光面钢筋配置的梁,钢筋受拉区长度可取 $\frac{2}{3}h_0$(h_0 为截面有效高度),而螺纹钢筋配置的梁,受拉区长度可取 h_0。更应提出的是主轴向受力压弯构件、斜向受力压弯构件和偏压构件与纯受弯构件的受拉塑性铰长度是不同的。

三、结构的延性

结构的延性可用结构整体变形表示。当结构中某位置产生塑性铰后,荷载与位移呈现非线性关系,如图 5 - 36 所示。当荷载很少增加时,认为结构"屈服"。当结构承载能力明显下降或结构处于不稳定状态时,认为结构破坏,达到极限位移。结构的延性常用顶点位移和层间极限位移的比表示,即

$$\mu = \Delta_u / \Delta_y \tag{5-14}$$

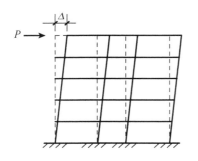
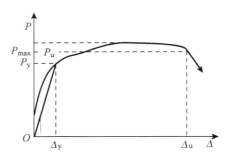

图 5 - 36 结构的延性

当 $\mu = 1$ 时,表示结构没有延性,为脆性破坏。当 $\mu > 1$ 时,表示结构有延性,μ 值越大,结构延性越好。

但《高层建筑混凝土结构技术规程》规定,结构薄弱层层间弹塑性位移应符合 $\Delta u_p \leqslant \theta_p h$($\Delta u_p$ 为层间弹塑性位移,θ_p 为层间弹塑性位移角限值),结构弹塑性位移角对柱轴压比有要求,当轴压比小于 0.4 时,θ_p 可提高 10%;当柱全高箍筋构造比《高层建筑混凝土结构技术规程》中规定的最小配箍特征值大 30% 时,θ_p 可提高 20%,但累计提高不宜超过 25%。但对框架结构而言,层间弹塑性位移角限值为 1/50。

结构承载能力基本保持不变,仍具有较大的塑性变形能力,则结构为延性结构;当结构承载能力明显下降或结构处于不稳定状态时,认为

结构破坏,此时结构达到极限位移 Δ_u。

由弹性结构和弹塑性结构对比可知,在低频结构中,在同一地震波作用下的弹性与弹塑性位移反应接近,即 $\Delta_t = \Delta_s$,从图 5-37(a)中的几何比例关系可得弹塑性结构荷载 P_s 仅是弹性结构荷载 P_t 的 $\frac{1}{\mu_0}$ 倍。在中频结构中,两者在同一地震波作用下吸收能量相近,图5-37(b)中,不同方向的阴影线分别代表两种结构吸收的能量。根据面积相等关系,可得出 P_s 与 P_t 比值等于 $\frac{1}{\sqrt{2\mu_0-1}}$,其中,$\mu_0 = \frac{\Delta_s}{\Delta_y}$,反映弹塑性结构塑性位移与屈服位移之比。图5-37(c)表示了结构在同一个小震和中震的地震波作用下弹性结构与弹塑性结构荷载比与位移比的关系。

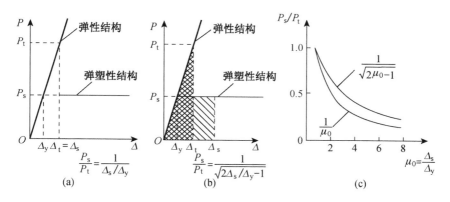

图5-37　地震作用大小与结构的弹塑性变形关系

由以上分析可得出以下几点结论:

(1)在地震作用相同的情况下,弹塑性结构所受的等效地震作用比弹性结构大大降低。因此,在设防烈度地震作用下,可利用弹塑性结构的性能吸收地震能量,可降低对结构承载能力的要求,达到节约材料的目的。

(2)弹塑性结构的承载力能力降低,但弹塑性结构的变形能力可提高,也就是利用结构的弹塑性变形能力来抵抗地震。例如钢结构的延性就比钢筋混凝土结构的延性好,比砖石结构的延性更好,所以在强烈地震作用下,砖石结构容易出现脆性破坏而倒塌。而钢筋混凝土结构具有双重性,如果钢筋混凝土结构(梁和柱)都能设计成适筋结构,消除或减少混凝土的脆性危害,充分发挥钢筋在混凝土中的塑性性能,实现延性结构,这是一种很理想的钢筋混凝土结构。若能将钢筋混凝土结构构件全部设计成适筋构件,这是一种理想的选择,但很难实现。目前使用的各种结构计算程序,都只能告知设计者结构构件是否超筋或少筋而已,而不能告知设计者一个整体结构的各个构件是否都能同时实现适筋结构。

结构的延性比 μ 是结构抗震性能极重要的指标。对延性比大的结构,在地震作用下,结构进入弹塑性状态时,能吸收、耗散大量的地震能量,虽然这种结构变形较大,但不会产生《抗震规范》中所指的建筑物严重破坏或倒塌。

(3)在混凝土中适当添加些钢纤维或竹子纤维,增加混凝土的抗拉性能,缩短混凝土与钢筋之间抗拉性能的差距。相应增加钢筋混凝土构件的弹性性能,当然结构的延性也相应增加。

第四节 框架结构抗震措施和抗震构造措施及材料

一、抗震措施

除地震作用计算和抗力计算以外的抗震设计内容和抗震构造措施都属于抗震措施。在抗震框架中,除满足强度要求外,还应设计成具有变形能力的延性框架。在具有强柱弱梁的延性框架中,框架结构的延性主要由梁的延性提供。

1. 框架抗震延性的措施

(1)框架梁。框架塑性铰尽可能出现在梁端,而且要多出,以增大耗能,推迟柱端塑性铰的出现。要使梁端塑性铰先于柱端塑性铰出现,防止在同一层各柱两端都出现塑性铰,避免薄弱层,防止楼层倒塌。

要使梁端塑性铰先于柱端塑性铰出现,则应提高柱端截面配筋,使柱的相对强度大于梁的相对强度,要求在同一个节点两侧的梁、柱满足:

$$\frac{M_{cu}}{M_c} > \frac{M_{bu}}{M_b} \qquad (5-15)$$

式中 M_c,M_b ——分别为在外荷载作用下的柱端和梁端弯矩;

M_{cu},M_{bu} ——分别为柱、梁配筋后的抵抗弯矩。

应避免梁、柱过早发生剪切破坏,在可能出现塑性铰的区段内,设计成强剪弱弯和强节点核芯区,使强核芯区的剪力应大于汇交在同一节点的两侧梁端达到受弯承载力时所对应的核芯区剪力。保证梁端钢筋屈服时,核芯区不发生剪切屈服。采用梁端截面达到受弯承载力时的核芯区剪力作为抗剪设计值。

（2）框架柱。为满足柱轴压比限值的要求，避免普通强度的混凝土造成柱截面尺寸过大，或形成短柱，所采用的措施之一是采用高强混凝土柱。高强混凝土的优点：①抗压强度高。对高受压柱来说，在相同荷载作用下，可减少柱截面尺寸，扩大使用面积；对受弯构件来说，能降低受压区高度，提高构件延性，提高配筋率，降低受弯构件截面高度，降低层高，减轻结构自重，减小基础尺寸。②弹性模量大，提高结构刚度，减少轴向变形。③密实性好，抗冻和抗渗性能好，耐久性好。其缺点是单轴受压达到峰值应力后，强度迅速下降，应力-应变曲线下降段变陡，塑性变形能力比普通混凝土差，抗火性能不如普通混凝土。在抗震设计中框架柱的混凝土不要超过 C60。

二、抗震构造措施

1. 混凝土强度等级

（1）一级框架抗震等级应≥C30；

（2）二、三、四级框架抗震等级应≥C25；

（3）设防烈度 9 度时宜≤C60；

（4）设防烈度 8 度时宜≤C70。

2. 梁截面尺寸的确定

梁截面尺寸由三个条件决定：最小构造尺寸；剪压比；配筋率和混凝土受压区高度。

（1）梁截面最小尺寸

① 梁截面宽度不宜小于 200 mm；

② 梁截面高宽比不宜大于 4；

③ 梁净跨与截面高度之比不宜小于 4；

④ 通常梁高也可按下列数据采用：

普通梁：$h_b = \left(\dfrac{1}{8} \sim \dfrac{1}{12}\right)l$

扁梁：$h_b = \left(\dfrac{1}{12} \sim \dfrac{1}{15}\right)l$

当扁梁宽度大于柱宽度时，应有下列规定：

$$\left.\begin{array}{l} b_b \leqslant 2b_c \\ b_b \leqslant b_c + h_b \\ h_b \geqslant 16d \end{array}\right\} \tag{5-16}$$

式中 b_c——柱截面宽度,圆柱截面取柱直径的 0.8 倍;

b_b,h_b——梁截面宽度和高度;

d——柱纵筋直径。

（2）剪压比的要求

在估算截面尺寸时,梁剪力设计值可按式(5-17)估算:

$$V_b = \frac{1}{2}ql\gamma_G\alpha\beta_c \qquad (5-17)$$

式中 q——梁的荷载集度(标准值);

l——梁的跨度;

γ_G——重力荷载分项系数,可取 1.3;

α——考虑水平力作用的增大系数,可取 2;

β_c——强剪弱弯的剪力调整系数,一级框架梁 $\beta=1.4$;二级框架梁 $\beta=1.05$;其余框架梁 $\beta=1.0$。

抗震设计时:

① 对矩形、T 形和 I 字形受剪正截面,当跨高比≥2.5 时,其受剪正截面剪力应符合式(5-18)的条件:

$$V_b \leqslant \frac{1}{\gamma_{RE}}(0.20\beta_c f_c bh_0) \qquad (5-18)$$

当跨高比<2.5 时,其受剪正截面剪力应符合式(5-19)的条件:

$$V_b \leqslant \frac{1}{\gamma_{RE}}(0.15\beta_c f_c bh_0) \qquad (5-19)$$

② 对矩形、T 形和 I 字形受剪斜截面受剪承载力应按式(5-20)计算

$$V_b = \frac{1}{\gamma_{RE}}(0.6\alpha_{cv}f_t bh_0 + f_{yv}\frac{A_{sv}}{s}h_0) \qquad (5-20)$$

式中 α_{cv}——斜截面混凝土受剪承载力系数,对一般受弯构件取 0.7;集中荷载作用下(包括多种荷载作用,其中集中荷载对支座截面或节点边缘所产生的剪力值占总剪力 75% 以上)的独立梁,取 $\alpha_{cv} = \frac{1.75}{\lambda+1}$,$\lambda$ 为计算截面的剪跨比,可取 $\lambda = a/h_0$,当 $\lambda<1.5$ 时,取 $\lambda=1.5$,当 $\lambda>3$ 时,取 $\lambda=3$,a 为集中荷载作用点至支座截面或节点边缘的距离;

A_{sv}——配置在同一截面内各肢箍筋的全部截面面积,即 nA_{sv1},n 为同一截面内箍筋的肢数,A_{sv1} 为单肢箍筋截面面积;

s——沿构件长度方向的箍筋间距；

f_{yv}——箍筋抗拉强度设计值，按 f_y 的数值取用。

（3）配筋率和受压高度

① 配筋率。

框架梁受拉钢筋的最小配筋率不应小于表 5-4 的规定。

表 5-4 梁纵向受拉钢筋最小配筋百分率 ρ_{min} （%）

抗震等级	位 置	
	支座（取较大值）	跨中（取较大值）
一级	0.40 和 $80f_t/f_y$	0.30 和 $65f_t/f_y$
二级	0.30 和 $65f_t/f_y$	0.25 和 $55f_t/f_y$
三、四级	0.25 和 $55f_t/f_y$	0.20 和 $45f_t/f_y$

框架梁梁端截面的底部和顶部纵向受力钢筋截面面积的比值，除计算确定外，一级梁 ≥0.5；二、三级梁 ≥0.3。

梁端纵向受拉钢筋的配筋率不宜 $\leq2.5\%$。沿梁全长顶面和底面应至少有两根通长的纵向钢筋，对一、二级抗震等级，钢筋直径不应小于 14 mm，且分别不应小于梁两端顶面和底面纵向受力钢筋中较大截面面积的 1/4；对三、四级抗震等级，直径不应小于 12 mm。

框架梁端箍筋加密区长度、箍筋最大间距和最小直径按表 5-5 采用。

表 5-5 梁端箍筋加密区的长度、箍筋最大间距和最小直径

抗震等级	加密区长度（取较大值）（mm）	箍筋最大间距（取最小值）（mm）	箍筋最小直径（mm）
一	$2.0h_b$, 500	$h_b/4$, $6d$, 100	10
二	$1.5h_b$, 500	$h_b/4$, $8d$, 100	8
三	$1.5h_b$, 500	$h_b/4$, $8d$, 150	8
四	$1.5h_b$, 500	$h_b/4$, $8d$, 150	6

注：① d 为纵向钢筋直径，h_b 为梁截面高度。

② 一、二级抗震等级框架梁，当箍筋直径大于 12 mm、肢数不少于 4 肢且肢距不大于 150 mm 时，箍筋加密区最大间距应允许适当放松，但不应大于 150 mm。

框架梁端箍筋加密区长度内箍筋肢距：一级不宜大于 200 mm 和 20 倍箍筋直径的较大者；二、三级不宜大于 250 mm 和 20 倍箍筋直径的较大者；各抗震等级下，均不宜大于 300 mm。

框架梁第一根箍筋距节点柱边缘不应大于 50 mm，非加密区的箍筋间距不宜大于加密区箍筋间距的 2 倍。沿梁全长箍筋的面积配箍率 ρ_{sv} 应符合下列规定：

一级框架梁： $\rho_{sv} \geqslant 0.30 \dfrac{f_t}{f_{yv}}$

二级框架梁： $\rho_{sv} \geqslant 0.28 \dfrac{f_t}{f_{yv}}$ (5-21)

三、四级框架梁： $\rho_{sv} \geqslant 0.26 \dfrac{f_t}{f_{yv}}$

② 梁正截面混凝土受压区高度。

一级抗震等级： $x \leqslant 0.25h_0$

二、三级抗震等级： $x \leqslant 0.35h_0$ (5-22)

式中　x——梁截面混凝土受压区高度；

　　h_0——梁截面有效高度。

3. 柱截面尺寸的确定

柱的截面尺寸由四个条件决定：最小构造尺寸，轴压比要求，抗剪截面最小尺寸和配筋要求。

（1）最小构造尺寸

① 截面宽度和高度，四级或不超过 2 层时不宜小于 300 mm，一、二、三级且超过 2 层时不宜小于 400 mm。圆柱直径，四级或不超过 2 层时不宜小于 350 mm，一、二、三级且超过 2 层时不宜小于 450 mm。

② 剪跨比宜大于 2。

③ 截面长边与短边的边长比不宜大于 3。

（2）柱轴压比

一级框架柱 0.65；二级框架柱 0.75；三级框架柱 0.85；四级框架柱 0.90。

注：① Ⅳ类场地土的高层框架柱的轴压比限值应适当加严，当柱净高与柱截面长边之比小于 4 时，轴压比的限值相应减少 0.05。

② 当混凝土强度等级为 C65～C70 时，各级柱轴压比限值降低 0.05；当混凝土强度等级为 C75～C80 时，各级柱轴压比限值降低 0.10。

③ 剪跨比不大于 2 且不小于 1.5 时各级柱轴压比减小 0.05；对剪跨比小于 1.5 的各级柱轴压比限值应采取特殊构造措施。

（3）柱截面尺寸

在方案阶段，为了初定截面尺寸，可用式（5-23）近似估算柱轴力设计值。

$$N_c = \gamma_G \cdot \alpha \cdot S \cdot \omega \cdot n_c \qquad (5-23)$$

式中　α——地震作用产生的柱轴力放大系数，7 度时取 $1.05 \sim 1.10$；
8 度时取 $1.10 \sim 1.15$；

　　　S——柱承担的楼面荷载面积（m^2）；

　　　ω——单位建筑面积的竖向荷载，可取 $1.2 \sim 1.4$ kN/m^2；

　　　n_c——柱截面以上的楼层层数。

同时柱截面尺寸还应当满足抗剪要求，抗震设计时

$$V_c \leqslant \frac{1}{\gamma_{RE}}(0.20 f_c b_c h_c) \qquad (5-24)$$

式中　V_c——柱剪力设计值。

（4）柱配筋

① 柱纵向受力钢筋最小总配筋率可按表 5-6 采用，同时每侧配筋率不应小于 0.2%；建造在 IV 类场地且较高的高层，最小总配筋率应增加 0.1%；柱总的配筋率不应大于 5%；剪跨比 $\lambda \leqslant 2$ 的一级框架柱，每侧纵向配筋率不宜大于 1.2%。

表5-6　柱纵向受力钢筋最小配筋百分率　　　　　　（%）

柱类型	抗 震 等 级				非抗震
	一级	二级	三级	四级	
中柱、边柱	0.9(1.0)	0.7(0.8)	0.6(0.7)	0.5(0.6)	0.5
角柱	1.1	0.9	0.8	0.7	0.5
框支柱	1.1	0.9	—	—	0.7

注：① 表中括号内数值适用于框架结构。

　　② 采用 335 MPa 级、400 MPa 级纵向受力钢筋时，应分别按表中数值增加 0.1 和 0.05 采用。

　　③ 当混凝土强度等级高于 C60 时，上述数值应增加 0.1 采用。

② 边柱、角柱在小偏心受拉时，柱内纵筋总截面面积应比计算值增加 25%；柱纵筋接头处应避开柱端的箍筋加密区。

③ 柱箍筋加密区范围。

取柱端截面高度（圆柱直径）、1/6 柱净高和 500 mm 三者中的最大值，而底层柱下端取净高的 1/3，刚性地面上下各 500 mm。

剪跨比 $\lambda \leqslant 2$ 的柱和一、二级角柱取全高。

一级柱的箍筋直径大于 12 mm,且肢距不大于 150 mm 及二级柱的箍筋直径不小于 10 mm,且肢距不大于 200 mm 时,除底层柱下端外,最大间距应允许采用 150 mm,至少每隔一根纵筋宜在两个方向有箍筋或拉筋约束。采用复合箍筋时,拉筋宜紧靠纵向钢筋并钩住箍筋。对剪跨比 $\lambda \leqslant 2$ 的三、四级柱,箍筋直径不应小于 8 mm,肢距不宜大于 300 mm。

柱箍筋加密区的最大间距和最小直径按表 5-7 采用。

表 5-7　柱端箍筋加密区的构造要求

抗震等级	箍筋最大间距(mm)	箍筋最小直径(mm)
一级	$6d$ 和 100 的较小值	10
二级	$8d$ 和 100 的较小值	8
三级	$8d$ 和 150(柱根 100)的较小值	8
四级	$8d$ 和 150(柱根 100)的较小值	6(柱根 8)

注:① d 为柱纵向钢筋直径(mm)。
　　② 柱根指框架柱底部嵌固部分。

抗震设计时的框架梁、柱纵向钢筋在节点区的锚固如图 5-38 所示。

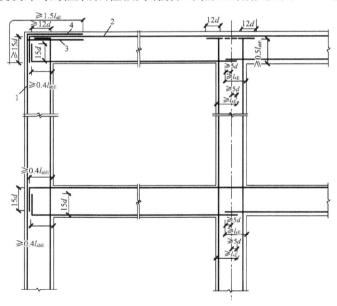

图 5-38　抗震设计时框架梁、柱纵向钢筋在节点区的锚固示意图

1—柱外侧纵向钢筋;2—梁上部纵向钢筋;3—伸入梁内的柱外侧纵向钢筋;
4—不能伸入梁内的柱外侧纵向钢筋,可伸入板内

三、材料

1. 混凝土

（1）混凝土强度标准值应按表5-8采用。

表5-8　混凝土强度标准值　　　　　　（N/mm²）

强度种类	符号	混凝土强度等级				
		C15	C20	C25	C30	C35
轴心抗压	f_{ck}	10.0	13.4	16.7	20.1	23.4
轴心抗拉	f_{tk}	1.27	1.54	1.78	2.01	2.20

强度种类	符号	混凝土强度等级								
		C40	C45	C50	C55	C60	C65	C70	C75	C80
轴心抗压	f_{ck}	26.8	29.6	32.4	35.5	38.5	41.5	44.5	47.4	50.2
轴心抗拉	f_{tk}	2.39	2.51	2.64	2.74	2.85	2.93	2.99	3.05	3.11

（2）混凝土强度设计值，可由各项混凝土标准值除以混凝土材料分项系数，得相应的混凝土强度设计值（表5-9）。

表5-9　混凝土强度标准值　　　　　　（N/mm²）

强度种类	符号	混凝土强度等级				
		C15	C20	C25	C30	C35
轴心抗压	f_c	7.2	9.6	11.9	14.3	16.7
轴心抗拉	f_t	0.91	1.10	1.27	1.43	1.57

强度种类	符号	混凝土强度等级								
		C40	C45	C50	C55	C60	C65	C70	C75	C80
轴心抗压	f_c	19.1	21.1	23.1	25.3	27.5	29.7	31.8	33.8	35.9
轴心抗拉	f_t	1.71	1.80	1.89	1.96	2.04	2.09	2.14	2.18	2.22

（3）混凝土弹性模量 E_c（$\times 10^4$ N/mm²）（表5-10）。

表5-10　混凝土弹性模量 E_c

混凝土强度等级	C15	C20	C25	C30	C35	C40	C45
E_c（$\times 10^4$ N/mm²）	2.20	2.55	2.80	3.00	3.15	3.25	3.25

145

续表

混凝土 强度等级	C50	C55	C60	C65	C70	C75	C80
E_c（$\times 10^4$ N/mm²）	3.45	3.55	3.60	3.65	3.70	3.75	3.80

（4）混凝土配合比可根据强度和施工要求，进行试配。配合比中基本参数的选取：

① 每立方米混凝土用水量的确定。

当水灰比在 0.4～0.8 范围内时，干硬性和塑性混凝土的用水量应根据粗骨料品种、粒径及施工要求的拌合物稠度，按表 5-11 选取。

表 5-11　干硬性和塑性混凝土的用水量　　　　　（kg/m³）

拌合物稠度		卵石最大粒径(mm)			碎石最大粒径(mm)		
项目	指标	10	20	40	16	20	40
维勃稠度(s)	15～20	175	160	145	180	170	155
	10～15	180	165	150	185	175	160
	5～15	185	170	155	190	180	165
坍落度(mm)	10～30	190	170	150	200	185	165
	30～50	200	180	160	210	195	175
	50～70	210	190	170	220	205	185
	70～90	215	195	175	230	215	195

注：① 本表用水为采用中砂时的平均取值，采用细砂时，每立方米混凝土用水量可增加
　　　5～10 kg，采用粗砂则可减少 5～10 kg。
　　② 掺用各种外加剂或掺合料时，用水量应相应调整。水灰比小于 0.4 或大于 0.8 的
　　　混凝土以及采用特殊成型工艺的混凝土用水量应通过试验确定。

② 混凝土砂率的确定如表 5-12 所示。

表 5-12　混凝土的砂率　　　　　　（%）

水灰比 (W/C)	卵石最大粒径(mm)			碎石最大粒径(mm)		
	10	20	40	16	20	40
0.40	26～32	25～31	24～30	30～35	29～34	27～32
0.50	30～35	29～34	28～33	33～38	32～37	30～35

续表

水灰比 (W/C)	卵石最大粒径(mm)			碎石最大粒径(mm)		
	10	20	40	16	20	40
0.60	33～38	32～37	31～36	36～41	35～40	33～38
0.70	36～41	35～40	34～39	39～44	38～43	36～41

注：① 本表数值系中砂的选用砂率，对细砂或粗砂，可相应地减小或增大砂率。
② 只用一个单粒级粗骨料配制混凝土时，砂率应适当增大。
③ 对薄壁构件砂率取偏大值。
④ 本表中的砂率指砂与骨料总量的重量比。

坍落度等于或大于 100 mm 的混凝土砂率应在表 5-11 的基础上，按坍落度增大 20 mm、砂率增大 1% 的幅度予以调整；

坍落度大于 60 mm 或小于 10 mm 的混凝土及掺用外加剂和掺合料的混凝土，其砂率应经试验确定；

坍落度不大于 60 mm 且不小于 10 mm 的混凝土砂率，可根据粗骨料品种、粒径及水灰比按表 5-11 选取。

③ 混凝土坍落度的确定。

根据不同的构件及配筋，混凝土坍落度可按表 5-13 确定。

表 5-13 混凝土的坍落度 (mm)

结 构 种 类	坍 落 度
基础或地面等的垫层，配筋稀疏的结构	10～130
板、梁和大型及中型截面的柱子等	30～130
配筋密集的结构	50～180
配筋特密的结构	70～180

注：上列数据适用机械振捣混凝土时的坍落度，当采用人工捣实时，其值可适当增大。

④ 混凝土施工参考配合比可参考表 5-14。

表 5-14 混凝土施工参考配合比

混凝土强度等级	水泥强度等级	坍落度 (mm)	W (kg)	C (kg)	S (kg)	G (kg)	掺合料 (kg)	外加剂 (kg)
C20	32.5 矿渣水泥	160	183	320	730	1 063	40	4.0

续表

混凝土强度等级	水泥强度等级	坍落度(mm)	W (kg)	C (kg)	S (kg)	G (kg)	掺合料(kg)	外加剂(kg)
C25	32.5 矿渣水泥	160	196	350	708	1 032	50	4.0
C30	32.5 矿渣水泥	160	200	375	683	1 025	62	5.0
C35	32.5 矿渣水泥	160	200	395	671	1 007	72	5.0
C40	42.5 普通硅酸盐水泥	160	200	430	654	980	80	6.0
C45	42.5 普通硅酸盐水泥	160	190	460	640	974	80	6.0
C50	42.5 硅酸盐水泥	160	190	480	668	1 055	50	7.0
C55	42.5 硅酸盐水泥	160～180	180	490	638	1 085	50	7.0
C60	52.5 硅酸盐水泥	180～220	172	450	600	1 230	40 (硅粉)	8.0 (高效)
C70	52.5 硅酸盐水泥	180～220	160	480	542	1 265	45 (硅粉)	8.0 (高效)
C80	62.5 硅酸盐水泥	180～220	150	500	537	1 254	50 (硅粉)	9.0 (高效)

注：W 代表水，C 代表水泥，S 代表细骨料，G 代表粗骨料。

（5）抗渗混凝土。

抗渗等级不小于 S6 级的混凝土称抗渗混凝土。抗渗混凝土的水泥强度等级不宜小于 32.5 级；优先选用硅酸盐水泥或普通硅酸盐水泥；粗骨料的最大粒径不宜大于 40 mm；外加剂宜用防水剂、膨胀剂、引气剂或减水剂。

每立方米混凝土中的水泥用量（含掺合料）不宜小于 320 kg；砂率宜为 35%～40%；灰砂比宜为 1：2～1：2.5。最大水灰比应符合表 5-15

中的规定。

表 5-15 抗渗混凝土最大水灰比

抗渗等级	最大水灰比	
	C20~C30	C30 以上混凝土
S6	0.60	0.55
S8~S12	0.55	0.50
>S12	0.50	0.45

（6）抗冻混凝土。

抗冻等级不低于 F50 的混凝土称抗冻混凝土。水泥应选用硅酸盐水泥或普通硅酸盐水泥，不得使用火山灰硅酸盐水泥。抗冻等级 F100 及以上的混凝土所用粗骨料和细骨料均应进行坚固性试验。试配用的最大水灰比应符合表 5-16 中的要求。

表 5-16 抗冻混凝土的最大水灰比

抗冻等级	无引气剂时	掺引气剂时
F50	0.55	0.60
F100	—	0.55
F150 及以上	—	0.50

（7）高强混凝土。

强度等级大于 C60 的混凝土称为高强混凝土。配高强混凝土时，水泥等级不低于 42.5 级，并用硅酸盐水泥或普通硅酸盐水泥，其活性不宜低于 57 MPa；所用粗骨料最大粒径不应大于 31.5 mm。针片状颗粒含量不宜大于 5.0%。对粗骨料应进行压碎指标试验和碎石的岩石立方体抗压强度试验，其强度不应小于所配混凝土抗压强度标准的 1.5 倍；宜用中砂，其细度模数宜大于 2.60。高强混凝土应进行 6~10 次重复试验。

（8）泵送混凝土。

泵送混凝土坍落度不应小于 80 mm，水灰比不宜大于 0.6，水泥和矿物掺合料的总量不宜小于 300 kg/m³。所用水泥应选用硅酸盐水泥、普通硅酸盐水泥、矿渣硅酸盐水泥和粉煤灰硅酸盐水泥，不宜采用火山灰硅酸盐水泥。泵送混凝土的粗骨料的最大粒径与输送管径之比不宜大于表 5-17 中的规定值。

表 5-17　泵送粗骨料最大粒径与输送管径之比值

泵送高度	粗骨料种类	
	碎　石	卵　石
50 m 以下	1∶3.0	1∶2.5
50～100 m	1∶4.0	1∶3.0
100 m 以上	1∶5.0	1∶4.0

粗骨料应选用连续级配,针片状颗粒含量不宜大于 10%,宜用中砂,通过 0.315 mm 筛孔的颗粒含量不应小于 15%,通过 0.16 mm 筛孔的颗粒含量不应小于 5%。

泵送混凝土坍落度的选用如表 5-18 所示。

表 5-18　混凝土入泵坍落度选用表

泵送高度(m)	<30	30～60	60～100	>100
坍落度(mm)	100～140	140～160	160～180	180～200

(9) 大体积混凝土。

混凝土结构物中实体最小尺寸大于或等于 1 m 的部位所用的混凝土称为大体积混凝土。大体积混凝土应选用水化热低、凝结时间长的水泥,优先选用矿渣硅酸盐水泥、粉煤灰硅酸盐水泥、火山灰硅酸盐水泥。粗骨料宜选择连续级配、细骨料宜选择中砂,在保证混凝土强度及坍落度的前提下,应提高掺合料及骨料的含量,降低单方混凝土的水泥用量。

(10) 混凝土保护层厚度。

① 纵向受力钢筋的混凝土保护层最小厚度(钢筋表面净保护层厚度),按表 5-19 采用。

表 5-19　纵向受力钢筋的混凝土保护层最小厚度　　　(mm)

环境类别	板、墙、壳			梁			柱		
	≤C20	C25～C45	≥C50	≤C20	C25～C45	≥C50	≤C20	C25～C45	≥C50
一	20	15	15	30	25	25	30	30	30

续表

环境类别		板、墙、壳			梁			柱		
		≤C20	C25~C45	≥C50	≤C20	C25~C45	≥C50	≤C20	C25~C45	≥C50
二	a	—	20	20	—	30	30	—	30	30
	b		25	20		35	30		35	30
三		—	30	25	—	40	35	—	40	35

注:① 纵向受力钢筋的混凝土保护层厚度除满足表中规定外,且不应小于受力钢筋的公称直径。

② 有防火要求的建筑物,其保护层厚度尚应符合国家现行有关防火规范的规定。

③ 处于四、五类环境中的建筑物,其混凝土保护层厚度尚应符合国家现行有关标准的要求。

④ 基础中纵向受力钢筋的混凝土保护层厚度不应小于 40 mm;当无垫层时不应小于 70 mm。

⑤ 处于一类环境且由工厂生产的预制构件,当混凝土强度等级不低于 C20 时,其保护层厚度可按规定减少 5 mm,但预应力钢筋的保护层厚度不应小于 15 mm;处于二类环境且由工厂生产的预制构件,当表面采取有效保护措施时,保护层厚度可按规定中一类环境数值取用。

② 非纵向受力钢筋的混凝土保护层最小厚度按表 5-20 采用。

表 5-20 非纵向受力钢筋的混凝土保护层最小厚度 （mm）

环境类别		板、墙、壳分布钢筋			梁、柱中箍筋和构造钢筋		
		≤C20	C25~C45	≥C50	≤C20	C25~C45	≥C50
一		10	10	10	15	15	15
二	a	—	10	10	—	15	15
	b		15	10		15	15
三		—	20	15	—	15	15

③ 混凝土结构的环境类别应按表 5-21 采用。

表 5-21 混凝土结构的环境类别

环境类别		条 件
一		室内正常环境
二	a	室内潮湿环境;非严寒和非寒冷地区的露天环境;与无侵蚀性的水或土壤直接接触的环境

续表

环境类别		条　件
二	b	严寒和寒冷地区的露天环境;与无侵蚀性的水或土壤直接接触的环境
三		使用除冰盐的环境;严寒和寒冷地区冬季水位变动的环境;滨海室外环境
四		海水环境
五		受人为或自然的侵蚀性物质影响的环境

2. 钢筋

（1）非抗震受拉钢筋的锚固长度 l_{ab} ,应按表 5 - 22 采用。

表 5 - 22　非抗震受拉钢筋的锚固长度 l_{ab}

			混凝土强度等级				
			C20	C25	C30	C35	≥C40
钢筋种类	光面钢筋	HPB235 级	$30d$	$26d$	$23d$	$21d$	$20d$
	带肋钢筋	HRB335 级	$38d$	$33d$	$29d$	$27d$	$25d$
		HRB400 级	$46d$	$40d$	$35d$	$32d$	$29d$
		RRB400 级	$46d$	$40d$	$35d$	$32d$	$29d$

注:① 当 HRB335，HRB400 和 RRB400 级钢筋的直径大于 25 mm 时,其锚固长度应乘以修正系数 1.1。

② 当 HRB335，HRB400 和 RRB400 级的环氧树脂涂层钢筋,其锚固长度应乘以修正系数 1.25。

③ 当钢筋在混凝土施工过程中易受扰动(如滑模施工)时,其锚固长度应乘以修正系数 1.1。

④ 当 HRB335，HRB400 和 RRB400 级钢筋在锚固区的混凝土保护层厚度大于钢筋直径的 3 倍且配有箍筋时,其锚固长度可乘以修正系数 0.8。

⑤ 除构造需要的锚固长度外,当纵向受力钢筋的实际配筋面积大于其设计计算面积时,如有充分依据和可靠措施,其锚固长度可乘以设计计算面积与实际配筋面积的比值。但对有抗震设防要求及直接承受动力荷载的结构构件,不得采用此项修正。

⑥ 本表按公式 $l_a = \alpha \dfrac{f_y}{f_t} d$ 计算。

式中　l_a ——受拉钢筋的锚固长度;

　　　f_y ——普通钢筋的抗拉强度设计值;

　　　f_t ——混凝土轴心抗拉强度设计值,当混凝土强度等级高于 C40 时,按 C40 取值;

　　　d ——钢筋的公称直径;

　　　α ——钢筋的外形系数,按表 5-23 取用。

表 5-23　钢筋的外形系数

钢筋类型	光面钢筋	带肋钢筋	刻痕钢丝	螺旋肋钢丝	三股钢绞线	七股钢绞线
α	0.16	0.14	0.19	0.13	0.16	0.17

注：光面钢筋系指 HPB235 级钢筋，其末端应做 180°弯钩，弯后平直段长度不应小于 $3d$，但作受压钢筋时可不做弯钩；带肋钢筋系指 HRB335 级、HRB400 级钢筋，及 RRB400 级余热处理钢筋。

（2）一、二、三级抗震设计时，最小锚固长度应按表 5-24 选用。其中一、二级抗震等级时，$l_{aE} = 1.15 l_{ab}$，三级抗震等级时 $l_{aE} = 1.05 l_{ab}$。

表 5-24　抗震最小锚固长度 l_{aE}　　　　　（mm）

	抗震等级		一、二级					三级				
	混凝土强度等级	C20	C25	C30	C35	≥C40	C20	C25	C30	C35	≥C40
钢筋种类	光面钢筋	HRB235 级	$35d$	$30d$	$26d$	$24d$	$23d$	$32d$	$27d$	$24d$	$22d$	$21d$
	带肋钢筋	HRB335 级	$44d$	$38d$	$33d$	$31d$	$29d$	$29d$	$35d$	$30d$	$28d$	$26d$
		HRB400 级	$53d$	$46d$	$40d$	$37d$	$33d$	$48d$	$42d$	$37d$	$34d$	$30d$
		RRB400 级	$53d$	$46d$	$40d$	$37d$	$33d$	$48d$	$42d$	$37d$	$34d$	$30d$

153

第六章
剪力墙结构和框支剪力墙结构抗震设计

第一节　剪力墙结构

剪力墙结构是由内、外墙作为承重构件的结构。在低层房屋结构中,墙体主要承受重力荷载;在高层房屋中,墙体除了承受重力荷载外,还承受水平荷载引起的剪力、弯矩和倾覆力矩。所以在高层建筑中,承重墙体系又称全墙结构体系或剪力墙结构体系。

钢筋混凝土承重墙是由传统的砖石结构演变和发展而来。由于墙体使用材料的改换,使结构的承载力和抗震能力均能大大提高,从而成为高层建筑中承载能力较强的结构体系。结构抗侧变形小,层间位移小,振动周期短。A 级和 B 级钢筋混凝土高层建筑最大适用高度(m)分别如表 6-1 和表 6-2 所示;A 级和 B 级钢筋混凝土高层建筑的最大适用高宽比分别如表 6-3 和表 6-4 所示;高度小于或等于 150 m 的高层建筑沿结构单元的两主轴方向,按弹性方法计算的楼层间最大位移与层高之比 $\Delta u/h$ 不宜超过表 6-5 中的规定值。

表 6-1　A 级钢筋混凝土高层建筑的最大适用高度　　　(m)

结构体系		抗震设防烈度			
		6 度	7 度	8 度	9 度
剪力墙	全部落地	140	120	100	60
	部分框支	120	100	80	不应采用

注: ① 平面和竖向均不规则的结构或 Ⅳ 类场地上的结构,适用的最大高度应适当降低。
　　② 部分框支结构指地面以上有部分框支墙的剪力墙结构。

表 6-2　B 级钢筋混凝土高层建筑的最大适用高度　　（m）

结构体系		抗震设防烈度		
		6 度	7 度	8 度
剪力墙	全部落地	170	150	130
	部分框支	140	120	100

表 6-3　A 级钢筋混凝土高层建筑适用的最大高宽比

结构体系	抗震设防烈度			
	6 度	7 度	8 度	9 度
剪力墙	6	6	5	4

表 6-4　B 级钢筋混凝土高层建筑适用的最大高宽比

结构体系	抗震设防烈度		
	6 度	7 度	8 度
剪力墙	7	7	6

表 6-5　剪力墙结构的 $\Delta u/h$ 的限值

结构类型	$\Delta u/h$
剪力墙	1/1 000

注：楼层间最大位移 Δu 以楼层最大的水平位移差计算，不扣除整体弯曲变形。

表 6-6　现浇钢筋混凝土房屋的抗震等级

结构类型			设防烈度								
			6		7			8			9	
抗震墙结构	高度（m）		≤80	>80	≤24	25～80	>80	≤24	25～80	>80	≤24	25～60
	剪力墙		四	三	四	三	二	三	二	一	二	一
部分框支抗震墙结构	高度（m）		≤80	>80	≤24	25～80	>80	≤24	25～80			
	抗震墙	一般部位	四	三	四	三	二	三	二			
		加强部位	三	二	三	二	一	二	一			
	框支层框架		二		二		一					

注：① 建筑场地为 I 类时，除 6 度外应允许按表内降低 1 度所对应的抗震等级采取抗震构造措施，但相应的计算要求不应降低。
② 接近或等于高度分界时，应允许结合房屋不规则程度及场地、地基条件确定抗震等级。

155

钢筋混凝土剪力墙结构应根据设防类别、烈度、结构类型和房屋高度采用不同的抗震等级,其中丙类建筑的抗震等级按表 6-6 的规定采用。

承重墙体系中的纵、横墙,在水平荷载作用下,墙根部被嵌固在基础顶面上,呈悬臂深梁,墙身的宽度就相当于深梁的截面高度,墙身厚度相当于截面宽度。由于墙体是承重墙,在承受重力和水平荷载时,墙体承受压力、弯矩、剪力和扭转,所以墙体处于复合受力状态。

当结构房屋层数少,墙体高宽比小于 1 时,在水平荷载作用下,墙体以剪切变形为主,弯曲变形所占比重很小,墙体的侧移曲线呈剪切型(图 6-1 中的点划线)。

当房屋层数较多,墙体高宽比大于 4 时,墙体在水平荷载作用下的变形以弯曲变形为主,剪切变形所占比重很小,墙体的侧移曲线呈弯曲型(图 6-1 中的虚线)。

因此,剪力墙结构中墙体的高宽比应有一定的选择,当 $1 < H/B < 4$ 时,墙体的剪切变形和弯曲变形各占一定比例,其墙体侧移曲线呈弯剪型。

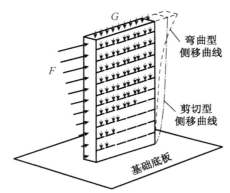

图 6-1 承重墙体系中墙体的受力状态

单片剪力墙不宜太宽,过宽的剪力墙将使结构的振动周期过短,增加地震力,不经济,也会影响建筑使用;同时要求剪力墙应是高细的,承受受弯工作状态,由受弯承载力决定其破坏状态,使剪力墙具有足够大的延性。否则,过宽会形成低矮剪力墙,就会由受剪承载力控制其破坏,使剪力墙呈脆性破坏,对抗震不利。当同一轴线上的剪力墙过长时,可在楼层处开洞,用过梁将其分割成各墙段,使墙段高宽比大于 2,使每个墙段形成单片墙、小开口墙或联肢墙。保证每个墙肢也由受弯承载力控制,同时也能使靠近中和轴附近的竖向分布钢筋起到弯曲抗拉强度作用。

现浇钢筋混凝土承重墙由于整体性很强,在水平荷载作用下侧移变形小,承重能力富余,在地震力作用下,即使墙体有开裂和强度有所降低,其承载力降低却很少,所以承重墙体系,具有较高的抗震能力,一般不会倒塌。因此剪力墙结构在高度不超过 150 m 的结构中是最佳选择。

剪力墙结构体系最好选用 7.2～8.4 m 的大开间结构方案,其好处是承重墙体减少,材料用量减少,自重减轻,基础费用减少,抗侧刚度减小,水平地震力减小,自振周期增长,墙体配筋适当,墙体延性增加,使用空间增大,通风好,除满足上、下各层固定的卫生间外,还可满足不同用户的使用要求,内部布局灵活,符合时代要求;其缺点是楼板跨度增大,钢筋和混凝土用量增加,隔墙要求轻质高效、污染小,造价增加。笔者是大开间剪力墙房屋的设计者和推广者,还是 40 年前积极推广大开间剪力墙结构体系的倡导者。

至于大开间剪力墙结构体系楼板刚度无限大是否还成立,这里以 33 层,平面尺寸为 70 m×18 m 的剪力墙结构,8 m 大开间的现浇钢筋混凝土楼盖为例,在 7 度地区,楼板最大相对位移仅 0.06 mm,为建筑全长的 1/1 200 000,为剪力墙最大开间距离的 1/130 000。按国内小于 1/12 000 的一般要求,完全可认为满足楼面内的刚度为无限大的要求。按此楼面变形的影响,与刚性楼盖的假定相对,各单片剪力墙所分配到的水平力之差均在 1% 以内,这就是说,大开间剪力墙的楼盖刚度为无限大,也是满足理论要求的。

小开间剪力墙结构房屋,存在着自重大、刚度大、地震力大、振动周期短、使用不方便、造价高等缺点,不宜推广,但目前还有相当多的地方,如高层住宅和商住楼(15～30 层),仍大量采用小开间剪力墙结构设计体系,这不能不说是结构设计工程师的一种遗憾。

由于剪力墙是静定的悬臂结构,在水平力作用下,剪力墙的弯矩和剪力在墙基底部最大,其破坏状态:高层呈弯曲破坏,而低层呈剪切破坏(图 6-2)。所以墙基底部截面是设计的关键,在沿高度方向,剪力墙断面尺寸和配筋有变化的地方,也应进行承载力验算。

剪力墙塑性铰通常在底部截面。在底部不宜小于 $H/8$ 范围内(H 为剪力墙总高),应加强配筋和提高混凝土强度等级,加强范围不应小于底层层高。当剪力墙高度超过 150 m 时,其底部加强部位的范围可取总高度的 $H/10$。这里提出影响剪力墙延性的因素:

① 当剪力墙端部有翼缘和端柱时,可提高墙体延性,而没有翼缘时,延性较差。

② 当加大剪力墙轴力时,虽然能提高截面承载力,但延性明显降低。

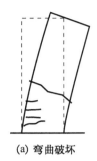

(a) 弯曲破坏　　　　　　　(b) 剪切破坏

图 6-2　悬臂剪力墙破坏状态

③ 当墙体钢筋总用量不变,由于墙端部钢筋和分布钢筋分配比例不同,影响墙肢延性,增加端部配筋,减少分布钢筋,既可提高承载力,又可提高延性。

④ 提高混凝土强度等级,对墙体承载力影响不大,但对延性影响很大。

⑤ 设置约束边缘构件,墙体在弯曲破坏条件下,影响其延性的根本因素是混凝土受压区高度和混凝土极限应变值。当受压区高度减小或混凝土极限应变增大,都可增加截面的极限曲率和提高延性;反之,则延性减小。

⑥ 若墙体采用对称配筋,可能由于轴力增大,而墙体受压区高度增加;或墙体采用不对称配筋,受拉钢筋过多而加大受压区高度,这都会使剪力墙延性降低。因此,在剪力墙端部钢筋较多处采用双排配置,或在混凝土受压区配置箍筋,形成暗柱或明柱,并加密钢箍,约束混凝土,提高混凝土极限应变,从而提高混凝土延性。

⑦ 限制一、二、三级剪力墙墙肢的轴压比限值,不宜超过表 6-7 中的规定值;而墙肢两端设置构造边缘构件的最大轴压比不大于表 6-8 中的规定值。

表 6-7　剪力墙轴压比限值

轴压比	一级(9度)	一级(6,7,8度)	二、三级
$N/(f_cA)$	0.4	0.5	0.6

表 6-8　抗震墙设置构造边缘构件的最大轴压比

抗震等级或烈度	一级(9度)	一级(7,8度)	二、三级
轴压比	0.1	0.2	0.3

剪力墙有单肢剪力墙和多肢剪力墙之分。墙肢的高宽比应大于2，每个墙肢的宽度不宜大于8 m，以保证墙肢成为受弯构件，而且使靠近中和轴的竖向分布钢筋在破坏时能发挥强度作用。

墙肢最小尺寸为500 mm，且不小于墙厚的3倍，当墙肢尺寸小于墙厚3倍时，应按柱设计。

没有洞口或洞口很小，可忽略洞口影响的这类墙体实际上是整体悬臂墙，正应力呈直线分布，符合拉维尔平截面假定，称整体墙（图6-3）。

当洞口稍偏大一些，墙肢应力出现局部弯矩，当局部弯矩值不超过整体弯矩的15%时，可认为平面变形大体上仍符合平截面假定，这时仍可按材料力学公式计算应力，或将应力适当修正，这种墙体称小开口整体墙（图6-4）。

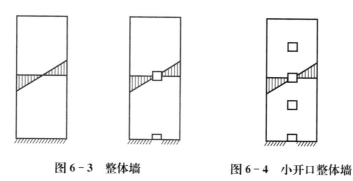

图6-3　整体墙　　　　　　　图6-4　小开口整体墙

沿竖向开有一排较大洞口的剪力墙，称双肢剪力墙（图6-5）。

沿竖向开有多排较大洞口的剪力墙，称多肢剪力墙（图6-6）。

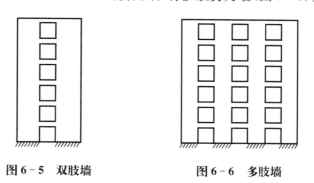

图6-5　双肢墙　　　　　　　图6-6　多肢墙

当沿墙体竖向洞口开得更大些，墙体截面的整体性已被破坏，正应力分布与直线应力分布规律差别较大，且上、下洞口之间的连梁刚度很大,而墙肢刚度较弱,已接近框架的受力特性,称壁式框架(图6-7)。

有时由于使用要求,在墙面上开有不规则的大洞口,若墙体在抗震设计时属于一、二、三级的墙体底部加强层范围内,则不宜采用错洞墙,同时也不宜采用叠合错洞墙。当必须开错洞时,洞口错开的上、下和左、右距离 d 都不宜小于 1.8 m(图6-8)。

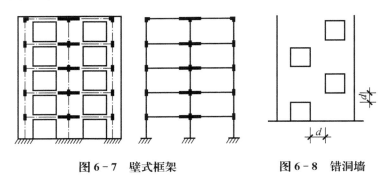

图6-7　壁式框架　　　　　图6-8　错洞墙

在剪力墙结构中,有时在纵横墙的转角处,往往设计成折线形剪力墙,当折线墙体中各小段的总转角 $\alpha+\beta \leqslant 15°$ 时(图6-9),可按平截面剪力墙计算。

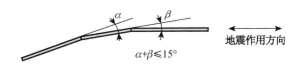

图6-9　折线形剪力墙

当计算多个小段折线形剪力墙的内力和位移时,应考虑各小墙段在转角处的竖向协调变形。

剪力墙由于开洞大小和位置不同,往往将墙体分割成整体墙、小开口墙、短肢墙、联肢墙或壁式框架。当洞口面积与墙面面积之比小于0.16,且洞口净距及洞边距离大于洞口长边尺寸时,可按整体截面墙计算,并按拉维尔平截面假定计算截面应力分布。

当进行双肢剪力墙抗震设计时,墙肢不宜出现小偏心受拉。当出现墙肢偏心受拉时,另一墙肢的弯矩设计值和剪力设计值应乘以增大系数1.25。

对一级剪力墙底部加强部位的上部墙体,墙肢的组合弯矩设计值和剪力组合设计值应乘以增大系数,弯矩系数取 1.2,剪力系数取 1.3。

在剪力墙结构设计中,应避免全部使用短肢剪力墙(短肢剪力墙是指墙肢水平截面长度与厚度之比的最大值大于 4 但不大于 8 的剪力墙),沿房屋两个主轴方向的剪力墙数量不宜过多,否则结构刚度和重量都太大,不仅额外增加材料用量,地震力也增大。在点式(塔式)建筑中,沿两个主轴方向各自均有两道左、右和上、下各自贯通的剪力墙即可。采用大开间剪力墙(间距为6.9～7.8 m)比小开间剪力墙(间距为 3.6～4.4 m)的效果更好。以 16～28 层的高层建筑为例:小开间剪力墙的墙截面面积约占楼面面积的 8%～10%,而大开间剪力墙可降到 4%～6%,降低了材料用量,且增加了使用面积。应推广大开间剪力墙结构的使用,充分发挥材料的受力性能。

判断剪力墙结构的墙体多少为最佳选择,可利用结构墙体的合理刚度来控制结构的基本自振周期,使周期控制在 $T = (0.05 \sim 0.06)n$ (n 为结构层楼);或使结构基底剪力控制在 $F_{EK} = (0.02 \sim 0.03)G$ (7度,II 类土),或 $F_{EK} = (0.05 \sim 0.06)G$ (8 度,II 类土),其中,G 为结构自重;或建筑结构基底剪力 V_{OE} 与总重量 G 之比(15～24 层)宜控制在表6-9的范围内。

表6-9　结构基底剪力 V_{OE} 与总重量 G 之比

场地＼烈度	7 度	8 度	9 度
I	2%～3%	4%～5%	8%～10%
II	3%～4%	5%～7%	9%～14%
III	5%～6%	8%～10%	15%～20%
III	6%～8%	10%～14%	18%～25%

短肢剪力墙通过楼板或弱连梁与其他剪力墙协同工作,它比异形柱的每一肢宽厚比要大一些(异型柱每一验算方向的柱肢截面高度 h_c 与厚度 b_c 之比不宜大于 4)。图 6-10(a)中的墙肢通过跨高比很大的梁相连,使每个墙肢基本独立工作,属短肢剪力墙。图 6-10(b)中的墙肢虽然很短,但属联肢剪力墙,不属短肢剪力墙。图 6-11 中的剪力墙也不属于短肢剪力墙,虽然 y 向的剪力墙 $h_w/b_w \in (4, 8]$,但 x 向的剪力墙 $h_w/b_w > 8$,是普通剪力墙,y 向短肢墙只能是 x 向剪力墙的翼缘。两个

方向都是 $h_w/b_w \in (4, 8]$ 的墙肢才是短肢剪力墙。短肢剪力墙必须验算平面外的抗弯和抗剪承载力。

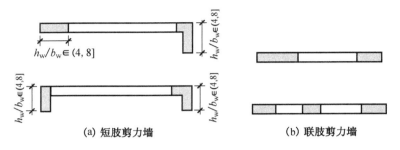

(a) 短肢剪力墙　　　　　　　　(b) 联肢剪力墙

图 6-10　短肢剪力墙和联肢剪力墙

在剪力墙结构中,当有极少数短肢剪力墙时,由于它分担的内力很小,即使短肢剪力墙破坏也不影响结构的全局,不会导致楼房垮塌。如果楼层荷载大部分(50%以上)由短肢剪力墙承担,短肢墙位置在平面的外围或偏向某一边集中布置,再加上短肢剪力墙的延性和承载能

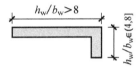

图 6-11　普通剪力墙

力不足,很容易引起结构破坏;同时短肢剪力墙在弹塑性阶段抵抗竖向荷载的能力有限,易使短肢剪力墙失效,会对结构产生全局性的威胁,有时会发生结构连续性倒塌。

因此,在《高层建筑混凝土结构技术规程》中对短肢剪力墙较多的剪力墙结构(是指在规定的水平地震力作用下,短肢剪力墙承担的底部倾覆力矩大于结构基底总地震倾覆力矩的 30%)的高度作了限制。在高层建筑结构中,不应全部采用短肢剪力墙,在 B 级高层建筑和 9 度的高层建筑中,不宜布置短肢剪力墙,不应采用较多的短肢剪力墙结构。如果布置较多的短肢剪力墙,则短肢剪力墙所承担的结构底部的倾覆力矩不宜大于结构底部总地震倾覆力矩的 50%;同时房屋适用高度应比全部剪力墙结构的最大适用高度适当降低:7 度降到 100 m,8 度(0.2g)降到 80 m,8 度(0.3g)降到 60 m。

短肢剪力墙截面:对一、二级剪力墙底部不应小于 200 mm,其他部位截面不应小于 160 mm;一字型底部独立短肢剪力墙加强部位不应小于 220 mm,其他部位不应小于 180 mm;三、四级剪力墙不应小于 160 mm,一字型底部独立短肢剪力墙加强部位不应小于180 mm。

一、二、三级短肢剪力墙的轴压比分别不宜大于 0.45，0.50，0.55。一字型独立短肢剪力墙的轴压比限值应分别相应减少 0.1。

底部加强部位短肢剪力墙截面设计值，应按式（6-1）调整：

$$V = \eta_{vw} V_w \qquad (6-1)$$

式中　V——底部加强部位短肢剪力墙截面剪力设计值；

η_{vw}——剪力增大系数，一级取 1.6，二级取 1.4，三级取 1.2；

V_w——底部加强部位短肢剪力墙截面地震作用组合剪力设计值。

其他各层为一、二、三级时，短肢剪力墙剪力设计值应分别乘以增大系数 1.4，1.2，1.1。

短肢剪力墙的全部纵向钢筋配筋率，底部加强部位一、二级不宜小于 1.2%，三、四级不宜小于 1.0%；其他部位一、二级不宜小于 1.0%，三、四级不宜小于 0.8%。

抗震设计时，不宜采用一字型短肢剪力墙。如果某工程不得不采用较多的短肢剪力墙，为防止局部倒塌或连续倒塌，应采取下列加强措施：

（1）比一般剪力墙结构抗震等级提高一级；

（2）严格限制轴压比，按表 6-7 执行；

（3）增大纵向全截面配筋率，提高剪力墙竖向承载力；

（4）提高剪力放大系数，提高抗剪能力，实现强剪弱弯的短肢墙；

（5）避免使用一字型短肢剪力墙；

（6）要提倡强墙弱梁，与短肢剪力墙相连的大梁不应过多配置受弯钢筋，要求短肢剪力墙的抗剪承载力不小于基底总剪力的 20%，应验算一字型短肢剪力墙平面处的抗弯和抗剪能力。

抗震墙结构的构造措施：

（1）抗震墙的截面厚度，一、二级不应小于 160 mm，且不宜小于层高的 1/20；三、四级不应小于 140 mm，且不宜小于层高的 1/25；底部加强部位的墙厚度，一、二级不应小于 200 mm，且不小于层高的 1/16；三、四级不应小于 160 mm，且不小于层高的 1/20。

（2）抗震墙竖、横向分布钢筋的配置：

一、二、三级竖向和横向最小配筋率均不应小于 0.25%，四级不应小于 0.20%。分布钢筋间距不宜大于 300 mm；墙厚度大于 140 mm 时，竖向和横向分布钢筋应双排布置，双排筋之间的拉筋间距不宜大于

600 mm，直径不小于 6 mm。分布筋直径不宜大于墙厚的 1/10 且不小于 8 mm；竖筋直径不小于 10 mm。

（3）抗震墙结构，底层墙肢截面的轴压比小于表 6-8 规定的一、二、三级抗震墙的轴压比，其墙肢边缘构件（暗柱、端柱和翼墙）两端可设置构造边缘构件。构造边缘构件的配筋除满足受弯承载力外，还应符合表 6-10 的要求。

表 6-10　抗震墙构造边缘构件的配筋要求

抗震等级	底部加强部位			其他部位		
	纵向钢筋最小量（取较大值）	箍筋		纵向钢筋最小量（取较大值）	拉筋	
		最小直径（mm）	沿竖向最大间距（mm）		最小直径（mm）	沿竖向最大间距（mm）
一	$0.010A_c,6\phi16$	8	100	$0.008A_c,6\phi14$	8	150
二	$0.008A_c,6\phi14$	8	150	$0.006A_c,6\phi12$	8	200
三	$0.006A_c,6\phi12$	6	150	$0.005A_c,4\phi12$	6	200
四	$0.005A_c,4\phi12$	6	200	$0.004A_c,4\phi12$	6	250

注：① A_c 为边缘构件的截面面积。
② 其他部位的拉筋，水平间距不应大于纵筋间距的 2 倍；转角处宜采用箍筋。
③ 当端柱承受集中荷载时，其纵向钢筋、箍筋直径和间距应满足柱的相应要求。

（4）当抗震墙底层墙肢截面轴压比大于表 6-8 规定的一、二、三级抗震墙轴压比时，应在底部加强部位及相邻上一层设置约束边缘构件，再以上的其他各层可设置构造边缘构件。约束边缘构件沿墙肢的长度、配箍特征值、箍筋和纵筋（一、二、三级分别不应小于 1.2%，1.0% 和 0.8%，并分别不小于 $8\phi16$，$6\phi16$ 和 $6\phi14$）宜符合表 6-11 和图 6-12 的要求。

表 6-11　抗震墙约束边缘构件的范围及配筋要求

项　目	一级（9 度）		一级（8 度）		二、三级	
	$\lambda\leqslant0.2$	$\lambda>0.2$	$\lambda\leqslant0.3$	$\lambda>0.3$	$\lambda\leqslant0.4$	$\lambda>0.4$
l_c（暗柱）	$0.2h_w$	$0.25h_w$	$0.15h_w$	$0.20h_w$	$0.15h_w$	$0.20h_w$
l_c（翼墙或端柱）	$0.15h_w$	$0.20h_w$	$0.10h_w$	$0.15h_w$	$0.10h_w$	$0.15h_w$

续表

项 目	一级(9度)		一级(8度)		二、三级	
	$\lambda \leqslant 0.2$	$\lambda > 0.2$	$\lambda \leqslant 0.3$	$\lambda > 0.3$	$\lambda \leqslant 0.4$	$\lambda > 0.4$
λ_v	0.12	0.20	0.12	0.20	0.12	0.20
纵向钢筋(取较大值)	$0.012A_c, 8\phi16$		$0.012A_c, 8\phi16$		$0.010A_c, 6\phi16$ （三级 $6\phi14$）	
箍筋或拉筋沿竖向间距	100 mm		100 mm		150 mm	

注：① 抗震墙的翼墙长度小于其 3 倍厚度或端柱截面边长小于 2 倍墙厚时,按无翼墙、无端柱查表。

② l_c 为约束边缘构件沿墙肢长度,且不小于墙厚和 400 mm;有翼墙或端柱时不应小于翼墙厚度或端柱沿墙肢方向截面高度加 300 mm。

③ λ_v 为约束边缘构件的配箍特征值,体积配箍率可按本规范式计算,并可适当计入满足构造要求且在墙端有可靠锚固的水平分布钢筋的截面面积。

④ h_w 为抗震墙墙肢长度。

⑤ λ 为墙肢轴压比。

⑥ A_c 为图 6-12 中约束边缘构件阴影部分的截面面积。

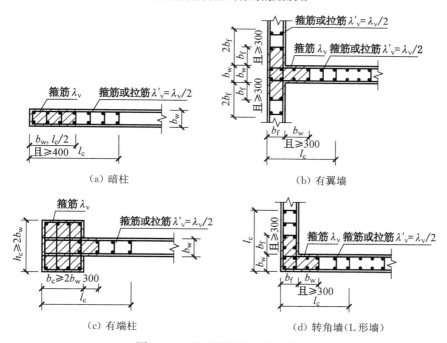

图 6-12 抗震墙的约束边缘构件

（5）当抗震墙墙肢长度小于或等于墙厚的 3 倍时,应按独立柱设计，矩形墙肢厚度小于或等于 300 mm 时，宜全高加密箍筋。

（6）对跨高比较小的连梁，可在梁内设水平缝形成双支连梁、多支连梁或用其他加强受剪承载力的构造。顶层连梁的纵筋宜伸入墙内符合锚固长度，并配有箍筋。

（7）对跨高比 $l/h_b \leqslant 1.5$ 的连梁，抗震设计时，其纵向钢筋的最小配筋率宜按表 6 - 12 采用。

表 6 - 12　跨高比不大于 1.5 的连梁纵向钢筋的最小配筋率　（％）

跨高比	最小配筋率（采用较大值）
$l/h_b \leqslant 0.5$	$0.20,45f_t/f_y$
$0.5 < l/h_b \leqslant 1.5$	$0.25,55f_t/f_y$

对跨高比 $l/h_b > 1.5$ 的连梁，其最小配筋率按框架梁要求采用。抗震设计时，连梁顶面和底面单侧纵向钢筋的最大配筋率应符合表 6 - 13 的要求。

表 6 - 13　连梁纵向钢筋的最大配筋率　（％）

跨高比	最大配筋率
$l/h_b \leqslant 1.0$	0.6
$1.0 < l/h_b \leqslant 2.0$	1.2
$2.0 < l/h_b \leqslant 2.5$	1.5

连梁高度范围内的墙肢水平分布筋，在连梁高度范围内应全部拉通。连梁截面高度大于 700 mm 时，其两侧腰筋直径不应小于 φ8，间距不应大于 200 mm。

对跨高比 $l/h_b \leqslant 2.5$ 的连梁，其两侧腰筋的总面积配筋率不应小于 0.3％。

例题 1　有一七层楼的单榀钢筋混凝土剪力墙（图 6 - 13）。抗震设防烈度为 6 度，抗震等级为三级，承受风荷载为 9.5 kN/m，承受的重力荷载如表 6 - 15 所示。墙宽 5 m，墙厚 0.25 m，墙高 34 m；混凝土 C30。求墙体底截面的最

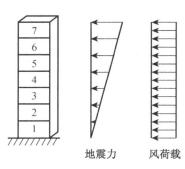

图 6 - 13　例题 1

大剪应力,抗应力,压应力,墙顶位移,并验算满足设计配筋要求。

解:

地震作用:

1. 求总的水平地震作用标准值 F_{EK}

$$G_{eg} = 0.85 \times 3\,000 = 2\,550 \text{ kN}$$

地震力影响系数 $\alpha = 0.04$, $\delta_n = 0$

$$F_{EK} = \alpha \cdot G_{eg} = 0.04 \times 2\,550 = 102 \text{ kN}$$

2. 求各层地震作用设计值 F_i

$$F_i = \gamma_{Eh} \frac{G_i H_i}{\sum\limits_{j=1}^{n} G_j H_j} F_{EK}$$

$$= 1.3 \times \frac{102}{49\,051.5} \times G_i H_i = 0.002\,7 G_i H_i$$

计算结果如表 6-14 所示。

表 6-14　计算结果汇总

层	G_i (kN)	H_i (m)	$G_i H_i$ (kN·m)	F_i (kN)	V_i (kN)
7	300	33.98	10 194	27.52	37.52
6	350	29.15	10 202.5	27.55	55.07
5	350	24.32	8 512	22.98	78.05
4	350	19.49	6 821.5	18.42	96.47
3	350	14.66	5 131	13.85	110.32
2	350	9.83	3 440.5	9.29	119.61
1	950	5	4 750	12.82	132.43
$\sum$	3 000	—	49 051.5	132.43	—

3. 求各层地震剪力设计值 V_i

地震作用墙基底总剪力设计值 $V_i = \sum\limits_{i=1}^{n} F_i$ (表 6-14)。

167

4. 由各层水平地震力 F_i 引起的倾覆力矩

$$M = \sum_{i=1}^{n} F_i(H_i - H_1)$$

$= 9.29 \times (9.83 - 5) + 13.85 \times (14.66 - 5) + 18.42 \times$

$(19.49 - 5) + 22.98 \times (24.32 - 5) + 27.55 \times$

$(29.15 - 5) + 27.52 \times (33.98 - 5)$

$= 44.82 + 133.79 + 266.90 + 443.97 + 665.33 + 797.52$

$= 2\,352.33 \text{ kN} \cdot \text{m}$

5. 由倾覆力矩引起的偏心距

$$e = M/N = 2\,352.33/3\,000 = 0.784 \text{ m}$$

偏心距 e 不超过 5 m 墙宽的平衡设计偏心距[即在核芯区 5/6 m(约 0.833 m) 之内,另圆形截面的核芯区偏心距为 $d/8$],因此,在最大平衡弯矩 $M = 3\,000 \times 0.833 = 2\,499 \text{ kN} \cdot \text{m}$ 之内,即 2 499 kN·m > 2 352.33 kN·m。

墙体底截面惯性矩 $I = 250 \times 5\,000^3/12 = 2.6 \times 10^{12} \text{ mm}^4$

墙底截面最大弯曲应力

$$\sigma_{\max} = \frac{MC}{I} = 2\,352.33 \times 10^6 \times \frac{2\,500}{2.6 \times 10^{12}} = \pm 2.26 \text{ N/mm}^2$$

墙基底平面平均剪应力

$$\overline{V} = 132\,430/(250 \times 5\,000) = 0.106 \text{ N/mm}^2$$

墙基底矩形截面的最大剪应力

$$V_{\max} = \frac{3}{2} \times \overline{V} = \frac{3}{2} \times 0.106 = 0.159 \text{ N/mm}^2$$

墙体采用 C30 混凝土,则最大设计剪应力为

$1.4 \times 0.159 = 0.223 \text{ N/mm}^2$

$\ll f_{c_1}/5 (= 2.86 \text{ N/mm}^2)$(与混凝土抗压设计强度比较)

$\ll 1.43 \text{ N/mm}^2$(与混凝土抗拉设计强度比较)

在墙体截面,由竖向荷载 3 000 kN 产生的轴向压应力为

$1.25 \times 3\,000/(0.25 \times 5) = 3\,000 \text{ kN/m}^2 = 3 \text{ N/mm}^2$

将此应力与设计弯曲应力 $1.4 \times 2.26 = \pm 3.164 \, \text{N/mm}^2$ 叠加,则墙底截面压应力为

$$-3 - 3.164 = -6.164 \, \text{N/mm}^2 \ll 14.3 \, \text{N/mm}^2$$

则墙底截面拉应力为

$$-3 + 3.164 = 0.164 \, \text{N/mm}^2 \ll 1.43 \, \text{N/mm}^2$$

这就说明墙体底截面大部分为受压区,小部分为受拉区。

其轴压比

$$M = N/(f_c \cdot A_c) = 3\,000\,000/(14.3 \times 250 \times 5\,000)$$
$$= 0.16 < 0.3$$

墙体两端可设置构造边缘构件(图 6-14)。

墙体构造边缘构件的配筋除应满足受弯承载力外,还应满足墙底部加强部位的纵向钢筋取 $0.006A_c$ 和 $6\phi12$ 中的最大值,箍筋最小直径 $\phi6$,竖向最大间距 150 mm。其他部位纵向钢筋 $0.005A_c$ 或 $4\phi12$,拉筋最小直径 $\phi6$,竖向间距 200 mm(A_c 为边缘构件的截面面积)。

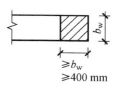

图 6-14　设置构造边缘构件

风荷载作用:

墙基底剪力

$$V = ql = 9.5 \times 34 = 323 \, \text{kN}$$

墙基底最大弯矩

$$M = \frac{1}{2}gl^2 = 0.5 \times 9.5 \times 34^2 = 5\,491 \, \text{kN} \cdot \text{m}$$

墙基底平均剪应力

$$\bar{\tau} = 323 \times 10^3/(250 \times 5\,000) = 0.258\,4 \, \text{N/mm}^2$$

墙基底最大剪应力

$$\tau_{\max} = \frac{3}{2} \times \bar{\tau} = 1.5 \times 0.258\,4 = 0.361\,7 \, \text{N/mm}^2$$

偏心距 $e = M/N = 5\,491/3\,000 = 1.83$ m,超过 5 m 墙宽的平衡设计偏心距[即核芯区 5/6 m(约 0.833 m)]。因此,在墙底面出现拉应力

（最大平衡弯矩 $M = 3\,000 \times 0.83 = 2\,490 \text{ kN} \cdot \text{m}$）。

最大弯曲应力

$$\sigma_{\max} = Mg/I = 5\,491 \times 10^6 \times 250/(2.6 \times 10^{12}) = \pm 5.28 \text{ N/mm}^2$$

采用混凝土 C30，最大设计剪应力为

$$1.4 \times 0.361\,7 = 0.506\,4 \text{ N/mm}^2$$

将轴向压应力 3 N/mm^2 与设计弯曲应力

$$1.4 \times 5.28 = \pm 7.392 \text{ N/mm}^2 \text{ 叠加，}$$

则墙底面的压应力为 $-3 - 7.392 = -10.392 \ll 14.3 \text{ N/mm}^2$，而必须抵抗的拉应力为 $-3 + 7.392 = +4.392 \text{ N/mm}^2 > 1.43 \text{ N/mm}^2$，抗拉应力可通过配置受拉钢筋解决，其计算方法如下：墙底截面受拉应力区长度，可通过墙底面受拉应力区长度和受压应力区长度的相似三角形求解，也可用以下方法求解，即

$$\frac{4.392}{10.392 + 4.392} \times 5 = 1.485 \text{ m}$$

呈三角形分布的拉应力合力为 $4.392 \times 1\,485 \times 250 \times 0.5 = 815\,265 \text{ N} = 815.265 \text{ kN}$

用 Ⅱ 级钢 HRB335(ϕ)，$f_y = 300 \text{ N/mm}^2$

则所需钢筋受拉面积 $A_s = 815\,265/300 = 2\,717.55 \text{ mm}^2$

选用 $8\phi22$，$A_s = 3\,041 \text{ mm}^2$

Ⅲ 级钢 HRB400，$f_y = 360 \text{ N/mm}^2$

则所需钢筋受拉面积 $A_s = 815\,265/360 = 2\,264.63 \text{ mm}^2$

选用 $6\phi22$，$A_s = 2\,281 \text{ mm}^2$

由于风会在左、右两个相反方向作用，所以应在墙两端分别配置相同数量的抗拉受力钢筋。

若考虑地震荷载和风荷载同时作用：

墙基底截面最大剪应力

$$\tau_{\max} = 0.159 + 0.361\,7 = 0.560\,7 \text{ N/mm}^2 \ll 1.43 \text{ N/mm}^2$$

墙基底截面最大弯曲压应力为

$$-3.164 - 7.392 - 3 = -13.556 \text{ N/mm}^2 \ll 14.3 \text{ N/mm}^2$$

墙基底截面最大弯曲拉应力为

$$+3.164+7.392-3=7.556 \text{ N/mm}^2>1.43 \text{ N/mm}^2$$

应通过配筋解决抗拉应力 7.556 N/mm^2。用拉、压应力组成的相似三角形,求出墙底面受拉应力长度为 3.2 m,呈三角形分布的受拉应力合力为 $7.556×3\ 200×250×0.5=3\ 022\ 400 \text{ N}=3\ 022.4 \text{ kN}$

用Ⅱ级钢 HRB335(ϕ),$f_y=300 \text{ N/mm}^2$

则所需钢筋面积 $A_s=3\ 022\ 400/300=10\ 074.66 \text{ mm}^2$

选用 $27ϕ22$,$A_s=10\ 262.7 \text{ mm}^2$。

墙端部配筋应在墙左、右端对称配置所需的受拉钢筋。

墙基础设计时也应考虑 $3\ 022.4 \text{ kN}$ 的拉力。

墙顶点位移:

地震作用下的顶点位移

$$\Delta_1=\frac{11}{60}\cdot\frac{Q_0H^3}{EJ_d}=\frac{11}{60}×\frac{132\ 430×(3\ 400)^3}{3×10^4×2.6×10^{12}}=0.012 \text{ mm}^2$$

用荷载作用下的顶点位移

$$\Delta_2=\frac{1}{8}\cdot\frac{Q_0H^3}{EJ_d}=\frac{1}{8}×\frac{323\ 000×(3\ 400)^3}{3×10^4×2.6×10^{12}}=0.16 \text{ mm}^2$$

$$\Delta=\Delta_1+\Delta_2=0.012+0.16=0.172 \text{ mm}(满足规范的要求)$$

第二节　剪力墙结构的内力和位移

剪力墙结构是由纵、横内外墙体和楼板组成整体空间的盒子式结构。承受垂直荷载、地震荷载和风荷载。垂直荷载主要由楼板传递给墙体,而水平荷载主要靠各墙体的抗侧刚度的大小进行分配,最终将全部荷载由墙体传递给基础和地基。

剪力墙结构在水平荷载作用下的计算应有以下先决条件:

(1) 各层楼板(小开洞或不开洞)自身平面内刚度可认为是无限大的刚性楼盖。各层楼板将各榀剪力墙连成整体,各层楼板在平面内没有相对变形、位移,楼板在平面内作刚体运动,使各榀剪力墙只承受其本身平面内的水平力,将水平外荷载按各榀剪力墙的抗侧刚度大小进行分配。

（2）各榀剪力墙只计墙本身平面内的抗侧刚度，忽略其平面外的抗侧刚度，因平面外的抗侧刚度很小，这样纵、横方向各自的剪力墙可各自划为平面结构处理。但高层规定，在水平荷载作用下，计算剪力墙结构内力时，应同时考虑纵、横墙的共同工作，即在纵、横墙交接处，计算横墙内力时，应考虑纵墙的一部分作为横墙的有效翼缘；计算纵墙内力时，应考虑横墙的一部分作为纵墙的有效翼缘。现将剪力墙的有效翼缘宽度 b_i 按表 6 – 15 中所列各项的最小值取用（图 6 – 15）。

表 6 – 15　剪力墙的有效翼缘宽度 b_i

考虑方式	截面形式	
	T（或 I）形截面时	L 形截面时
按剪力墙的间距 s_0 考虑	$\left(b+\dfrac{s_{01}}{2}+\dfrac{s_{02}}{2}\right)\varphi$	$\left(b+\dfrac{s_{03}}{2}\right)\varphi$
按翼缘厚度 h_1 考虑	$b+12h_1$	$b+6h_1$
按门窗洞净跨 b_0 考虑	$b_{01}\varphi$	$b_{02}\varphi$

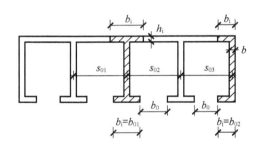

图 6 – 15　剪力墙的有效翼缘宽度

表中 φ 为翼缘宽度修正系数，按下式取值：

当 $\dfrac{a}{H}\leqslant 0.1$ 时，$\varphi=1$；

当 $\dfrac{a}{H}>0.1$ 时，$\varphi=1-2.4\left(\dfrac{a}{H}\right)^2$。

式中　H——剪力墙的高度；

　　　a——当按剪力墙间距 s_0 考虑时，取此间距的一半；当按门窗洞口净距 b_0 考虑时，取

$$a = \frac{b_{01}}{2} \text{ 或 } b_{02}$$

现列出几种带翼缘剪力墙截面的几何特性(表 6-16)。

表 6-16　带翼缘剪力墙截面的几何特性

截面简图	截面积(A)	图示轴线至边缘距离($y;x$)	对于图示轴线的惯性矩、截面系数及回转半径(I, W 及 r)
	$Bd + Ch + bK$	$y_1 = H - y_2;$ $y_2 = \frac{1}{2}\left[\frac{CH^2 + (b-C)K^2}{Bd + Ch + bK} + \frac{(B-C)(2H-d)d}{Bd + Ch + bK}\right]$	$I_X = \frac{1}{3}[by_2^3 + By_1^3 - (b-C)(y_2-K)^3 - (B-C)(y_1-d)^3]$
	$BH - h(B-C)$	$y = \frac{1}{2}H$	$I_X = \frac{1}{12}[BH^3 - (B-C)h^3]$
		$x_1 = B - x_2;$ $x_2 = \frac{1}{2}\left[\frac{B^2H - h(B-C)^2}{BH - h(B-C)}\right]$	$I_Y = \frac{1}{3}(2B^3d + hC^3) - [BH - h(B-C)]x_1^2$
	$CH + d(B-C)$	$y = \frac{1}{2}H$	$I_X = \frac{1}{12}[CH^3 + d^3(B-C)]$
	$BH - bh$	$y = \frac{1}{2}H$	$I = \frac{1}{12}(BH^3 - bh^3)$
	$CH + bd$	$y_1 = H - y_2;$ $y_2 = \frac{1}{2} \times \frac{CH^2 + bd^2}{CH + bd}$	$I = \frac{1}{3}(By_2^3 - bS^3 + Cy_1^3)$

续表

截面简图	截面积(A)	图示轴线至边缘距离($y;x$)	对于图示轴线的惯性矩、截面系数及回转半径(I, W 及 r)
	$Ch + 2Bd$	$y = \dfrac{1}{2}H$	$I_X = \dfrac{1}{12}\big[BH^3 - (B-C)h^3\big]$
		$x = \dfrac{1}{2}B$	$I_Y = \dfrac{1}{12}(hC^3 + 2dB^3)$
	$Bd + hc$	$y_1 = \dfrac{1}{2} \times \dfrac{CH^2 + d^2(B-C)}{Bd + hC}$; $y_2 = H - y_1$	$I_X = \dfrac{1}{3}\big[Cy_2^3 + By_1^3 - (B-C)(y_1 - d)^3\big]$
		$x = \dfrac{1}{2}B$	$I_Y = \dfrac{1}{12}(dB^3 + hC^3)$

凡墙体上洞口很小,开洞面积不超过墙面面积的 15%,且洞口净距及洞口边至墙边的净距大于洞口长边尺寸时,在水平荷载作用下,都可按整体的悬臂墙计算位移和内力;当墙体只承受垂直荷载时,可作为中心受压构件计算;当墙体既承受垂直荷载又承受水平荷载,或只承受水平荷载时,可作为偏压构件或偏拉构件计算。在集中荷载作用下,还应进行局部承压承载力计算,现分别叙述如下。

1. 中心受压实心墙体抗压强度计算

实心墙体正截面受压承载力:

$$N \leqslant 0.9\varphi(f_c A_w + f'_y A'_s) \tag{6-2}$$

式中　N——轴向压力设计值;

　　　φ——钢筋混凝土轴心受压构件的稳定系数(表 6-17);

　　　f_c——混凝土轴心抗压强度设计值;

　　　A_w——实心墙体截面面积;

　　　f'_y——普通钢筋受压强度设计值;

A_s'——墙体全部纵向受压钢筋的截面面积。

表 6-17　钢筋混凝土轴心受压构件的稳定系数

l_0/b	≤8	10	12	14	16	18	20	22	24	26	28
φ	1.00	0.98	0.95	0.92	0.87	0.81	0.75	0.70	0.65	0.60	0.56
l_0/b	30	32	34	36	38	40	42	44	46	48	50
φ	0.52	0.48	0.44	0.40	0.36	0.32	0.29	0.26	0.23	0.21	0.19

2. 偏心受压剪力墙承载力计算

偏心受压墙体随偏心距的大小及配筋量的不同而不同,其破坏状态有两种。

(1) 受拉破坏

在相对偏心距(l_0/h)较大,受拉钢筋配置量不多而产生的破坏便是受拉破坏。其破坏特征是受拉钢筋首先达到屈服,然后受压钢筋屈服,最终受压混凝土压碎而导致墙体破坏。所以受拉破坏墙体的承载力主要取决于受拉钢筋的强度和数量。

(2) 受压破坏

当墙体偏心距较小或很小,受拉钢筋配置量很多时,产生受压破坏。其破坏特征是墙体受压区混凝土首先压碎,靠近纵向压力一侧的受压钢筋压应力达到屈服强度,另一侧钢筋不论是受拉或是受压,其应力均达不到屈服强度。此种破坏没有明显的预兆,具有脆性破坏的性质。此种破坏的条件取决于受压区混凝土及受压钢筋的强度和数量。

一般情况下,墙体受拉破坏是由于偏心距较大,同时受拉配筋数量不多而造成的,这类墙体称之为大偏心受压墙体。而受压破坏的墙体,是由于受压偏心距较小,或偏心距较大而受拉钢筋数量过多而造成的,这类墙体称之为小偏心受压墙体。

3. 墙体大、小偏心受压的界限

当偏压墙体的受拉钢筋达到屈服应变 ε_y 时,受压部分的混凝土边缘同时也刚好达到极限应变值 $\varepsilon_{cu} = 0.0033$,这就是临界状态。可用界限受压区高度 x_b 或相对界限受压区高度 ξ_b 来判别大、小偏心受压的界限,即

$$\xi_b = \frac{0.8}{1 + \dfrac{f_y}{0.003\,3E_s}} \qquad (6-3)$$

当 $\xi = \dfrac{x}{h_0} \leqslant \xi_b$ 时,截面为大偏心受压;当 $\xi > \xi_b$ 时,截面为小偏心受压。

（1）钢筋有屈服点的普通钢筋混凝土构件：

$$\xi_b = \frac{\beta_1}{1 + \dfrac{f_y}{E_s \varepsilon_{cu}}} \qquad (6-4)$$

（2）钢筋无屈服点的普通钢筋混凝土构件：

$$\xi_b = \frac{\beta_1}{1 + \dfrac{0.002}{\varepsilon_{cu}} + \dfrac{f_y}{E_s \varepsilon_{cu}}} \qquad (6-5)$$

式中　ξ_b——相对界限受压区高度,取 x_b/h_0；

x_b——界限受压区高度；

h_0——截面有效高度：纵向受拉钢筋合力点至截面受压区边缘的距离；

β_1——混凝土强度影响系数,当混凝土强度等级不超过 C50 时,取 0.8；当混凝土强度等级为 C80 时,取 0.74,其间的取值按线性内插法确定；

ε_{cu}——正截面非均匀受压时的混凝土极限应变,即

$$\varepsilon_{cu} = 0.003\,3 - (f_{cu,k} - 50) \times 10^{-5} \qquad (6-6)$$

当计算值大于 0.003 3 时,取 0.003 3；当构件处于轴心受压时,取 ε_0［ε_0 为混凝土压应力达到 f_c 时的混凝土压应变,即 $\varepsilon_0 = 0.002 + 0.5(f_{cu,k} - 50) \times 10^{-5}$,当计算的 ε_0 值小于 0.002 时,取 0.002］；

$f_{cu,k}$——混凝土立方体抗压强度标准值,按普通混凝土力学性能试验方法标准（GB/T 50081—2002）中的规定取用。

4. 矩形截面大偏心受压墙体的受压承载力计算(图 6-16)

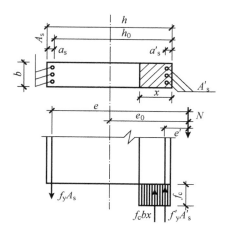

图 6-16　大偏心受压墙体的截面计算

(1) 基本计算公式

$$N \leqslant f_c bx + f'_y A'_s - f_y A_s \tag{6-7}$$

$$Ne \leqslant f_c bx(h_0 - x/2) + f'_y A'_s(h_0 - a'_s) \tag{6-8}$$

$$Ne' = f_y A_s(h_0 - a'_s) - f_c bx(x/2 - a'_s) \tag{6-9}$$

式中　N——轴向压力设计值;

　　　x——混凝土受压区高度;

　　　e——轴向压力作用点至纵向受拉钢筋合力点之间的距离;

　　　e'——轴向压力作用点至纵向受压钢筋合力点之间的距离;

$$e = e_0 + h/2 - a_s \tag{6-10}$$

$$e' = e_0 - h/2 + a'_s \tag{6-11}$$

　　　e_0——轴向压力对截面重心的偏心距,$e_0 = M/N$。

(2) 适用条件

$$\xi = x/h_0 \leqslant \xi_b \tag{6-12}$$

$$x \geqslant 2a'_s \tag{6-13}$$

当 $x < 2a'_s$ 时,受压钢筋应力可能达不到 f'_y,与双筋受弯构件类似,

取 $x = 2a'_s$。

$$Ne' = f_y A_s (h_0 - a'_s)$$

$$A_s = Ne'/f_y(h_0 - a'_s) \qquad (6-14)$$

式中 e'——按式(6-11)求之。

试验表明,在大偏心受压墙体中,墙体破坏时,在远离混凝土受压区高度 $1.5x$ 以外的受拉竖向分布钢筋也起受拉作用,也能达到极限强度 f_y,在这种情况下,单独有竖向受拉部分的分布钢筋的抵抗弯矩 M_0,可写成下式

$$M_0 = \frac{f_y A_s}{2} h \left(1 - \frac{x}{h}\right) \left(1 + \frac{N}{f_y A_s}\right)$$

这里应进一步说明的是,在建立式(6-8),式(6-9)时,并未考虑远离墙体混凝土受压区高度 $1.5x$ 以外的竖向分布钢筋受拉作用,在图 6-16 中也未表示出部分竖向分布钢筋受拉的示意图。

5. 矩形截面小偏心受压墙体受压承载力计算

(1)靠近纵向压力一侧的混凝土先被压坏的情况,其应力分布如图 6-17 所示。

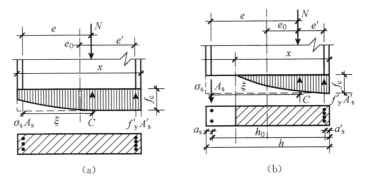

图 6-17 小偏心受压墙体截面计算

$$N \leqslant f_c bx + f'_y A'_s - \sigma_s - A_s = f_c bh_0 \xi + f'_y A'_s - \sigma_s A_s \quad (6-15)$$

$$Ne \leqslant f_c bx(h_0 - x/2) + f'_y A'_s(h_0 - a'_s) \qquad (6-16)$$

$$= f_c bh_0^2 \xi(1 - 0.5\xi) + f'_y A'_s(h_0 - a'_s)$$

$$e = e_i + h/2 - a_s \qquad (6-17)$$

$$A'_s = [Ne - f_c b h_0^2 \xi(1 - 0.5\xi)]/[f'_y(h_0 - a'_s)] \quad (6-18)$$

式中　e_i——初始偏心距，$e_i = e_0 + e_a$；

　　　e_a——附加偏心距，取值为

$$e_a = 0.12(0.3h_0 - e_0) \quad (6-19)$$

当 $e_0 \geqslant 0.3h_0$ 时，$e_i = e_0$；

当 $e_0 < 0.3h_0$ 时，$e_i = e_0 + e_a$。

（2）离偏心压力较远一侧的混凝土先被压坏的情况。

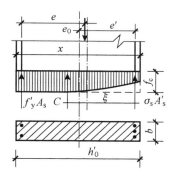

图 6-18　小偏心受压墙体截面的计算

图 6-18 的应力图形被认为是受压破坏，发生在 A_s 一侧，轴向力作用点靠近截面重心，在计算中不考虑偏心增大系数，初始偏心距 $e_i = e_0 - e_a$。

$$N[h/2 - a'_s - (e_0 - e_a)] \leqslant f_c b h(h'_0 - h/2) + f'_y A_s(h'_0 - a_s)$$

$$A_s = \frac{N[h/2 - a'_s - (e_0 - e_a)] - f_c b h(h'_0 - h/2)}{f'_y(h'_0 - a_s)} \quad (6-20)$$

式中　h'_0——纵向钢筋 A'_s 合力点离偏心压力较远一侧边缘的距离，即 $h'_0 = h - a'_s$，$e' = h/2 - e_i - a'_s$。这时 A'_s 仍用式（6-18）计算。

而远离偏心力一侧纵向钢筋的应力 σ_s 可用式（6-21）计算

$$\sigma_s = [f_y/(\xi_b - 0.8)](\xi - 0.8) \quad (6-21)$$

式中　ξ——相对界限受压区高度。

式（6-21）适用于 $1.6 - \xi_b > \xi > \xi_b$ 的情况，当 $\xi \geqslant 1.6 - \xi_b$ 时，则 $\sigma_s = -f'_y$。

6. 偏心受压墙体斜截面抗剪承载力计算

（1）一般情况

$$V \leqslant \frac{1}{m-0.5}\left(0.5f_t b_w h_{w0} + 0.13N\frac{A_w}{A}\right) + f_{yh}\frac{A_{sh}}{s}h_{w0} \quad (6-22)$$

（2）地震情况

$$V \leqslant \frac{1}{\gamma_{RE}}\left[\frac{1}{m-0.5}\left(0.4f_t b_w h_{w0} + 0.1N\frac{A_w}{A}\right) + 0.8f_{yh}\frac{A_{sh}}{s}h_{w0}\right]$$

$$(6-23)$$

式中　N——剪力墙截面轴向压力设计值，当 $N > 0.2f_c b_w h_w$ 时，应取 $0.2f_c b_w h_w$；

　　　A——墙体全截面面积；

　　　A_w——T 形或 I 形墙体截面腹板面积，矩形截面时应取 A；

　　　m——计算截面的剪跨比，当 $m<1.5$ 时，应取 1.5，当 $m>2.2$ 时，应取 2.2，当计算截面与墙底之间的距离小于 $0.5h_{w0}$ 时，m 应按距墙底 $0.5h_{w0}$ 处的弯矩值与剪力值计算；

　　　s——墙体水平分布钢筋间距；

　　　γ_{RE}——承载力抗震调整系数，墙体斜截面取 0.85；

　　　b_w——剪力墙厚度；

　　　h_{w0}——墙体腹板有效截面宽度，当无翼缘时，取全墙截面有效宽度；

　　　f_{yh}——墙体竖向分布钢筋的抗拉强度设计值。

7. 偏心受拉墙体的正截面计算

（1）小偏心受拉（图 6-19）

小偏心受拉不计入混凝土的受拉。墙体破坏时，钢筋 A_s 及 A_s' 的应力均达到屈服强度。即

$$Ne \leqslant A_s' f_y'(h_0 - a_s') \quad (6-24)$$

$$Ne' \leqslant A_s f_y(h_0' - a_s) \quad (6-25)$$

式中，$e = h/2 - a_s - e_0$，$e' = h/2 - a_s' + e_0$。

（2）大偏心受拉（图 6-20）

受压区混凝土用矩形应力分布图表示混凝土实际应力曲线图形。计算公式如下：

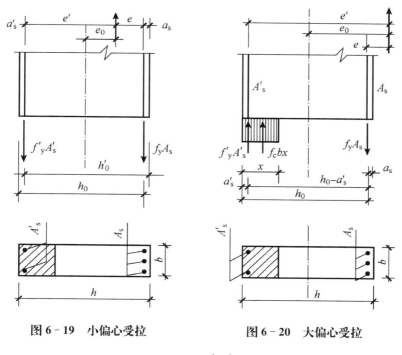

图 6-19　小偏心受拉　　　　图 6-20　大偏心受拉

$$N \leqslant A_s f_y - A'_s f'_y - f_c b x \qquad (6-26)$$

$$Ne \leqslant f_c b x (h_0 - x/2) + A'_s f'_y (h_0 - a'_s) \qquad (6-27)$$

式中，$e = e_0 - h/2 + a_s$。

式(6-26)的适用条件为

$$x \leqslant \xi_b h_0 \text{ 或 } x \geqslant 2a'_s$$

（3）大、小偏心受拉墙体的界限

试验研究表明，偏心受拉截面分为小偏心墙体和大偏心墙体。小偏心受拉的受力特性接近轴心受拉，大偏心受拉的受力特性接近受弯构件。设墙体截面作用着纵向拉力 N，N 的作用点至截面重心的距离为 e_0，距纵向力 N 较近一侧的钢筋用 A_s 表示，较远一侧的钢筋用 A'_s 表示。只要 N 的作用点在 A_s 和 A'_s 之间，与偏心距 e_0 的大小无关，当截面达到破坏时均为全截面受拉，拉力由 A_s 和 A'_s 共同承受，这就是小偏心受拉。也就是说，当偏心距 e_0 小于 $(h/2 - a_s)$ 时为小偏心受拉（图 6-19）；当偏

181

心距 e_0 大于 $(h/2-a_s)$ 时,为大偏心受拉(图 6-20)。

8. 偏心受拉墙体斜截面的抗剪承载力计算

当墙体轴向拉力存在时,墙体受剪承载力明显降低,降低幅度随轴拉力的增大而增加。但无论剪压区高度大小或无剪压区,与斜截面相交的墙体分布筋受剪承载力并不受轴拉力的影响。

(1) 一般情况

$$V \leqslant \frac{1}{m-0.5}\left(0.5f_t b_w - 0.13N\frac{A_w}{A}\right) + f_{yh}\frac{A_{sh}}{s}h_{w0} \qquad (6-28)$$

上式右端的计算结果小于 $f_{yh}\dfrac{A_{sh}}{s}h_{w0}$ 时,应取 $f_{yh}\dfrac{A_{sh}}{s}h_{w0}$。

(2) 地震情况

$$V \leqslant \frac{1}{\gamma_{RE}}\left[\frac{1}{m-0.5}\left(0.4f_t b_w h_{w0} - 0.1N\frac{A_w}{A}\right) + 0.8f_{yh}\frac{A_{sh}}{s}h_{w0}\right]$$
$$(6-29)$$

当上式右端方括号内的计算结果小于 $0.8f_{yh}\dfrac{A_{sh}}{s}h_{w0}$ 时,应取

$0.8\dfrac{A_{sh}}{s}h_{w0}$。

9. 墙体水平施工缝处的抗滑移要求

抗震等级为一级的墙体,水平施工缝处的抗滑移应符合式(6-30)的要求。

$$V_{wj} \leqslant \frac{1}{\gamma_{RE}}(0.6f_y A_s + 0.8N) \qquad (6-30)$$

式中 V_{wj}——墙体水平施工缝处剪力设计值;

        A_s——水平施工缝处的墙体腹板内竖向分布钢筋和边缘构件中的竖向钢筋总面积(不包括两侧翼缘墙);

        f_y——竖向钢筋抗拉强度设计值;

        N——水平施工缝处,考虑地震作用组合的轴向力设计值,压力取正值,拉力取负值。

当墙体轴向为拉力时:

$$V_{wj} = \frac{1}{\gamma_{RE}}(0.6f_yA_s - 0.8N) \qquad (6-31)$$

例题 2 已知某住宅高层,内、外墙为全现浇钢筋混凝土剪力墙结构(图 6-21),通过计算和内力分析,分配到一榀三肢联肢墙截面上的内力设计值如下:

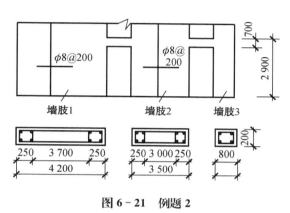

图 6-21 例题 2

左风墙肢 1:轴力 $N=260$ kN,弯矩 $M=1\,700$ kN·m

　　墙肢 2:轴力 $N=5\,200$ kN,弯矩 $M=2\,100$ kN·m

　　墙肢 3:轴力 $N=640$ kN,弯矩 $M=12$ kN·m

右风墙肢 1:轴力 $N=4\,400$ kN,弯矩 $M=1\,700$ kN·m

　　墙肢 2:轴力 $N=400$ kN,弯矩 $M=2\,100$ kN·m

　　墙肢 3:轴力 $N=15$ kN(拉),弯矩 $M=12$ kN·m

墙肢 1、墙肢 2 配有纵向分布钢筋 $2\phi8$, $s=200$ mm,$f_{yw}=270$ N/mm^2。墙肢 1 和墙肢 2 的两端 250 mm 范围内配有纵向钢筋、采用 Ⅱ 级钢材,$f_y=300$ N/mm^2,$\xi_b=0.550$,混凝土为 C30,$f_c=14.3$ N/mm^2。要求:(1)确定各墙肢两端纵向钢筋的 A_s、A_s';(2)验算平面外正截面承载力。

解 1. 求墙肢 1 的 A_s 和 A_s'

(1)左风作用时,$N=260$ kN,$M=1\,700$ kN·m

① 确定几何尺寸。

墙厚 $b=200$ mm,$h=4\,200$ mm,由于纵向受力钢筋配置在墙两端 250 mm 范围内,故合力中心点到边缘的距离为

$$a_s = a'_s = 125 \text{ mm}$$

$$h_0 = h - a_s = 4\,200 - 125 = 4\,075 \text{ mm}$$

沿墙肢截面腹部均匀配置纵向分布钢筋区段的高度为

$$h_{sw} = h_0 - a'_s = 4\,075 - 125 = 3\,950 \text{ mm}$$

$$\omega = h_{sw}/h_0 = 3\,950/4\,075 = 0.969$$

竖向分布钢筋的根数 $n = 3\,700/(220-1) = 17.62$，取 18 根。

$$A_{sw} = 2 \times 18 \times 50.3 = 1\,810.8 \text{ mm}^2$$

竖向分布钢筋的配筋率 $\delta = 1\,810.8/3\,950/200 = 0.229\% > 0.20\%$ 满足构造规定。

② 求偏心距。

$$e_0 = M/N = 1\,700 \times 10^6/(260 \times 10^3) = 6\,538 \text{ mm}$$

$$0.3h_0 = 0.3 \times 4\,075 = 1\,222.5 \text{ mm} < e_0 = 6\,538 \text{ mm}$$

由于 $e_0 > 0.3h_0$，因此附加偏心距 $e_a = 0$。

则初始偏心距：

$$e_i = e_0 + e_a = 6\,538 \text{ mm} \quad n = 1$$

$$ne_i = 6\,538 \text{ mm}$$

$$e = ne_i + h/2 - a_s = 6\,538 + 4\,200/2 - 125 = 8\,513 \text{ mm}$$

③ 判断大小偏心受压。

$$\xi = \frac{N - f_{yw}A_{sw}(1 - 2/\omega)}{f_c bh_0 + f_{yw}A_{sw}/(0.4\omega)}$$

$$= \frac{260\,000 - 270 \times 1\,810.8 \times (1 - 2/0.969)}{14.3 \times 200 \times 4\,075 + 270 \times 1\,810.8/(0.4 \times 0.969)}$$

$$= 0.063\,5 < 0.55 = \xi_b，为大偏心受压。$$

④ 校核 ξ 值。

$$2(1 - \omega) = 2 \times (1 - 0.969) = 0.062 < 0.063\,5 = \xi$$

⑤ 求 $A_s = A'_s$。

$$A_s = A_s' = \frac{N(ne_i - h/2 + a_s') - \left[0.5 - 2.25\left(\frac{1-\omega}{\omega}\right)^2\right]f_{yw}A_{sw}h_{sw}}{f_y'(h_0 - a_s')} =$$

$$\frac{260\,000 \times \left(6\,538 - \frac{4\,200}{2} + 125\right) - \left[0.5 - 2.25 \times \left(\frac{1-0.969}{0.969}\right)^2\right] \times 270 \times 1\,810.8 \times 3\,950}{300 \times (4\,075 - 125)}$$

$$= \frac{260\,000 \times 4\,563 - 0.497\,7 \times 1.93 \times 10^9}{118\,500}$$

$$= 190.05 \text{ mm}^2$$

非抗震设计剪力墙,墙肢端部应配置不少于 4ϕ12 的纵向钢筋,A_s = 452 mm^2。

抗震设计时：

一级墙肢端部:$0.010A_c = 0.010 \times 250 \times 200 = 500$ mm^2 或 6ϕ16,取最大值 6ϕ16。

二级墙肢端部:$0.008A_c = 0.008 \times 250 \times 200 = 400$ mm^2 或 6ϕ14,取最大值 6ϕ14。

三级墙肢端部:$0.006A_c = 0.006 \times 250 \times 200 = 300$ mm^2 或 6ϕ12,取最大值 6ϕ12。

四级墙肢端部:$0.005A_c = 0.005 \times 250 \times 200 = 250$ mm^2 或 4ϕ12,取最大值 4ϕ12。

(2) 右风作用时,$N = 4\,400$ kN,$M = 1\,700$ kN·m

① 求偏心距。

$$e_0 = M/N = 1\,700 \times 10^6/(4\,400 \times 10^3)$$

$$= 386 \text{ mm} < 0.3h_0 = 1\,222.5 \text{ mm}$$

附加偏心距 e_a,即

$$e_a = 0.12(0.3h_0 - e_0)$$

$$= 0.12 \times (0.3 \times 4\,075 - 386)$$

$$= 100.38 \text{ mm}$$

初始偏心距 e_i,即

$$e_i = e_0 + e_a = 1\,222.5 + 100.38 = 1\,322.88 \text{ mm}$$

$$n = 1.0, ne_i = 1\,322.88 \text{ mm}$$

$$e = ne_i + h/2 - a'_s = 1\ 322.88 + 4\ 200/2 - 125$$
$$= 3\ 297.88 \text{ mm}$$

② 判断大小偏心受压。

$$\xi = \frac{N - f_{yw}A_{sw}(1 - 2/\omega)}{f_c b h_0 + f_{yw}A_{sw}/(0.4\omega)}$$

$$= \frac{4\ 400\ 000 - 270 \times 1\ 810.8 \times (1 - 2/0.969)}{14.3 \times 200 \times 4\ 075 + 270 \times 1\ 810.8/(0.4 \times 0.969)}$$

$$= 0.380 < \xi_b = 0.550$$

为大偏心受压,

$$\xi = 0.38 > 2(1 - \omega) = 0.062$$

③ 求 M_{sw}。

$$M_{sw} = \left[0.5 - \left(\frac{\xi - 0.8}{0.8\omega} \right)^2 \right] f_{yw}A_{sw}h_{sw}$$

$$= \left[0.5 - \left(\frac{0.38 - 0.8}{0.8 \times 0.969} \right)^2 \right] \times 270 \times 1\ 810.8 \times 3\ 950$$

$$= (0.5 - 0.425\ 0) \times 1\ 931\ 218\ 200$$

$$= 144.84 \times 10^6 \text{ N} \cdot \text{mm}$$

④ 求 $A'_s = A_s$。

$$A'_s = A_s = \frac{Ne - f_c b h_0^2 \xi(1 - 0.5\xi) - M_{sw}}{f'_y(h_0 - a'_s)}$$

$$= \frac{4\ 400\ 000 \times 3\ 297.88 - 14.3 \times 200 \times 4\ 075^2 \times 0.38 \times (1 - 0.5 \times 0.38) - 144.84 \times 10^6}{300 \times (4\ 075 - 125)}$$

$$= \frac{1.45 \times 10^{10} - 1.46 \times 10^{10} - 144.84 \times 10^6}{1\ 185\ 000}$$

$$= \frac{1.45 \times 10^{10} - 1.46 \times 10^{10} - 1.44 \times 10^8}{1.185 \times 10^6}$$

$$= \frac{145 \times 10^2 - 146 \times 10^2 - 144}{1.185}$$

$$= -205 \text{ mm}^2 < 0$$

按构造配置:$4\phi12, A'_s = A_s = 452 \text{ mm}^2$

2. 求墙肢 2 的 A_s 和 A_s'

(1) 左风作用时：$N = 5\,200$ kN，$M = 2\,100$ kN·m

① 确定几何尺寸。

已知 $b = 200$ mm，$h = 3\,500$ mm，$h_0 = 3\,500 - 125 = 3\,375$ mm

$$h_{sw} = h_0 - a_s' = 3\,375 - 125 = 3\,250 \text{ mm}$$

$$\omega = h_{sw}/h_0 = 3\,250/3\,375 = 0.963$$

竖向分布钢筋的根数：$n = 3\,250/220 - 1 = 13.77$，取 14 根。

$$A_{sw} = 2 \times 14 \times 50.3 = 1\,408.4 \text{ mm}^2$$

② 求偏心距。

$$e_0 = M/N = 2\,100\,000\,000/5\,200\,000 = 403.8 \text{ mm}$$

$0.3h_0 = 0.3 \times 3\,375 = 1\,012.5$ mm > 403.8 mm $= e_0$，$e_0 < 0.3h$

初始偏心距 e_i，即

$$\begin{aligned}
e_i &= e_0 + e_a = 403.8 + 0.12(0.3h_0 - e_0) \\
&= 403.8 + 0.12 \times (1\,012.5 - 403.8) \\
&= 476.844 \text{ mm}
\end{aligned}$$

$$n = 1.0, ne_i = 476.844 \text{ mm}$$

$$e = ne_i + h/2 - a_s = 476.844 + 3\,500/2 - 125 = 2\,101.844 \text{ mm}$$

③ 判断大小偏心受压。

$$\begin{aligned}
\xi &= \frac{N - f_{yw}A_{sw}(1 - 2/\omega)}{f_c bh_0 + f_{yw}A_{sw}/(0.4\omega)} \\
&= \frac{5\,200\,000 - 270 \times 1\,408.4 \times (1 - 2/0.963)}{14.3 \times 200 \times 3\,375 + 270 \times 1\,408.4/(0.4 \times 0.963)} \\
&= 0.450 < \xi_b = 0.55
\end{aligned}$$

为大偏心受压，$\xi = 0.45 > 2(1 - \omega) = 0.45 > 2 \times (1 - 0.963) = 0.074$

④ 求 M_{sw}。

$$M_{sw} = \left[0.5 - \left(\frac{\xi - 0.8}{0.8\omega} \right)^2 \right] f_{yw}A_{sw}h_{sw}$$

$$= \left[0.5 - \left(\frac{0.45 - 0.8}{0.8 \times 0.963} \right)^2 \right] \times 270 \times 1\,408.4 \times 3\,250$$

$$= 362.8 \times 10^6 \text{ N} \cdot \text{mm}$$

⑤ 求 $A'_s = A_s$。

$$A'_s = A_s = \frac{Ne - f_c bh_0^2 \xi (1 - 0.5\xi) - M_{sw}}{f'_y (h_0 - a'_s)}$$

$$= 5\,200\,000 \times 2\,101.844 - 14.3 \times 200 \times 3\,375^2 \times$$

$$\frac{0.45 \times (1 - 0.5 \times 0.45) - 362.8 \times 10^6}{300 \times (3\,375 - 125)}$$

$$= \frac{1.09 \times 10^{10} - 1.13 \times 10^{10} - 3.628 \times 10^8}{975\,000} = -123.92 \text{ mm}^2 < 0$$

按构造选用 $4\phi12$,$A_s = A'_s = 452 \text{ mm}^2$。

⑥ 再求 ξ。

$$\xi = \frac{N - A'_s f'_y \xi_b / (\xi_b - 0.8) - f_{yw} A_{sw} (1 - 2/\omega)}{f_c bh_0 - A'_s f'_y (\xi_b - 0.8) + f_{yw} A_{sw} / (0.4\omega)}$$

$$= \frac{5\,200\,000 - 452 \times 300 \times (0.55 - 0.8) - 270 \times 1\,408.4 \times (1 - 2/0.963)}{14.3 \times 200 \times 3\,375 - 452 \times 300 \times (0.55 - 0.8) + 270 \times 1\,408.4 / (0.4 \times 0.963)}$$

$$= \frac{5\,200\,000 + 33\,900 + 409\,489}{9\,652\,500 + 33\,900 + 987\,196.26} = 0.529$$

⑦ 求 M_{sw}。

$$M_{sw} = \left[0.5 - \left(\frac{\xi - 0.8}{0.8\omega} \right)^2 \right] f_{yw} A_{sw} h_{sw}$$

$$= \left[0.5 - \left(\frac{0.529 - 0.8}{0.8 \times 0.963} \right)^2 \right] \times 270 \times 1\,408.4 \times 3\,250$$

$$= 464.68 \times 10^6 \text{ N} \cdot \text{mm}$$

⑧ 求 A'_s。

$$A'_s = \frac{Ne - f_c bh_0^2 \xi (1 - 0.5\xi) - M_{sw}}{f'_y (h_0 - a'_s)} =$$

$$\frac{5\,200\,000 \times 2\,101.844 - 14.3 \times 200 \times 3\,375^2 \times 0.529 \times (1 - 0.5 \times 0.529) - 464.68 \times 10^6}{300 \times (3\,375 - 125)} =$$

$$\frac{1.09 \times 10^{10} - 1.26 \times 10^{10} - 464.68 \times 10^6}{975\,000} = -2\,220.18 \text{ mm}^2 < 0$$

实际选用 $4\phi12, A_s = A_s' = 452\ \text{mm}^2$。

（2）右风作用时：$N = 400\ \text{kN}, M = 2\ 100\ \text{kN}\cdot\text{m}$

① 求偏心距。

$$e_0 = M/N = 2\ 100\times10^6/(400\times10^3) = 5\ 250\ \text{mm}$$

$$0.3h_0 = 0.3\times3\ 375 = 1\ 012.5 < e_0 = 5\ 250\ \text{mm}$$

所以 $e_a = 0, ne_i = 5\ 250\ \text{mm}$

$$e = ne_i + h/2 - a_s = 5\ 250 + 3\ 500/2 - 125$$
$$= 6\ 875\ \text{mm}$$

② 判断大小偏心受压。

$$\xi = \frac{N - f_{yw}A_{sw}(1-2/\omega)}{f_c b h_0 + f_{yw}A_{sw}/(0.4\omega)}$$
$$= \frac{400\ 000 - 270\times1\ 408.4\times(1-2/0.963)}{14.3\times200\times3\ 375 - 210\times1\ 408.4/(0.4\times0.963)}$$
$$= \frac{400\ 000 + 409\ 489.009}{9\ 652\ 500 - 767\ 819.3}$$
$$= 0.0911 < \xi_b = 0.55$$

为大偏心受压。

③ 验算 ξ。

$$2(1-\omega) = 2\times(1-0.963) = 0.074 < \xi_b = 0.55$$

④ 求 M_{sw}。

$$M_{sw} = \left[0.5 - \left(\frac{\xi - 0.8}{0.800}\right)^2\right]f_{yw}A_{sw}h_{sw}$$
$$= \left[0.5 - \left(\frac{0.074 - 0.8}{0.8\times0.963}\right)^2\right]\times270\times1\ 408.4\times3\ 250$$
$$= (0.5 - 0.888)\times1\ 235\ 871\ 000$$
$$= -479.5\times10^6\ \text{N}\cdot\text{mm}$$

⑤ 求 $A_s' = A_s$。

$$A_s' = A_s = \frac{Ne - f_c b h_0^2 \xi(1-0.5\xi) - M_{sw}}{f_y'(h_0 - a_s')}$$

189

$$= \frac{400\,000 \times 6\,875 - 14.3 \times 200 \times 3\,375^2 \times 0.0911 \times (1 - 0.5 \times 0.0911) - (-479.5 \times 10^6)}{300 \times (3\,375 - 125)}$$

$$= 407.07 \text{ mm}^2$$

实际选用 $4\phi12, A_s = 452 \text{ mm}^2$。

3. 求墙肢 3 的 A_s、A'_s（墙肢 3 不属于短肢剪力墙，为联肢墙）

(1) 左风作用时：$N = 640 \text{ kN}(\text{压}), M = 12 \text{ kN} \cdot \text{m}$

① 确定条件。

墙厚 $b = 200 \text{ mm}, h = 800 \text{ mm}$，因 h 较小，所布置分布钢筋的根数达不到 4 根的条件，故不按沿腹部均匀配筋，而按一般对称配筋偏心受压构件计算。

取 a_s、$a'_s = 35 \text{ mm}, h_0 = h - a'_s = 800 - 35 = 765 \text{ mm}$

② 求偏心距。

$$e_0 = M/N = 12\,000\,000/640\,000 = 18.75 \text{ mm} < 0.3h_0$$
$$= 0.3 \times 765 = 229.5 \text{ mm}$$

$$e_a = 0.12(0.3h_0 - e_0) = 0.12 \times (0.3 \times 765 - 18.75) = 25.29 \text{ mm}$$

初始偏心距：

$$e_i = e_0 + e_a = 18.75 + 25.29 = 44.04 \text{ mm}$$

因 $n = 1.0$，故 $ne_i = 44.04 \text{ mm}$

$$e = ne_i + h/2 - a'_s = 44.04 + 800/2 - 35 = 409.04 \text{ mm}$$

③ 判断大小偏心受压。

$$\xi = \frac{N}{bh_0 f_c} = \frac{640 \times 10^3}{200 \times 765 \times 14.3} = 0.292\,5 < \xi_b = 0.55$$

为大偏心受压。

④ 求 A'_s。

由公式 $Ne \leqslant f_c bh_0^2 \xi(1 - 0.5\xi) + f'_y A'_s(h_0 - a'_s)$ 得

$$A'_s = \frac{Ne - f_c bh_0^2 \xi(1 - 0.5\xi)}{f'_y(h_0 - a'_s)}$$

$$= \frac{640\,000 \times 409.04 - 14.3 \times 200 \times 765^2 \times 0.292\,5 \times (1 - 0.5 \times 0.292\,5)}{300 \times (765 - 35)}$$

$$= -713.17 \text{ mm}^2 < 0$$

由构造配筋控制。

取最小配筋率 $\rho_{min} = 0.2\%$，即

$$A'_s = A_s = \rho_{min} bh = 0.002 \times 200 \times 765 = 306 \text{ mm}^2$$

选用 $2\phi14, A'_s = A_s = 308 \text{ mm}^2$，每边再各自另加 $3\phi10$。

分布构造筋：$A_{sh} = 472 \text{ mm}^2$，$s = 182.5 \text{ mm}$。

(2) 右风作用时：$N = 15 \text{ kN}(拉)$，$M = 12 \text{ kN} \cdot \text{m}$

为偏心受拉构件。

$$e_0 = M/N = 12 \times 10^6/(15 \times 10^3) = 800 \text{ mm}$$

$$e' = e_0 + h/2 - a_s = 800 + 800/2 - 35 = 1\,165 \text{ mm}$$

其中，e_0 为轴力 N 到截面中心的距离；e' 为轴力 N 至受压钢筋受力中心的距离。

由 e_0 或 e' 可知，该墙肢处于大偏心受拉状态，由于对称配筋，可求出受压区高度 x：

$$x = \frac{N}{f_c b} = \frac{15 \times 10^3}{14.3 \times 200} = 5.24 \text{ mm} < 2a'_s$$

故混凝土作用不考虑，则偏心受拉计算公式为

$$Ne' = f_y A_s (h'_0 - a'_s)$$

$$A_s = A'_s = \frac{Ne'}{f_y(h'_0 - a'_s)} = \frac{15 \times 10^3 \times 1\,165}{300 \times (765 - 35)} = 79.79 \text{ mm}^2$$

由于左风作用时，已选用 $2\phi14, A_s = A'_s = 308 \text{ mm}^2$，已满足设计要求。

4. 墙肢平面外正截面计算

剪力墙平面外按轴心受压计算，选择轴向荷载最大的墙肢 2 来核算，由于竖向分布钢筋为 $2\phi8, s = 200 \text{ mm}$，其配筋率 $e = A_s/(bh) = 101/(200 \times 200) = 0.2525\%$ 小于轴心受压构件的最小配筋率 $e_{min} = 0.4\%$。故截面承载力应按素混凝土构件计算。

平面墙体的计算长度 $l_0 = 1.0h = 2\,900 \text{ mm}$，$b = 200 \text{ mm}$，$l_0/b = 2\,900/200 = 14.5$，查表 6-17 可得 $\varphi = 0.8875$。

每米墙的轴向荷载 $N = 5\,200\,000/3.5 = 1.486 \times 10^6 \text{ N/m}$

191

$$N = \varphi f_c A'_c = 0.887\ 5 \times 14.3 \times 1\ 000 \times 200 = 2.54 \times 10^6 \text{ N/m}$$

所以 2.54×10^6 N/m $> 1.486 \times 10^6$ N/m，满足要求。

验算墙肢平面外的轴向承载力强度时，最好选择工程底层的墙肢轴力大者。

例题 3 例题 2 的 3 肢剪力墙的各墙肢上分别有下列剪力作用：墙肢 1 上 280 kN 剪力，墙肢 2 上 220 kN 剪力，墙肢 3 上 8 kN 剪力。

解：(1) 验算墙肢 1 偏心受压时的斜截面受剪承载力，作用在墙肢 1 上的内力为：轴力 260 kN，弯矩 1 700 kN·m，剪力 280 kN。

① 验算墙肢 1 的截面尺寸。

$$V \leqslant 0.25\beta_c f_c bh = 0.25 \times 1.0 \times 14.3 \times 200 \times 4\ 200 = 30\ 030 \text{ N}$$
$$= 3.003 \times 10^6 \text{ N} > 2.8 \times 10^5 \text{ N}, \beta_c \text{ 取 } 1.0, \text{满足要求。}$$

② 计算剪跨比 m。

$$m = M/(Vh_0) = 1\ 700 \times 10^6/(2.8 \times 10^5 \times 4\ 075) \doteq 1.5$$

说明墙肢 1 主要发生以剪切为主的破坏。

③ 判断是否按构造配置水平分布钢筋。

按式(6-22)计算：

$$V = \frac{1}{m-0.5}\left(0.5 f_t b_w h_{w0} + 0.13N\frac{A_w}{A}\right)$$
$$= \frac{1}{1.5-0.5} \times (0.5 \times 1.43 \times 200 \times 4\ 075 + 0.13 \times 260\ 000 \times 1)$$
$$= 616\ 525 \text{ N} > 280\ 000 \text{ N}$$

按构造配置水平分布钢筋，
选用 $2\phi8, s = 200$ mm, $A_s = 101$ mm^2，
$$\rho = A_s/(bs) = 101/(200 \times 200) = 0.252\ 5\% > \rho_{min} = 0.15\%$$

地震情况按式(6-23)计算：

$$V = \frac{1}{\gamma_{RE}}\left[\frac{1}{m-0.5}\left(0.4 f_t b_w h_{w0} + 0.1N\frac{A_w}{A}\right)\right]$$
$$= \frac{1}{0.85} \times \left[\frac{1}{1.5-0.5} \times (0.4 \times 1.43 \times 200 \times 4\ 075 + 0.1 \times 260\ 000 \times 1)\right]$$
$$= \frac{1}{0.85} \times 492\ 180 = 579\ 035.29 \text{ N} > 280\ 000 \text{ N}$$

按构造配置 $2\phi8$,满足要求。

（2）验算墙肢 2 为大偏心受压的斜截面受剪承载力,作用在墙肢 2 上的内力为:轴力 5 200 kN,弯矩 2 100 kN·m,剪力 220 kN。

① 验算墙肢的截面尺寸。

$$V = 0.25\beta_{c}f_{c}bh_{0} = 0.25 \times 1.0 \times 14.3 \times 200 \times 3\,375$$
$$= 2\,413\,125 \text{ N} = 2\,413.125 \text{ kN} > 220 \text{ kN},满足要求。$$

② 计算剪跨比。

$$m = M/(Vh_{0}) = 2\,100\,000/(220\,000 \times 3\,375)$$
$$= 2.83 > 2.2$$

抗震时,取 2.2。

$$V = \frac{1}{\gamma_{RE}}(0.2\beta_{c}f_{c}bh_{0})$$
$$= \frac{1}{0.85} \times (0.2 \times 1.0 \times 14.3 \times 200 \times 3\,375) = 2\,271\,176 \text{ N}$$
$$> 220\,000 \text{ N}$$

满足要求。

③ 验算轴压力。

$$N = 0.2f_{c}bh = 0.2 \times 14.3 \times 200 \times 3\,500$$
$$= 2\,002\,000 \text{ N} < 5\,200\,000 \text{ N}$$

取轴压力 $N = 5\,200\,000$ N。

④ 判断是否按构造要求配置水平分布钢筋。

$$V = \frac{1}{m-0.5}\left(0.5f_{t}b_{w}h_{w0} + 0.13N\frac{A_{w}}{A}\right)$$
$$= \frac{1}{2.2-0.5} \times (0.5 \times 1.43 \times 200 \times 3\,375 + 0.13 \times 5\,200\,000 \times 1)$$
$$= 681.544 \times 10^{3} = 681.544 \text{ kN} > 220 \text{ kN}$$

按构造配置水平分布钢筋,选用 $2\phi8$,$s = 200$ mm。

（3）验算墙肢 3 偏心受拉斜截面承载力。

作用在墙肢 3 上的内力为:轴力 640 kN,弯矩 12 kN·m,剪力 8 kN。

① 验算截面尺寸。

$$V = 0.25 f_c bh = 0.25 \times 14.3 \times 200 \times 800$$
$$= 572\,000$$
$$= 572 \times 10^3 \text{ N} > 8 \times 10^3 \text{ N}$$

② 计算剪跨比 m。

$$m = M/(Vh) = 12 \times 10^6/(8 \times 10^3 \times 800)$$
$$= 1.875 < 2.2$$

取 $m = 1.875$。

③ 一般情况下按式(6 - 28)计算。

$$V = \frac{1}{m - 0.5}\left(0.5 f_t b_w h_{w0} - 0.13 N \frac{A_w}{A}\right) + f_{yv} \frac{A_{sh}}{s} h_{w0}$$
$$= \frac{1}{1.875 - 0.5} \times (0.5 \times 1.43 \times 200 \times 765 - 0.13 \times 640\,000 \times 1)$$
$$+ 270 \times \frac{472}{182.5} \times 765$$
$$= \frac{1}{1.375} \times (109\,395 - 83\,200) + 534\,200.5$$
$$= 553\,251 \text{ N} > 8\,000 \text{ N}$$

满足要求。

④ 地震情况下按式(6 - 29)计算。

$$V = \frac{1}{\gamma_{RE}}\left[\frac{1}{m - 0.5}\left(0.4 f_t b_w h_{w0} - 0.1 N \frac{A_w}{A}\right) + 0.8 f_{ys} \frac{A_{sh}}{s} h_{w0}\right]$$
$$= \frac{1}{0.85} \times \left[\frac{1}{1.875 - 0.5} \times (0.4 \times 1.43 \times 200 \times 765 - 0.1 \times 64\,000)\right.$$
$$\left. + 0.8 \times 270 \times \frac{472}{182.5} \times 765\right]$$
$$= \frac{1}{0.85} \times \left[\frac{1}{1.375} \times (87\,516 - 6\,400) + 427\,360.43\right]$$
$$= \frac{1}{0.85} \times 486\,353.88 = 572\,181 \text{ N} > 8\,000 \text{ N}$$

满足要求。

⑤ 若抗震等级为一级的墙体,水平施工缝处的抗滑移应符合式(6-30)的要求,即

$$V_{wj} = \frac{1}{\gamma_{RE}}(0.6f_y A_s - 0.8N)$$

$$= \frac{1}{0.85} \times (0.6 \times 300 \times 472 - 0.8 \times 15\,000)$$

$$= \frac{1}{0.85} \times (84\,960 - 12\,000)$$

$$= 85\,835\,\text{N} > 8\,000\,\text{N}$$

本项验算⑤实际是不存在的,这里仅是理论计算。

由于小开口墙可忽略洞口影响,墙体截面仍符合拉维尔平面假定,计算位移时,小开口墙体可按整体悬臂墙计算,其墙体截面面积 A_q 和惯性矩 J_q 的取值可用下列方法:

$$A_q = \gamma_0 \times A_w = \left(1 - 1.25\sqrt{\frac{A_d}{A_0}}\right)A_w \tag{6-32}$$

$$J_q = \sum J_j h_j / \sum h_j \tag{6-33}$$

式中　A_w——墙体无洞口处的横截面面积;

　　　γ_0——墙洞口削弱系数;

　　　A_d——墙洞口总立面面积;

　　　A_0——墙体的墙面总立面面积;

　　　J_j,h_j——分别是墙体沿竖向各墙段的惯性矩(有洞口处扣除洞口的影响)和相应各墙段高度(图6-22)。

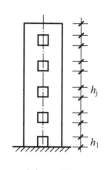

图 6-22

在计算墙体顶点位移时,由于墙水平截面比较宽,宜考虑墙体剪切变形的影响。所以在常用的水平地震荷载(倒三角形荷载)、风荷载(均布荷载)、建筑顶部水平集中力荷载作用下,弯曲变形和剪切变形后的顶部位移计算公式(是建立在基底总剪力 Q_0 相等的基础上)为

$$\Delta = \frac{11}{60}\frac{Q_0 H^3}{E_c J_d}\left(1+\frac{3.64\mu E_c J_q}{H^2 GA_q}\right)（倒三角形荷载）$$

$$\Delta = \frac{1}{8}\frac{Q_0 H^3}{E_c J_d}\left(1+\frac{4\mu E_c J_q}{H^2 GA_q}\right)（均布荷载）$$

$$\Delta = \frac{1}{3}\frac{Q_0 H^3}{E_c J_d}\left(1+\frac{3\mu E_c J_q}{H^2 GA_q}\right)（顶部集中力）$$

$$(6-34)$$

式中，Q_0 为全部水平荷载在基底的剪力之和。括号内后一项反映剪切变形的影响，若只考虑弯曲变形，式（6-34）可写成式（6-35）：

$$\Delta = \begin{cases} \dfrac{11}{120}\dfrac{q_{max} H^4}{E_c J_d} \\[3mm] \dfrac{1}{8}\dfrac{q H^4}{E_c J_d} \\[3mm] \dfrac{1}{3}\dfrac{p H^3}{E_c J_d} \end{cases} \qquad (6-35)$$

式中

$$J_d = \begin{cases} J_q \Big/ \left(1+\dfrac{3.64\mu E_c J_q}{H^2 GA_q}\right)（倒三角形荷载） \\[3mm] J_q \Big/ \left(1+\dfrac{4\mu E_c J_q}{H^2 GA_q}\right)（均布荷载） \\[3mm] J_q \Big/ \left(1+\dfrac{3\mu E_c J_q}{H^2 GA_q}\right)（顶部集中力） \end{cases} \qquad (6-36)$$

式（6-36）中的 J_d 为考虑墙体剪切变形后的等效惯性矩。式中 μ 为剪应力不均匀系数，对矩形截面 $\mu = 1.2$；"I"形截面 $\mu = A/A'$（A 为全截面面积，A' 为腹板毛截面面积）；"T"形截面按表 6-18 取用。

表 6-18　T 形截面剪应力不均匀系数 μ

$\dfrac{B/t}{H/t}$	2	4	6	8	10	12
2	1.383	1.496	1.521	1.511	1.483	1.445
4	1.441	1.876	2.287	2.682	3.061	3.424
6	1.362	1.097	2.033	2.367	2.698	3.028
8	1.313	1.572	1.838	2.106	2.374	2.641
10	1.283	1.489	1.707	1.927	2.148	2.370
12	1.264	1.432	1.614	1.800	1.988	2.178
15	1.245	1.374	1.519	1.669	1.820	1.973
20	1.228	1.317	1.422	1.534	1.648	1.763
30	1.214	1.264	1.328	1.399	1.473	1.549
40	1.208	1.240	1.284	1.334	1.387	1.442

注：B—翼缘宽度；t—剪力墙厚度；H—剪力墙截面高度。

为了简化计算，将式（6-36）中的三项统一取平均值，$G = 0.425E_c$，

则

$$J_d = \frac{J_q}{1+\dfrac{8.345\mu J_q}{H^2 A_q}} \tag{6-37}$$

其等效刚度为

$$E_c J_d = \frac{\beta_c E_c J_q}{1+\dfrac{8.345\mu J_q}{H^2 A_q}} \tag{6-38}$$

式中，β_c 为混凝土弹性模量折减系数。由于墙体在水平荷载往复作用下，混凝土的塑性变形模量比弹性模量 E_c 有一定降低，会引起结构墙体的弯曲刚度 $E_c J_d$ 和剪切刚度 GA_w 都有所降低。根据不同的结构，裂缝出现的早晚和发展情况不同，统一用刚度折减系数 β_c（表 6-19）。

表 6 - 19　刚度折减系数 β_c

结构类型	剪力墙及框架		框-剪结构中框架与剪力墙相连的梁	
	现浇结构	预制装配结构	现浇结构	预制装配结构
风荷载作用	0.85	0.70～0.80	0.70	0.50～0.60
地震荷载作用	0.65	0.50～0.60	0.35	0.25～0.30

注：① 计算结构自振周期时，所采用的顶点假想位移 $\Delta\tau$，对装配式结构按 $\beta_c=0.80\sim0.90$ 计算；对现浇结构按 $\beta_c=1.0$ 计算。

② 结构稳定验算中采用的等效刚度 EJ_d 按 $\beta_c=1.0$ 计算。

1. 判定小开口整体墙的条件

当墙体连梁刚度和墙肢宽度基本均匀，且满足

$$\left.\begin{array}{l} \alpha \geqslant 10 \\ J_A/J \leqslant Z \end{array}\right\} \qquad (6-39)$$

可判定为小开口墙。

式中　α——实体墙削减系数，它与洞口尺寸和连梁刚度有关。根据墙体削减系数 α 值的大小，可将墙体划为不同类型计算。α 值实际上是反映连梁和墙体各自刚度之间的比例关系，用此比例关系可体现墙的整体性。

当墙洞口大时，连梁刚度就小，墙肢刚度相对就大，α 值就小。连梁对墙的约束作用就弱，与左右墙肢的连系就差，例如，在水平荷载作用下，双肢墙与连梁的连系可视为铰结，双肢墙可视为两根悬臂墙，这时墙肢轴力可视为零。水平荷载产生的弯矩只能靠连梁两端的悬臂墙按各自的刚度直接承担。

当墙洞口小时，连梁刚度相对就大，墙肢相对刚度就小，α 值就大。连梁对墙体约束的作用就强，墙体整体性就好，这时双肢墙转化为整体悬臂墙，或小开口墙。这时由水平荷载产生的弯矩大部分由墙肢轴力承担，墙肢的弯矩就小。

所以洞口大小完全决定着连梁刚度、墙肢刚度各自的大小，也决定着 α 值的大小。洞口小，连梁刚度大，α 值就大；洞口大，连梁刚度小，α 值就小。所以 α 值是由墙体被洞口削弱的大小而决定。因此，α 被称为整体墙的削减系数。

根据 α 值大小可将墙体划分为不同类型的墙体。

（1）当 $\alpha < 1$ 时，连梁作用较弱，可不考虑其作用，各墙肢按单肢墙计算；

（2）$\alpha \geq 10$ 时，连梁有一定的约束作用，可按小开口墙计算；

（3）$1 \leq \alpha < 10$ 时，按双肢墙计算。

另外判定墙体类型也可从同一轴线上的各墙肢惯性矩之和与同一轴线上的各肢墙总惯性矩之比，即 $J_A/J \leq Z$ 来判断。

（1）当 $\alpha \geq 10$，$J_A/J \leq Z$ 同时满足时，墙体整体性很强，墙肢不出现反弯点，墙体应力呈直线分布，可按整体小开口墙计算；

（2）当只满足 $J_A/J \leq Z$ 时，墙体整体性不是很强，墙肢不出现或很少出现反弯点，按多肢墙计算；

（3）当只满足 $\alpha \geq 10$ 时，墙体整体性很强，墙肢多处出现反弯点，可按壁式框架计算。

除了从分析 α 的大小来区分墙体整体性之外，还要看沿墙肢高度上弯矩图的变化规律来分析，整体墙和独立悬臂墙在水平荷载作用下，如同悬壁杆，弯矩图没有反弯点，墙体以弯曲变形为主；整体小开口墙、双肢墙，由于连梁的约束弯矩作用，墙肢弯矩在连梁处有约束突变，在结构高度的上几层有反弯点，但它们的变形仍然以弯曲变形为主。墙肢是否有反弯点，不仅从整体参数 α 看，还要看墙肢惯性矩的比值 J_A/J 和层数 n 的多少等诸多因素。

对双肢墙的 α（图 6-23）：

$$\alpha = H\sqrt{\frac{6}{h(J_1+J_2)} \cdot \frac{J_1 C^2}{a^3} \cdot \frac{J}{J_A}} \tag{6-40}$$

式中，a，c，h，J_1，J_2 如图 6-23 所示。

对多肢墙的 α（图 6-24）：

$$\alpha = H\sqrt{\frac{6}{Th\sum_{i=1}^{m}J_i} \cdot \sum_{i=1}^{m}\frac{J_{li}C_i^2}{a_i^3}} \tag{6-41}$$

式中 T——多墙肢轴向变形影响系数，当墙肢数为 3～4 时，取 0.8；当墙肢数为 5～7 时，取 0.85；当墙肢数为 8 时，取 0.9。

J_i——墙肢 i 的截面惯性矩。

J_{li}——连梁剪切变形后的折算惯性矩。

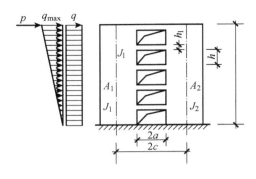

图 6 - 23 双肢墙

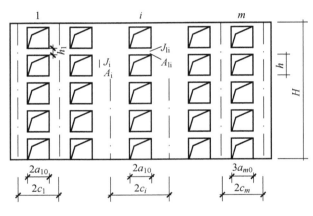

图 6 - 24 多肢墙

$$J_{li} = \frac{J_{li}}{1 + \dfrac{3\mu E_l J_{li}}{A_{li} G a_i^2}} = \frac{J_{li}}{1 + \dfrac{T\mu J_{li}}{A_{li} a_i}}$$

式中 C_i——墙肢轴线距离的一半；

a_i——墙肢上洞口宽度的一半,计算长度 $a_i = a_{i0} + \dfrac{h_{li}}{4}$（$a_{i0}$ 为连

梁净跨的一半,h_{li} 为连梁高度）；

Z——系数,与 α 和房屋层数 n（不超过 20 层）有关,当等肢墙或
各墙肢相差不大时,可按表 6 - 20 取用。

表 6 - 20　系数 Z

荷载	均布荷载					倒三角形荷载				
层数 n α	8	10	12	16	20	8	10	12	16	20
10	0.832	0.897	0.945	1.000	1.000	0.887	0.938	0.974	1.000	1.000
12	0.810	0.874	0.926	0.978	1.000	0.867	0.915	0.950	0.994	1.000
14	0.797	0.858	0.901	0.957	0.993	0.833	0.901	0.933	0.976	1.000
16	0.788	0.847	0.888	0.943	0.977	0.844	0.889	0.924	0.963	0.989
18	0.781	0.838	0.879	0.932	0.965	0.837	0.881	0.913	0.953	0.978
20	0.775	0.832	0.871	0.923	0.956	0.832	0.875	0.906	0.945	0.970
22	0.771	0.827	0.864	0.917	0.948	0.828	0.871	0.901	0.939	0.964
24	0.768	0.823	0.861	0.911	0.943	0.825	0.867	0.897	0.935	0.959
26	0.766	0.820	0.857	0.907	0.937	0.822	0.864	0.893	0.931	0.956
28	0.763	0.818	0.854	0.903	0.934	0.820	0.861	0.889	0.928	0.953
≥30	0.762	0.815	0.853	0.900	0.930	0.818	0.858	0.885	0.925	0.949

当有不等墙肢或各墙肢相差很大时,可根据表 6 - 21 中的 s 值按式 (6 - 42)计算

$$Z_i = \frac{1}{s}\left(1 - \frac{3A_i/\sum A_i}{2nJ_i/\sum J_i}\right) \qquad (6 - 42)$$

由 Z_i 的值分别检验各墙肢。

表 6 - 21　系数 s

层数 n α	8	10	12	16	20
10	0.915	0.907	0.890	0.888	0.882
12	0.937	0.929	0.921	0.912	0.906
14	0.952	0.945	0.938	0.929	0.923
16	0.963	0.956	0.950	0.941	0.936

续表

层数 n α	8	10	12	16	20
18	0.971	0.965	0.959	0.951	0.955
20	0.877	0.973	0.966	0.958	0.953
22	0.982	0.976	0.971	0.964	0.960
24	0.985	0.980	0.976	0.969	0.965
26	0.988	0.984	0.980	0.973	0.968
28	0.991	0.987	0.984	0.976	0.971
$\geqslant 30$	0.993	0.911	0.998	0.979	0.974

式中　$J_A = J - \sum\limits_{i=1}^{m} J_i$

J——同一轴线上的各墙肢对墙体组合截面形心的惯性矩。

2. 双肢墙的计算

（1）首先应明确墙体每层的几何尺寸（图 6 - 23），其层高 h、墙肢惯性矩 J_1、J_2，截面面积 A_1、A_2，连梁高度 h_l 等沿高度方向均为常数。

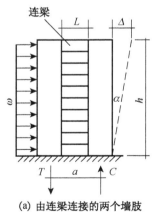

$M_{max} = \omega h^2/2$　　$T = C = M/a$（其中 a 是总抵抗力臂）

假定：

每个连梁 $\overline{V} \approx \dfrac{T \text{或} C}{\text{连梁数}}$

墙转角 α=连梁转角 $\approx \dfrac{\overline{V}L^2}{12EI}$

顶部 $\Delta \approx \alpha h$

(a) 由连梁连接的两个墙肢　　(b) 连梁弯曲　　(c) 墙肢转角和连梁转角的关系

图 6 - 25

（2）将连梁作为每一层连杆，但忽略轴向变形，使两墙肢在楼层处的水平位移相等,同时两墙肢的转角和曲率相等[图 6 - 25(a)],而且与连梁的转角也相等[图 6 - 25(b)],连梁变形形成的偏移往往比墙体变形形成的位移要大,假定连梁的反弯点在梁跨中[图 6 - 25(c)]。

(3) 将 $1 \leqslant \alpha < 10$ 作为双肢墙的判断依据,仍可将双肢墙分为整体悬臂墙和两独立悬臂墙,两者共同承担水平荷载产生的弯矩,但独立墙肢承担的弯矩小,整体悬臂墙承担弯矩多。所以整体墙截面上的弯曲正应力是整体悬臂墙弯矩引起的正应力和两独立悬臂墙弯矩引起的正应力相加之和。若假定整体悬臂墙承担外弯矩 M_p 的百分比为 k,则两独立悬臂墙承担的外弯矩的百分比为 $(1-k)$,由此得出某一层高度处由外荷载产生的墙肢弯矩 M_i、墙肢轴力 N_i 和墙肢剪力 Q_i 分别是:

$$M_i = kM_p \frac{J_i}{J} + (1-k)M_p \frac{J_i}{\sum J_i} \qquad (6 - 43)$$

$$N_i = kM_p \frac{A_i y_i}{J} \qquad (6 - 44)$$

$$Q_i = Q_0 \frac{A_i}{\sum\limits_1^2 A_i} \qquad (6 - 45)$$

式中　M_p——外荷载在 x 截面处产生的弯矩;

　　　Q_0——外荷载在基底产生的总剪力;

　　　M_i,N_i,Q_i——各墙肢承担的弯矩、轴力和剪力;

　　　A_i,J_i——各墙肢截面面积和惯性矩;

　　　y_i——各墙肢截面形心到组合截面形心的距离;

　　　J——组合截面的惯性矩。

对于小开口墙的内力计算(图 6 - 22),截面上的正应力基本呈直线分布,绝大部分楼层没有反弯点,局部弯矩仅占整体弯矩的 15% 左右,所以小开口墙的整体弯矩也由两部分组成,即整体悬臂墙承担外弯矩的百分比为 k,则独立悬臂墙承担外弯矩的百分比为 $(1-k)$。小墙肢的墙肢弯矩 M_i、墙肢轴力 N_i 和墙肢剪力 Q_i 的内力计算公式分别与双肢墙的内力计算公式基本相同。小开口墙在三种常用荷载作用下的顶点位移仍可用式(6 - 34)和式(6 - 35)计算。

由高层剪力墙结构的设计经验可知:当剪力墙高宽比 $H/B \geqslant 4$ 时,

忽略剪切变形对双肢墙的影响,其误差不超过 10%;对多肢剪力墙而言,由于高宽比比较小,剪力变形的影响不可忽视,其误差可达 20%。所以《高层建筑混凝土结构技术规程》规定,剪力墙宜考虑剪切变形的影响。

同时设计经验还告知,剪力墙轴向变形的影响也不可忽视,其误差是相当大的。因为轴向变形的影响与层数多少有关,层数愈多,轴向变形的影响愈大。对 50 m 以上或高宽比大于 4 的结构,应考虑墙肢轴向变形对内力和位移的影响。若忽略轴向变形对内力和位移的影响,则产生的误差情况如下:对 10 层楼,内力误差为 ±(10%~15%),位移偏小 30%;对 15 层楼,内力误差为 ±20%,位移偏小 50%;对 20 层楼,内力误差为 ±(20%~30%),位移偏小 200%;对 30 层楼,内力误差为 ±50%,位移偏小 400% 以上。

由此得出的结论是对高层剪力墙结构进行内力和位移计算时应考虑墙肢剪切变形和轴向变形的影响。

1. 双肢墙内力计算

(1)首先设定连梁的约束弯矩 $m(\xi)$(连梁剪力对两墙肢约束弯矩之和),即

$$m(\xi) = Q_0 \frac{\alpha_1^2}{\alpha^2} \phi(\xi) \tag{6-46}$$

式中　Q_0——常用的三种外荷载引起的结构基底总剪力之和;

α_1——未考虑墙肢轴向变形的整体参数,$\alpha_1 = \frac{6H^2}{h \sum J_i} D$,$D = \frac{J_L c^2}{a^3}$(连梁刚度系数),$a$,$c$ 见图 6-23,J_L 为连梁剪切变形后的折算惯性矩;

α——墙肢轴向变形影响的整体参数,即 $\alpha^2 = \alpha_1^2 + \frac{3H^2 D}{hcS}$,$S = \frac{2cA_1 A_2}{A_1 + A_2}$(双肢墙组合截面形心轴的面积矩);

γ^2——剪切参数,即 $\gamma^2 = \frac{\mu E \sum J_i}{H^2 G(A_1 + A_2)} \cdot \frac{a}{c}$,$A_1$,$A_2$,$J_1$,$J_2$ 见图 6-23;

204

$\phi(\xi)$——双肢剪力墙结构变形位移方程。

在常用的三种外荷载作用下,考虑墙肢弯曲变形位移、剪切变形位移、轴向变形位移、连梁弯曲变形位移和剪切变形位移,文献《高层建筑结构设计》用这五种变形位移建立位移微分方程,用双曲正弦、双曲余弦函数表示方程的一种解,即

$$\phi(\xi) = \begin{Bmatrix} (\beta-1)\left[\left(1-\dfrac{2}{\alpha^2}\right)-\dfrac{2\operatorname{sh}\alpha}{\alpha}\right]\dfrac{1}{\operatorname{ch}\alpha} \\[2mm] (\beta-1)\left(1-\dfrac{\operatorname{sh}\alpha}{\alpha}\right)\dfrac{1}{\operatorname{ch}\alpha} \\[2mm] (\beta-1)\dfrac{1}{\operatorname{ch}\alpha} \end{Bmatrix}\operatorname{ch}(\alpha\xi)$$

$$+\begin{Bmatrix} \dfrac{2}{\alpha}(\beta-1) \\[2mm] \dfrac{1}{\alpha}(\beta-1) \\[2mm] 0 \end{Bmatrix}\operatorname{sh}(\alpha\xi)+\begin{Bmatrix} 1-(1-\xi)^2+2\gamma^2-\dfrac{2}{\alpha^2} \\[2mm] \xi \\[2mm] 1 \end{Bmatrix}$$

$$(6-47\text{a})$$

式中,$\beta = \alpha^2\gamma^2$——剪切参数;$\xi = \dfrac{x}{H}$——相对高度。

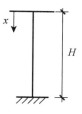

以上三个大括号内并列的三行,第一行为倒三角形荷载计算结果,第二行为均布荷载计算结果,第三行为结构顶点水平集中荷载计算结果。上式亦可写成

$$\phi(\xi) = (1-\beta)\phi_1(\alpha,\xi)+\beta\phi_2(\xi) \qquad (6-47\text{b})$$

式中 $\phi_1(\alpha,\xi)$ 和 $\phi_2(\xi)$ 可分别查表 6-22～表 6-25 得到(表格来源于《高层建筑结构设计》,包世华)。

用双曲正弦、双曲余弦函数表示双肢结构墙体竖向水平变形位移更逼真、更接近实际变形。即使现代设计均用三维空间变形曲线表示变形,变形曲线计算得再多,也仅是概率统计设计,与实际结构变形仍有一定差距。

(2)j 层连梁剪力

$$Q_{lj} = m_j(\xi)\dfrac{h}{2c} \qquad (6-48)$$

表6-22 倒三角形荷载下的 φ_i 值

ξ \ α	1.0	1.5	2.0	2.5	3.0	3.5	4.0	4.5	5.0	5.5	6.0	6.5	7.0	7.5	8.0	8.5	9.0	9.5	10.0	10.5
0.00	0.171	0.270	0.331	0.358	0.363	0.356	0.342	0.325	0.307	0.289	0.273	0.257	0.243	0.230	0.218	0.207	0.197	0.188	0.179	0.172
0.05	0.171	0.271	0.332	0.360	0.367	0.361	0.348	0.332	0.316	0.299	0.283	0.269	0.256	0.243	0.233	0.223	0.214	0.205	0.198	0.191
0.10	0.171	0.273	0.336	0.367	0.377	0.374	0.365	0.352	0.338	0.324	0.311	0.299	0.288	0.278	0.270	0.262	0.255	0.248	0.243	0.238
0.15	0.172	0.275	0.341	0.377	0.391	0.393	0.388	0.380	0.370	0.360	0.350	0.341	0.333	0.326	0.320	0.314	0.309	0.305	0.301	0.298
0.20	0.172	0.277	0.347	0.388	0.408	0.415	0.416	0.412	0.407	0.402	0.396	0.390	0.385	0.381	0.377	0.373	0.371	0.368	0.366	0.364
0.25	0.171	0.278	0.353	0.399	0.425	0.439	0.446	0.448	0.448	0.447	0.445	0.443	0.440	0.439	0.437	0.436	0.434	0.433	0.433	0.432
0.30	0.170	0.279	0.358	0.410	0.443	0.463	0.476	0.484	0.489	0.492	0.494	0.496	0.496	0.497	0.497	0.497	0.498	0.498	0.498	0.499
0.35	0.168	0.279	0.362	0.419	0.459	0.486	0.506	0.519	0.530	0.537	0.543	0.547	0.550	0.553	0.555	0.557	0.559	0.560	0.561	0.562
0.40	0.165	0.276	0.363	0.426	0.472	0.506	0.532	0.552	0.567	0.579	0.588	0.596	0.601	0.606	0.610	0.614	0.616	0.619	0.621	0.622
0.45	0.161	0.272	0.362	0.430	0.482	0.522	0.554	0.579	0.599	0.616	0.629	0.639	0.648	0.655	0.661	0.665	0.669	0.672	0.675	0.677
0.50	0.156	0.266	0.357	0.429	0.487	0.533	0.570	0.601	0.626	0.647	0.663	0.677	0.688	0.697	0.705	0.711	0.716	0.721	0.724	0.727
0.55	0.149	0.256	0.348	0.423	0.485	0.537	0.579	0.615	0.645	0.670	0.690	0.707	0.721	0.733	0.742	0.750	0.757	0.762	0.767	0.771
0.60	0.140	0.244	0.335	0.412	0.477	0.533	0.580	0.620	0.654	0.683	0.707	0.728	0.745	0.759	0.771	0.781	0.789	0.796	0.802	0.807
0.65	0.130	0.228	0.317	0.394	0.461	0.519	0.570	0.614	0.652	0.685	0.712	0.736	0.756	0.774	0.788	0.801	0.811	0.820	0.828	0.834
0.70	0.118	0.209	0.293	0.368	0.435	0.495	0.548	0.594	0.636	0.671	0.703	0.730	0.753	0.774	0.791	0.807	0.820	0.831	0.841	0.849
0.75	0.103	0.185	0.263	0.334	0.399	0.458	0.511	0.559	0.602	0.640	0.674	0.704	0.731	0.755	0.775	0.794	0.810	0.824	0.837	0.848
0.80	0.087	0.158	0.226	0.290	0.350	0.406	0.457	0.504	0.547	0.587	0.622	0.654	0.683	0.709	0.733	0.754	0.774	0.791	0.807	0.821
0.85	0.069	0.126	0.182	0.236	0.288	0.337	0.383	0.426	0.467	0.504	0.539	0.571	0.601	0.629	0.654	0.678	0.700	0.720	0.738	0.756
0.90	0.048	0.089	0.130	0.171	0.210	0.248	0.285	0.321	0.354	0.386	0.417	0.446	0.473	0.499	0.523	0.546	0.568	0.588	0.609	0.628
0.95	0.025	0.047	0.069	0.092	0.115	0.137	0.159	0.181	0.202	0.222	0.242	0.262	0.280	0.299	0.316	0.334	0.351	0.367	0.383	0.398
1.00	0.000	0.000	0.000	0.000	0.000	0.000	0.000	0.000	0.000	0.000	0.000	0.000	0.000	0.000	0.000	0.000	0.000	0.000	0.000	0.000

续表

ξ＼α	11.0	11.5	12.0	12.5	13.0	13.5	14.0	14.5	15.0	15.5	16.0	16.5	17.0	17.5	18.0	18.5	19.0	19.5	20.0	20.5
0.00	0.165	0.158	0.152	0.147	0.142	0.137	0.132	0.128	0.124	0.120	0.117	0.113	0.110	0.107	0.104	0.102	0.099	0.097	0.095	0.092
0.05	0.185	0.180	0.174	0.170	0.165	0.161	0.158	0.154	0.151	0.148	0.145	0.143	0.140	0.138	0.136	0.134	0.132	0.130	0.129	0.127
0.10	0.233	0.229	0.226	0.222	0.219	0.217	0.214	0.212	0.210	0.208	0.207	0.205	0.204	0.203	0.201	0.200	0.199	0.199	0.198	0.197
0.15	0.295	0.293	0.290	0.288	0.287	0.285	0.284	0.283	0.282	0.281	0.280	0.280	0.279	0.278	0.278	0.278	0.277	0.277	0.277	0.276
0.20	0.363	0.361	0.360	0.360	0.358	0.358	0.358	0.357	0.357	0.357	0.357	0.356	0.356	0.356	0.356	0.356	0.356	0.356	0.356	0.356
0.25	0.432	0.431	0.431	0.431	0.431	0.431	0.431	0.431	0.431	0.431	0.431	0.431	0.432	0.432	0.432	0.432	0.432	0.432	0.432	0.433
0.30	0.499	0.498	0.500	0.500	0.500	0.501	0.501	0.502	0.502	0.502	0.503	0.503	0.503	0.503	0.504	0.504	0.504	0.504	0.505	0.505
0.35	0.563	0.564	0.565	0.566	0.566	0.567	0.568	0.568	0.569	0.568	0.568	0.570	0.570	0.571	0.571	0.571	0.571	0.572	0.572	0.572
0.40	0.624	0.625	0.626	0.627	0.628	0.628	0.629	0.630	0.631	0.631	0.632	0.632	0.633	0.633	0.633	0.634	0.634	0.634	0.634	0.635
0.45	0.679	0.681	0.682	0.684	0.685	0.686	0.686	0.687	0.688	0.688	0.688	0.688	0.690	0.690	0.691	0.691	0.691	0.692	0.692	0.692
0.50	0.730	0.732	0.733	0.735	0.736	0.737	0.738	0.738	0.740	0.741	0.741	0.742	0.742	0.743	0.743	0.743	0.744	0.744	0.744	0.745
0.55	0.774	0.777	0.778	0.781	0.782	0.784	0.785	0.786	0.787	0.788	0.788	0.789	0.790	0.790	0.790	0.791	0.791	0.792	0.792	0.792
0.60	0.811	0.815	0.818	0.820	0.822	0.824	0.826	0.827	0.828	0.829	0.830	0.831	0.831	0.832	0.833	0.833	0.833	0.834	0.834	0.834
0.65	0.840	0.844	0.848	0.852	0.855	0.857	0.859	0.861	0.863	0.864	0.865	0.867	0.867	0.868	0.869	0.870	0.870	0.871	0.871	0.871
0.70	0.857	0.863	0.868	0.873	0.878	0.881	0.884	0.887	0.890	0.892	0.893	0.895	0.896	0.898	0.899	0.900	0.901	0.901	0.902	0.903
0.75	0.858	0.866	0.874	0.881	0.887	0.892	0.897	0.901	0.903	0.908	0.911	0.914	0.916	0.918	0.920	0.921	0.923	0.924	0.925	0.926
0.80	0.834	0.846	0.856	0.866	0.874	0.882	0.889	0.896	0.901	0.907	0.911	0.916	0.919	0.923	0.926	0.929	0.932	0.934	0.936	0.938
0.85	0.772	0.786	0.800	0.813	0.825	0.836	0.846	0.855	0.864	0.872	0.879	0.886	0.893	0.899	0.904	0.909	0.914	0.918	0.922	0.926
0.90	0.646	0.663	0.679	0.694	0.708	0.722	0.735	0.748	0.760	0.771	0.781	0.792	0.801	0.810	0.819	0.827	0.835	0.843	0.850	0.857
0.95	0.413	0.428	0.442	0.456	0.469	0.483	0.495	0.508	0.520	0.532	0.543	0.555	0.566	0.576	0.587	0.597	0.607	0.617	0.626	0.635
1.00	0.000	0.000	0.000	0.000	0.000	0.000	0.000	0.000	0.000	0.000	0.000	0.000	0.000	0.000	0.000	0.000	0.000	0.000	0.000	0.000

表 6 - 23　均布荷载下的 φ_1 值

α ＼ ξ	1.0	1.5	2.0	2.5	3.0	3.5	4.0	4.5	5.0	5.5	6.0	6.5	7.0	7.5	8.0	8.5	9.0	9.5	10.0	10.5
0.00	0.113	0.178	0.216	0.231	0.232	0.224	0.213	0.199	0.186	0.173	0.161	0.150	0.141	0.132	0.124	0.117	0.110	0.105	0.099	0.095
0.05	0.113	0.178	0.217	0.233	0.234	0.228	0.217	0.204	0.191	0.179	0.168	0.157	0.148	0.140	0.133	0.126	0.120	0.115	0.110	0.106
0.10	0.113	0.179	0.219	0.237	0.241	0.236	0.227	0.217	0.206	0.195	0.185	0.176	0.168	0.161	0.155	0.149	0.144	0.140	0.136	0.133
0.15	0.114	0.181	0.223	0.244	0.251	0.249	0.243	0.235	0.226	0.218	0.210	0.203	0.196	0.191	0.186	0.181	0.178	0.174	0.171	0.168
0.20	0.114	0.183	0.228	0.252	0.363	0.265	0.263	0.258	0.252	0.246	0.241	0.235	0.231	0.227	0.223	0.220	0.217	0.215	0.213	0.211
0.25	0.114	0.185	0.233	0.261	0.276	0.283	0.285	0.284	0.281	0.278	0.257	0.272	0.269	0.266	0.264	0.262	0.260	0.258	0.257	0.256
0.30	0.114	0.186	0.237	0.270	0.290	0.302	0.308	0.311	0.312	0.312	0.312	0.310	0.309	0.308	0.307	0.306	0.305	0.304	0.303	0.303
0.35	0.113	0.187	0.242	0.279	0.304	0.321	0.332	0.339	0.344	0.347	0.349	0.350	0.351	0.351	0.351	0.351	0.351	0.351	0.351	0.351
0.40	0.111	0.186	0.245	0.287	0.317	0.339	0.355	0.367	0.376	0.382	0.387	0.390	0.393	0.395	0.396	0.397	0.398	0.398	0.399	0.399
0.45	0.109	0.185	0.246	0.293	0.328	0.355	0.376	0.393	0.406	0.416	0.424	0.430	0.434	0.438	0.441	0.443	0.444	0.445	0.446	0.447
0.50	0.106	0.182	0.246	0.296	0.336	0.369	0.395	0.416	0.433	0.447	0.458	0.467	0.474	0.479	0.483	0.487	0.490	0.492	0.493	0.495
0.55	0.103	0.178	0.242	0.296	0.341	0.378	0.409	0.435	0.456	0.474	0.488	0.500	0.510	0.517	0.524	0.529	0.533	0.536	0.539	0.541
0.60	0.097	0.171	0.236	0.293	0.341	0.382	0.418	0.448	0.474	0.495	0.513	0.528	0.541	0.551	0.560	0.567	0.573	0.577	0.581	0.585
0.65	0.091	0.162	0.226	0.284	0.335	0.380	0.419	0.453	0.483	0.508	0.530	0.549	0.565	0.578	0.589	0.599	0.607	0.614	0.619	0.624
0.70	0.083	0.150	0.212	0.270	0.322	0.369	0.411	0.449	0.482	0.511	0.537	0.559	0.578	0.595	0.609	0.622	0.632	0.642	0.650	0.657
0.75	0.074	0.135	0.194	0.249	0.300	0.348	0.392	0.431	0.467	0.499	0.528	0.554	0.576	0.597	0.614	0.630	0.644	0.657	0.667	0.677
0.80	0.063	0.116	0.169	0.220	0.269	0.315	0.358	0.398	0.435	0.469	0.500	0.528	0.553	0.577	0.598	0.617	0.634	0.650	0.664	0.677
0.85	0.050	0.094	0.138	0.182	0.225	0.266	0.306	0.344	0.379	0.413	0.444	0.473	0.500	0.525	0.548	0.570	0.590	0.609	0.626	0.643
0.90	0.036	0.067	0.100	0.134	0.167	0.200	0.233	0.264	0.294	0.323	0.351	0.378	0.403	0.427	0.450	0.472	0.493	0.513	0.532	0.550
0.95	0.019	0.036	0.054	0.074	0.093	0.113	0.133	0.152	0.171	0.190	0.209	0.227	0.245	0.262	0.279	0.296	0.312	0.323	0.343	0.358
1.00	0.000	0.000	0.000	0.000	0.000	0.000	0.000	0.000	0.000	0.000	0.000	0.000	0.000	0.000	0.000	0.000	0.000	0.000	0.000	0.000

续表

α / ξ	11.0	11.5	12.0	12.5	13.0	13.5	14.0	14.5	15.0	15.5	16.0	16.5	17.0	17.5	18.0	18.5	19.0	19.5	20.0	20.5
0.00	0.090	0.086	0.083	0.079	0.076	0.074	0.071	0.068	0.066	0.064	0.062	0.060	0.058	0.057	0.055	0.054	0.052	0.051	0.050	0.048
0.05	0.102	0.098	0.095	0.092	0.090	0.087	0.085	0.083	0.081	0.079	0.077	0.076	0.075	0.073	0.072	0.071	0.070	0.069	0.068	0.067
0.10	0.130	0.127	0.124	0.122	0.120	0.119	0.117	0.116	0.114	0.113	0.112	0.111	0.110	0.109	0.109	0.108	0.107	0.107	0.106	0.106
0.15	0.167	0.165	0.163	0.162	0.160	0.159	0.158	0.157	0.156	0.156	0.155	0.154	0.154	0.153	0.153	0.153	0.152	0.152	0.152	0.152
0.20	0.209	0.208	0.207	0.206	0.205	0.204	0.204	0.203	0.203	0.202	0.202	0.202	0.201	0.201	0.201	0.201	0.201	0.200	0.200	0.200
0.25	0.255	0.254	0.253	0.253	0.252	0.252	0.251	0.251	0.251	0.251	0.250	0.250	0.250	0.250	0.250	0.250	0.250	0.250	0.250	0.250
0.30	0.302	0.302	0.301	0.301	0.301	0.301	0.300	0.300	0.300	0.300	0.300	0.300	0.300	0.300	0.300	0.300	0.300	0.300	0.299	0.288
0.35	0.351	0.350	0.350	0.350	0.350	0.350	0.350	0.350	0.350	0.350	0.350	0.350	0.350	0.349	0.349	0.349	0.349	0.349	0.349	0.349
0.40	0.399	0.399	0.399	0.399	0.399	0.399	0.399	0.399	0.399	0.399	0.399	0.399	0.399	0.399	0.399	0.399	0.399	0.399	0.399	0.399
0.45	0.448	0.448	0.448	0.448	0.448	0.449	0.449	0.449	0.449	0.449	0.449	0.449	0.449	0.449	0.449	0.449	0.449	0.449	0.449	0.449
0.50	0.496	0.496	0.497	0.498	0.498	0.498	0.499	0.499	0.499	0.499	0.499	0.499	0.499	0.499	0.499	0.499	0.499	0.499	0.499	0.499
0.55	0.543	0.544	0.545	0.546	0.547	0.547	0.548	0.548	0.548	0.548	0.549	0.549	0.549	0.549	0.549	0.549	0.549	0.549	0.549	0.549
0.60	0.587	0.589	0.591	0.593	0.594	0.595	0.596	0.596	0.597	0.597	0.598	0.598	0.598	0.599	0.599	0.599	0.599	0.599	0.599	0.599
0.65	0.628	0.632	0.634	0.637	0.639	0.641	0.642	0.643	0.644	0.645	0.646	0.646	0.647	0.647	0.648	0.648	0.648	0.648	0.649	0.649
0.70	0.663	0.668	0.672	0.676	0.679	0.682	0.684	0.687	0.688	0.690	0.691	0.692	0.693	0.694	0.695	0.696	0.696	0.697	0.697	0.697
0.75	0.686	0.693	0.706	0.706	0.711	0.715	0.719	0.723	0.726	0.729	0.731	0.733	0.735	0.737	0.738	0.740	0.741	0.742	0.743	0.744
0.80	0.689	0.699	0.709	0.717	0.725	0.732	0.739	0.744	0.750	0.754	0.759	0.763	0.766	0.768	0.772	0.775	0.777	0.779	0.781	0.783
0.85	0.657	0.671	0.684	0.696	0.707	0.718	0.727	0.736	0.744	0.752	0.759	0.765	0.771	0.777	0.782	0.787	0.792	0.796	0.800	0.803
0.90	0.567	0.583	0.598	0.613	0.627	0.640	0.653	0.665	0.676	0.687	0.697	0.707	0.717	0.726	0.734	0.742	0.750	0.757	0.764	0.771
0.95	0.373	0.387	0.401	0.414	0.428	0.440	0.453	0.465	0.477	0.489	0.500	0.511	0.522	0.533	0.543	0.553	0.563	0.572	0.582	0.591
1.00	0.000	0.000	0.000	0.000	0.000	0.000	0.000	0.000	0.000	0.000	0.000	0.000	0.000	0.000	0.000	0.000	0.000	0.000	0.000	0.000

表 6-24 顶部集中力作用下的 ϕ_t 值

ξ \ α	1.0	1.5	2.0	2.5	3.0	3.5	4.0	4.5	5.0	5.5	6.0	6.5	7.0	7.5	8.0	8.5	9.0	9.5	10.0	10.5
0.00	0.351	0.574	0.734	0.836	0.900	0.939	0.963	0.977	0.986	0.991	0.995	0.996	0.998	0.998	0.999	0.999	0.999	0.999	0.999	0.999
0.05	0.351	0.573	0.732	0.835	0.899	0.938	0.962	0.977	0.986	0.991	0.994	0.996	0.998	0.998	0.999	0.999	0.999	0.999	0.999	0.999
0.10	0.348	0.570	0.728	0.831	0.896	0.935	0.960	0.975	0.984	0.990	0.994	0.996	0.997	0.998	0.999	0.999	0.999	0.999	0.999	0.999
0.15	0.344	0.564	0.722	0.825	0.890	0.931	0.956	0.972	0.982	0.988	0.992	0.995	0.997	0.998	0.998	0.999	0.999	0.999	0.999	0.999
0.20	0.338	0.555	0.712	0.816	0.882	0.924	0.951	0.968	0.979	0.986	0.991	0.994	0.996	0.997	0.998	0.998	0.999	0.999	0.999	0.999
0.25	0.331	0.544	0.700	0.804	0.871	0.915	0.943	0.962	0.974	0.982	0.988	0.992	0.994	0.996	0.997	0.998	0.998	0.999	0.999	0.999
0.30	0.322	0.531	0.684	0.788	0.857	0.903	0.933	0.954	0.968	0.977	0.984	0.989	0.992	0.994	0.996	0.997	0.998	0.998	0.999	0.999
0.35	0.311	0.515	0.666	0.770	0.840	0.888	0.921	0.944	0.960	0.971	0.979	0.985	0.989	0.992	0.994	0.996	0.997	0.997	0.998	0.998
0.40	0.299	0.496	0.644	0.748	0.820	0.870	0.905	0.931	0.949	0.962	0.972	0.979	0.984	0.988	0.991	0.993	0.995	0.996	0.997	0.998
0.45	0.285	0.474	0.619	0.722	0.795	0.848	0.886	0.914	0.935	0.951	0.962	0.971	0.978	0.983	0.987	0.990	0.992	0.994	0.995	0.996
0.50	0.269	0.449	0.589	0.692	0.766	0.821	0.862	0.893	0.917	0.935	0.950	0.961	0.969	0.976	0.981	0.985	0.988	0.991	0.993	0.994
0.55	0.251	0.421	0.556	0.656	0.731	0.788	0.832	0.867	0.893	0.915	0.932	0.946	0.957	0.965	0.972	0.978	0.982	0.986	0.988	0.991
0.60	0.231	0.390	0.518	0.616	0.691	0.760	0.796	0.834	0.864	0.889	0.909	0.925	0.939	0.950	0.959	0.966	0.972	0.977	0.981	0.985
0.65	0.210	0.356	0.476	0.569	0.643	0.703	0.752	0.792	0.826	0.854	0.877	0.897	0.913	0.927	0.939	0.948	0.957	0.964	0.969	0.974
0.70	0.186	0.318	0.428	0.516	0.588	0.647	0.697	0.740	0.776	0.807	0.834	0.857	0.877	0.894	0.909	0.921	0.932	0.942	0.950	0.957
0.75	0.161	0.276	0.374	0.455	0.523	0.581	0.631	0.675	0.713	0.747	0.776	0.803	0.826	0.846	0.864	0.880	0.894	0.907	0.917	0.927
0.80	0.133	0.230	0.314	0.386	0.448	0.502	0.550	0.593	0.632	0.667	0.698	0.727	0.753	0.776	0.798	0.817	0.834	0.850	0.864	0.877
0.85	0.103	0.179	0.248	0.307	0.360	0.407	0.450	0.490	0.527	0.561	0.593	0.622	0.650	0.675	0.698	0.720	0.740	0.759	0.776	0.793
0.90	0.071	0.125	0.174	0.217	0.257	0.294	0.329	0.362	0.393	0.423	0.451	0.478	0.503	0.527	0.550	0.572	0.593	0.613	0.632	0.650
0.95	0.036	0.065	0.091	0.115	0.138	0.160	0.181	0.201	0.221	0.240	0.259	0.277	0.295	0.312	0.329	0.346	0.362	0.378	0.393	0.408
1.00	0.000	0.000	0.000	0.000	0.000	0.000	0.000	0.000	0.000	0.000	0.000	0.000	0.000	0.000	0.000	0.000	0.000	0.000	0.000	0.000

续表

ξ＼α	11.0	11.5	12.0	12.5	13.0	13.5	14.0	14.5	15.0	15.5	16.0	16.5	17.0	17.5	18.0	18.5	19.0	19.5	20.0	20.5
0.00	0.999	0.999	0.999	0.999	0.999	0.999	1.000	1.000	1.000	1.000	1.000	1.000	1.000	1.000	1.000	1.000	1.000	1.000	1.000	1.000
0.05	0.999	0.999	0.999	0.999	0.999	0.999	0.999	1.000	1.000	1.000	1.000	1.000	1.000	1.000	1.000	1.000	1.000	1.000	1.000	1.000
0.10	0.999	0.999	0.999	0.999	0.999	0.999	0.999	0.999	0.999	1.000	1.000	1.000	1.000	1.000	1.000	1.000	1.000	1.000	1.000	1.000
0.15	0.999	0.999	0.999	0.999	0.999	0.999	0.999	0.999	0.999	0.999	1.000	1.000	1.000	1.000	1.000	1.000	1.000	1.000	1.000	1.000
0.20	0.999	0.999	0.999	0.999	0.999	0.999	0.999	0.999	0.999	0.999	0.999	0.999	0.999	1.000	1.000	1.000	1.000	1.000	1.000	1.000
0.25	0.999	0.999	0.999	0.999	0.999	0.999	0.999	0.999	0.999	0.999	0.999	0.999	0.999	0.999	0.990	1.000	1.000	1.000	1.000	1.000
0.30	0.999	0.999	0.999	0.999	0.999	0.999	0.999	0.999	0.999	0.999	0.999	0.999	0.999	0.999	0.999	0.999	0.999	0.999	1.000	1.000
0.35	0.999	0.999	0.999	0.999	0.999	0.999	0.999	0.999	0.999	0.999	0.999	0.999	0.999	0.999	0.999	0.999	0.999	0.999	0.999	0.999
0.40	0.998	0.998	0.999	0.999	0.999	0.999	0.999	0.999	0.999	0.999	0.999	0.999	0.999	0.999	0.999	0.999	0.999	0.999	0.999	0.999
0.45	0.997	0.998	0.998	0.998	0.999	0.999	0.999	0.999	0.999	0.999	0.999	0.999	0.999	0.999	0.999	0.999	0.999	0.999	0.999	0.999
0.50	0.995	0.996	0.997	0.998	0.998	0.998	0.999	0.999	0.999	0.999	0.999	0.999	0.999	0.999	0.999	0.999	0.999	0.999	0.999	0.999
0.55	0.992	0.994	0.995	0.996	0.997	0.997	0.998	0.998	0.998	0.999	0.999	0.999	0.999	0.999	0.999	0.999	0.999	0.999	0.999	0.999
0.60	0.987	0.989	0.991	0.993	0.994	0.995	0.996	0.996	0.997	0.997	0.998	0.998	0.998	0.999	0.980	0.999	0.999	0.999	0.999	0.999
0.65	0.978	0.982	0.985	0.987	0.989	0.991	0.992	0.993	0.994	0.995	0.996	0.996	0.997	0.997	0.998	0.998	0.998	0.998	0.999	0.999
0.70	0.963	0.969	0.972	0.976	0.979	0.982	0.985	0.987	0.988	0.990	0.991	0.992	0.993	0.994	0.995	0.996	0.996	0.997	0.997	0.997
0.75	0.936	0.943	0.950	0.956	0.961	0.965	0.969	0.973	0.976	0.979	0.981	0.983	0.985	0.987	0.988	0.990	0.991	0.992	0.993	0.994
0.80	0.889	0.899	0.909	0.917	0.925	0.932	0.939	0.945	0.950	0.954	0.959	0.963	0.966	0.968	0.972	0.975	0.977	0.979	0.981	0.983
0.85	0.808	0.821	0.834	0.846	0.857	0.868	0.877	0.886	0.894	0.902	0.909	0.915	0.921	0.927	0.932	0.937	0.942	0.946	0.950	0.953
0.90	0.667	0.683	0.698	0.713	0.727	0.740	0.753	0.765	0.776	0.787	0.79	0.808	0.817	0.826	0.834	0.842	0.850	0.857	0.864	0.871
0.95	0.423	0.437	0.451	0.464	0.478	0.490	0.503	0.515	0.527	0.538	0.550	0.561	0.572	0.583	0.593	0.603	0.613	0.622	0.632	0.641
1.00	0.000	0.000	0.000	0.000	0.000	0.000	0.000	0.000	0.000	0.000	0.000	0.000	0.000	0.000	0.000	0.000	0.000	0.000	0.000	0.000

211

表 6 - 25 ϕ_2 值

ξ	倒三角荷载	均布荷载	顶部集中力
0.00	0.000	0.00	
0.05	0.097	0.05	
0.10	0.189	0.10	
0.15	0.277	0.15	
0.20	0.359	0.20	
0.25	0.437	0.25	
0.30	0.508	0.30	
0.35	0.577	0.35	
0.40	0.639	0.40	
0.45	0.697	0.45	
0.50	0.749	0.50	1.000
0.55	0.797	0.55	
0.60	0.839	0.60	
0.65	0.877	0.65	
0.70	0.909	0.70	
0.75	0.937	0.75	
0.80	0.958	0.80	
0.85	0.977	0.85	
0.90	0.989	0.90	
0.95	0.997	0.95	
1.00	1.000	1.00	

（3）j 层连梁的端部弯矩

$$M_{lj} = Q_{lj}a \qquad (6-49)$$

（4）j 层连梁轴力

$$N_{lj} = \sigma_j(\xi)h \qquad (6-50)$$

（5）j 层墙肢轴力

$$N = N_1 = N_2 = \sum_{i=1}^{n} Q_{ls} \qquad (6-51)$$

（6）j 层墙肢弯矩

$$\left.\begin{array}{l} M_1 = \dfrac{J_1}{\sum\limits_{i=1}^{2} J_i} M_j \\[4mm] M_2 = \dfrac{J_2}{\sum\limits_{i=1}^{2} J_i} M_j \end{array}\right\} \qquad (6-52)$$

式中

$$M_j = M_{\mathrm{p}j} - \sum_{i=1}^{n} m_s$$

（7）j 层墙肢剪力，也可由连梁轴力求得：

$$\left.\begin{array}{l} Q_1 = Q_{\mathrm{p}} - \sum\limits_{i=1}^{n} N_{ls} \\[4mm] Q_2 = \sum\limits_{i=1}^{n} N_{ls} \end{array}\right\} \qquad (6-53)$$

或由墙肢弯曲变形和剪切变形后的抗剪刚度分配求得：

$$\left.\begin{array}{l} Q_1 = \dfrac{J_1}{\sum\limits_{i=1}^{2} J_i} Q_j \\[4mm] Q_2 = \dfrac{J_2}{\sum\limits_{i=1}^{2} J_i} Q_j \end{array}\right\} \qquad (6-54)$$

式中

$$J_i = \dfrac{1}{1 + \dfrac{12 M E J_i}{G A_i h^2}} \quad (i = 1, 2)$$

J_i 为墙肢折算后的惯性矩。

2. 双肢墙顶点位移计算

由文献《高层建筑结构设计》提供，当 $\xi = 0$ 时，在倒三角形荷载作用下的顶点位移：

213

$$\Delta = \frac{11Q_0H^3}{60E\sum J_i}(1-T) + \frac{2MQ_0H}{3G\sum A_i} - \frac{Q_0H^3T}{E\sum J_i}\Big[C_1\frac{1}{\alpha^3}(\alpha\,\mathrm{ch}\,\alpha - \mathrm{sh}\,\alpha) +$$

$$C_2\frac{1}{\alpha_3}\Big(1+\alpha\,\mathrm{sh}\,\alpha - \mathrm{ch}\,\alpha - \frac{1}{2}\alpha^2\Big) + \frac{2}{3}\Big(\gamma^2 - \frac{1}{\alpha^2}\Big)\Big]$$

$$(6-55)$$

在均布荷载作用下的顶点位移：

$$\Delta = \frac{Q_0H^3}{8E\sum J_i}(1-T) + \frac{2MQ_0H}{2G\sum A_i} - \frac{Q_0H^3T}{E\sum J_i}\Big[C_1\frac{1}{\alpha^3}(\alpha\,\mathrm{ch}\,\alpha - \mathrm{sh}\,\alpha) +$$

$$C_2\frac{1}{\alpha_3}\Big(1+\alpha\,\mathrm{sh}\,\alpha - \mathrm{ch}\,\alpha - \frac{1}{2}\alpha^2\Big)\Big]$$

$$(6-56)$$

在顶部集中力作用下的顶点位移：

$$\Delta = \frac{Q_0H^3}{3E\sum J_i}(1-T) + \frac{MQ_0H}{G\sum A_i} - \frac{Q_0H^3T}{E\sum J_i}\Big[C_1\frac{1}{\alpha^2}(\alpha\,\mathrm{ch}\,\alpha - \mathrm{sh}\,\alpha) +$$

$$C_2\frac{1}{\alpha^3}\Big(1+\alpha\,\mathrm{sh}\,\alpha - \mathrm{ch}\,\alpha - \frac{1}{2}\alpha^2\Big)\Big]$$

$$(6-57)$$

其中

$$C_1 = \begin{cases} (\beta-1)\Big[\Big(1-\dfrac{2}{\alpha^2}\Big) - \dfrac{2\,\mathrm{sh}\,\alpha}{\alpha}\Big]\dfrac{1}{\mathrm{ch}\,\alpha} & \text{（倒三角形荷载）} \\[2mm] (\beta-1)\Big(1-\dfrac{\mathrm{sh}\,\alpha}{\alpha}\Big)\dfrac{1}{\mathrm{ch}\,\alpha} & \text{（均布荷载）} \\[2mm] (\beta-1)\dfrac{1}{\mathrm{ch}\,\alpha} & \text{（顶点水平集中力）} \end{cases}$$

$$C_2 = \begin{cases} \dfrac{2}{\alpha}(\alpha^2\gamma^2 - 1) \\[2mm] \dfrac{1}{\alpha}(\alpha^2\gamma^2 - 1) \\[2mm] 0 \end{cases} = \begin{cases} \dfrac{2}{\alpha}(\beta-1) & \text{（倒三角形荷载）} \\[2mm] \dfrac{1}{\alpha}(\beta-1) & \text{（均布荷载）} \\[2mm] 0 & \text{（顶点水平集中力）} \end{cases}$$

将 C_1，C_2 代入式（6-55）、式（6-56）、式（6-57）中，可得常用的三种荷载作用下的顶点位移：

$$\Delta = \begin{cases} \dfrac{11}{60}\dfrac{Q_0 H^3}{E\sum J_i}\left[1+3.64\gamma_1^2-T+(1-\beta)\varphi_\alpha T\right] \\[3mm] \dfrac{1}{8}\dfrac{Q_0 H^3}{E\sum J_i}\left[1+4\gamma_1^2-T+(1-\beta)\varphi_\alpha T\right] \\[3mm] \dfrac{1}{3}\dfrac{Q_0 H^3}{E\sum J_i}\left[1+3\gamma_1^2-T+(1-\beta)\varphi_\alpha T\right] \end{cases} \tag{6-58}$$

式中　$\gamma_1^2 = \dfrac{ME\sum J_i}{H^2 G\sum A_i}$

$$\varphi_\alpha = \begin{cases} \dfrac{60}{11}\cdot\dfrac{1}{\alpha^2}\left(\dfrac{2}{3}+\dfrac{2\mathrm{sh}\,\alpha}{\alpha^3\mathrm{ch}\,\alpha}-\dfrac{2}{\alpha^2\mathrm{ch}\,\alpha}-\dfrac{\mathrm{sh}\,\alpha}{\alpha\,\mathrm{ch}\,\alpha}\right) \\[3mm] \dfrac{8}{\alpha^2}\left(\dfrac{1}{2}+\dfrac{1}{\alpha^2}-\dfrac{1}{\alpha^2\mathrm{ch}\,\alpha}-\dfrac{\mathrm{sh}\,\alpha}{\alpha\,\mathrm{ch}\,\alpha}\right) \\[3mm] \dfrac{3}{\alpha^2}\left(1-\dfrac{1}{\alpha}\dfrac{\mathrm{sh}\,\alpha}{\mathrm{ch}\,\alpha}\right) \end{cases} \tag{6-59}$$

式中，φ_α 与 α 为双曲函数，可查表 6-26 得到。

为了方便，按顶点位移相等的原则，可将墙体的弯曲变形、剪切变形和轴向变形之后的墙体顶点位移，折算成只考虑墙体弯曲变形后的高效刚度的顶点位移：

在倒三角形荷载作用下的弯曲变形顶点位移：

$$\Delta = \frac{11}{120}\frac{q_{max}H^4}{EJ} = \frac{11}{60}\frac{Q_0 H^3}{EJ} \tag{6-60a}$$

表 6-26　φ_α 值

α	倒三角荷载	均布荷载	顶部集中力
1.000	0.720	0.722	0.715
1.500	0.537	0.540	0.528
2.000	0.399	0.403	0.388
2.500	0.302	0.306	0.290
3.000	0.234	0.238	0.222
3.500	0.186	0.190	0.175
4.000	0.151	0.155	0.140

续表

α	倒三角荷载	均布荷载	顶部集中力
4.500	0.125	0.128	0.115
5.000	0.105	0.108	0.096
5.500	0.089	0.092	0.081
6.000	0.077	0.080	0.069
6.500	0.067	0.070	0.060
7.000	0.058	0.061	0.052
7.500	0.052	0.054	0.046
8.000	0.046	0.048	0.041
8.500	0.041	0.043	0.036
9.000	0.037	0.039	0.032
9.500	0.034	0.035	0.029
10.000	0.031	0.032	0.027
10.500	0.028	0.030	0.024
11.000	0.026	0.027	0.022
11.500	0.023	0.025	0.020
12.000	0.022	0.023	0.019
12.500	0.020	0.021	0.017
13.000	0.019	0.020	0.016
13.500	0.017	0.018	0.015
14.000	0.016	0.017	0.014
14.500	0.015	0.016	0.013
15.000	0.014	0.015	0.012
15.500	0.013	0.014	0.011
16.000	0.012	0.013	0.010
16.500	0.012	0.013	0.010
17.000	0.011	0.012	0.009
17.500	0.010	0.011	0.009
18.000	0.010	0.011	0.008
18.500	0.009	0.010	0.008
19.000	0.009	0.009	0.007
19.500	0.008	0.009	0.007
20.000	0.008	0.009	0.007
20.500	0.008	0.008	0.006

在均布荷载作用下的弯曲变形顶点位移：

$$\Delta = \frac{1}{8}\frac{qH^4}{EJ} = \frac{1}{8}\frac{Q_0 H^3}{EJ} \tag{6-60b}$$

在顶点水平集中力作用下的弯曲变形顶点位移：

$$\Delta = \frac{1}{3}\frac{Q_0 H^3}{EJ} \tag{6-60c}$$

在三种荷载作用下各自的等效惯性矩 J_d 分别是：

$$J_d = \begin{cases} \sum J_i / [(1-T) + (1-\beta)T\varphi_a + 3.64\gamma_1^2] \\ \sum J_i / [(1-T) + (1-\beta)T\varphi_a + 4\gamma_1^2] \\ \sum J_i / [(1-T) + (1-\beta)T\varphi_a + 3\gamma_1^2] \end{cases} \tag{6-61}$$

有了等效惯性矩,在三种常用荷载作用下弯曲变形悬臂墙顶点位移公式如下：

$$\Delta = \begin{cases} \dfrac{11}{60}\dfrac{Q_0 H^3}{EJ_d}(\text{倒三角形荷载}) \\[2mm] \dfrac{1}{8}\dfrac{Q_0 H^3}{EJ_d}(\text{均布荷载}) \\[2mm] \dfrac{1}{3}\dfrac{Q_0 H^3}{EJ_d}(\text{顶部集中力}) \end{cases} \tag{6-62}$$

3. 多肢墙内力计算

多肢剪力墙的内力计算仍需设有以下先决条件：

（1）仍将连梁作用作为连续杆考虑；

（2）各墙肢在同一水平面上的侧向变形位移相等,同时各墙肢在同一水平面上的转角和曲率相等；

（3）各墙肢沿高度层高基本相等,且墙肢刚度变化不大,最好相等。

计算内力时,仍需考虑墙肢弯曲变形和剪切变形的位移影响,同时也要考虑墙肢轴力及连梁剪力的影响。对多肢墙内力计算这里不再引进有关文献的叙述。

4. 多肢墙顶点位移计算

对多肢剪力墙顶点位移仍可用式（6-62）计算,不过这里提出几个参数的计算。

一般来说,多肢墙轴向变形影响小些,而双肢墙、三肢墙影响大些。层数较多,连梁刚度较大,轴向变形影响也较大,T 值相应减小。不考虑轴向变形影响时,$T = 1$。对双肢墙 T 的计算公式为 $T = 2sc/(J_1 + J_2 + 2sc)$,$s = 2cA_1A_2/(A_1 + A_2)$。

对多肢墙,T 值计算较繁,这里不列出计算公式,实际运用时可采取近似值,即 3~4 墙肢时,取 0.80;5~7 墙肢时,取 0.85;8 肢以上时,取 0.9。

考虑轴向变形的整体参数 α,即

$$\alpha^2 = \frac{\alpha_1^2}{T} \tag{6-63}$$

墙肢的剪切参数 γ,即

$$\gamma^2 = \frac{ME\sum_{i=1}^n J_i\alpha^2}{H^2GA\alpha_1^2} = \frac{2.38M\sum_{i=1}^n J_i}{H^2A} \cdot \frac{\sum_{i=1}^n D_i\frac{a_i}{c_i}}{\sum_{i=1}^n D_i} \tag{6-64}$$

当墙肢(宽度和厚度)较均匀,各连梁刚度相近时,可近似取用

$$\gamma^2 \approx \frac{2.38M\sum_{i=1}^n J_i}{H^2A} \cdot \frac{\sum_{i=1}^n a_i}{\sum_{i=1}^n c_i} \tag{6-65}$$

$$\gamma_1^2 \approx \frac{ME\sum_{i=1}^n J_i}{H^2GA} = \frac{2.38M\sum_{i=1}^n J_i}{H^2A} \tag{6-66}$$

$$\beta = \alpha^2\gamma^2$$

当墙体少,层数多,$H/\beta \geqslant 4$ 时,可不考虑墙肢剪切变形的影响,取 $\gamma_1^2 = \gamma^2 = \beta = 0$,这时多肢墙的等效刚度 J_d 可由式(6-61)计算得到。

第三节　框支剪力墙结构

框支剪力墙结构是根据剪力墙结构的使用要求而进行的一种拓展,

在底层,或底层和二层,甚至底层、二层和三层都设计成柱网,将墙体直接支承在柱上的一种结构。框支柱上一层的剪力墙和板就是转换层,将转换层全高或部分剪力墙加厚,称为框支转换梁(图6-26)。

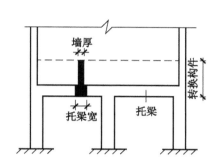

图6-26　框支剪力墙的转换部位

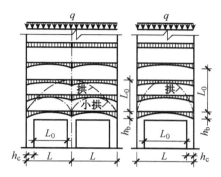

图6-27　竖向应力 σ_y 分布

在离开转换梁顶面 L_0(L_0 为框支柱之间净跨)以上的墙体和 L_0 以内的墙体,在竖向均布荷载作用下的竖向内力 σ_y 分布截然不同,L_0 以上的墙体竖向应力 σ_y 分布不受转换层梁的影响,σ_y 呈均匀分布(图6-27),而 L_0 以内的各层墙体 σ_y 传递分布类似于拱圈力流传递到拱圈两端拱脚的框支柱上方,产生水平推力,此推力必须有转换梁(拉杆)平衡。因此,拱圈和转换梁(拉杆)共同存在于 L_0 高度范围内,在单跨转换梁中,σ_y 传递到框支墙两端框支柱顶;在双跨转换梁中,拱圈内的上部荷载以大拱圈的形式直接传递到两端边柱上,而拱圈内的下部荷载以小拱圈的形式直接传递到边柱和中柱上,所以中柱上的 σ_y 小于边柱上的 σ_y(图6-27)。由于转换梁和框支柱截面高度一般都较大,所以竖向应力 σ_y 集中程度就小,分布较平缓。

无论是单跨还是双跨框支结构,在竖向荷载作用下的水平应力 σ_x 只在高度 L_0 范围内的墙体中分布,在 L_0 以上高度的 σ_x 趋于零(图6-28)。

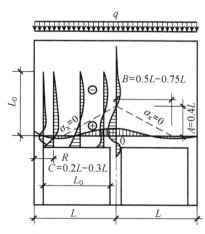

图6-28　水平应力 σ_x 分布

墙内剪应力 τ 只存在于高度 L_0 之内,在墙与转换梁的交界处达到最大值(图 6 - 29)。

单跨转换梁在框支柱处的弯矩较小,由于转换梁与上部墙体共同组成一个倒 T 形的深梁,此转换深梁的下部为受拉翼缘,又是平衡拱圈推力的拉杆,还要承受拱圈内荷载产生的弯矩,所以转换梁是拉弯杆件,转换梁由于截面高度高,刚度自然就大,弯矩就小,但它应按偏心拉弯杆件进行截面设计。由于转换梁不是一般的受弯构件,所以梁顶负弯矩较大,梁顶负钢筋由计算决定,负钢筋应全部拉通(防止转换梁

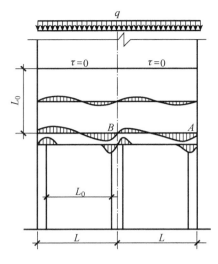

图 6 - 29 剪应力 τ 分布

扭转存在),而下部受拉钢筋也应全部拉通至柱内锚固,从梁顶至梁底沿梁腹板两侧高度应配置间距不大于 200 mm、直径大于等于 16 mm 的腰筋。

由于转换梁在框支墙的底部,与拱圈共同作用,形成拱的拉杆,在杆顶与墙底横截面处的水平方向产生拉应力和压应力,越接近墙体底部边缘,拉应力越大,为抵抗拉应力和弯矩,必须将墙体底部的边缘拉杆横截面加厚,抵抗支座附近产生的较大剪力和拉力。由于转换梁是转换层中的主要杆件,所以转换梁的抗震设计应遵循下列要求:

(1)转换梁的混凝土强度等级不应低于 C30。

(2)转换梁截面宽度不宜大于框支柱相应方向的截面宽度,且不宜小于其上墙体截面厚度的 2 倍和 400 mm;当转换梁上有托柱时,还不应小于托柱相应方向的柱截面宽度;梁截面高度抗震设计时不应小于计算跨度的 1/6,转换梁截面高度抗震验算不够时,可采用加腋梁的方法,其截面中线与托支柱截面中线宜重合。

(3)设计转换梁截面时组合最大剪力设计值应符合下列条件:

$$V_b \leqslant (0.15\beta_c f_c bh_0)/\gamma_{RE} \tag{6-67}$$

(4)抗震设计时,梁上、下部纵向钢筋最小配筋率,特一级、一级和

二级分别为 0.60%，0.50% 和 0.40%，钢筋接头宜采用机械连接，同一截面钢筋接头面积不应超过全部纵向钢筋面积的 50%，接头部位应避开墙体洞口、梁上托柱及受力较大部位。

（5）转换梁上的一层墙体应根据三角形有限元计算而获得，应力和配筋示意如图 6-30 所示。

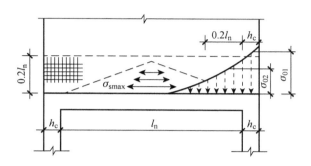

图 6-30　框支梁上墙体应力、配筋示意图

对框支层楼板的设计要求，由于框支层是框支柱和上部墙体的整体作用的关键部位，是靠楼板的强度和刚度实现的，所以对框支层楼板应提出下列要求：

（1）框支层楼板厚度不宜小于 180 mm（避免大跨度下楼板的出平面弯曲），楼板板底板面应分别配双层双向钢筋，每一方向总配筋率不宜小于 0.6%；转换板内暗梁的抗剪箍筋面积配筋率不宜小于 0.45%，每层每方向的配筋率不宜小于 0.25%，板中钢筋应锚固在边梁或墙体内。

（2）沿厚板周边宜布置钢筋网。

（3）对转换板相邻的楼板应适当加强，楼板厚度不宜小于 150 mm；落地剪力墙和筒体外围的楼板不宜开洞，楼板边缘应设置边梁，其梁宽不宜小于板厚的 2 倍，梁全截面纵向配筋率不应小于 1.0%。

（4）对转换层楼板，其截面剪力设计值应符合下列条件：

$$V_f \leqslant (01\beta_c f_c b_f t_f)/\gamma_{RE} \qquad (6-68)$$

$$V_f \leqslant f_y A_s/\gamma_{RE} \qquad (6-69)$$

式中　V_f——由不落地剪力墙传到落地剪力墙处、按刚性楼板计算的框支层楼板组合的剪力设计值，8 度时应乘以增大系数 2.0，

7 度时应乘以增大系数 1.5,验算落地剪力墙时可不考虑增大系数;

A_s——穿过落地剪力墙的框支转换层楼盖(包括梁和板)的全部钢筋的截面面积;

γ_{RE}——承载力抗震调整系数。

对框支梁上部一层墙体的配筋宜提出下列要求:

(1) 柱上墙体的端部竖向钢筋面积 A_s 应符合下列计算式:

$$A_s = h_c b_w (\sigma_{01} - f_c)/f_y \qquad (6-70)$$

(2) 对柱边 $0.2l_n$ 宽度范围内竖向分布钢筋面积 A_{sw},即

$$A_{sw} = 0.2l_n b_w (\sigma_{02} - f_c)/f_{yw} \qquad (6-71)$$

(3) 对框支梁上部 $0.2l_n$ 高度范围内墙体水平分布钢筋面积 A_{sh},即

$$A_{sh} = 0.2l_n b_w \sigma_{max}/f_{yh} \qquad (6-72)$$

式中 l_n——框支梁净跨度(mm);

h_c——框支柱截面高度(mm);

b_w——墙肢截面厚度(mm);

σ_{01}——柱上墙体 h_c 范围内风荷载、地震作用组合的平均压应力设计值(N/mm^2);

σ_{02}——柱边墙体 $0.2l_n$ 范围内风荷载、地震作用组合的平均压应力设计值(N/mm^2);

σ_{max}——框支梁与墙体交界面上风荷载、地震作用组合的水平拉应力设计值(N/mm^2);

γ_{RE}——地震作用调整系数,取 0.85。

对框支柱应提出下列要求:

(1) 框支柱尺寸,因框支柱是整体结构中的重要部位,也是最薄弱部位,在竖向荷载和倾覆力矩作用下,柱的轴力很大,在地震区柱截面尺寸不应太小,柱宽不宜小于 450 mm,柱高不宜小于柱宽,也不宜小于框支梁净跨度的 1/12。

(2) 框支柱不宜采用短柱,柱净高与柱截面高度之比不宜小于 4,不能满足时,可抬高框支层层高。

(3) 框支柱混凝土强度等级不应低于 C30。

（4）框支柱轴压比的限值,由于框支柱的延性和抗倒塌能力比一般框架柱要求更严格,所以对轴压比限值要比框架柱(表 5-3)各抗震等级低 0.05,在弹性计算中,由于楼板在平面内为无限大的刚性,框支柱的计算剪力会比实际分配到的剪力要小,为了柱子的安全,设计时应适当提高柱的实际剪力和弯矩,同时为使上部剪力墙也出现塑性铰,也应对框支柱剪力标准值进行调整:

① 当每层框支柱的根数不到 10 根时,框支层为 1~2 层时,每根柱所受到的剪力至少取基底总剪力的 2%;当框支层为 3 层或 3 层以上时,每根柱所受到的剪力至少取基底总剪力的 3%。

② 当每层框支柱的根数多于 10 根时,框支层为 1~2 层时,每层框支柱承受剪力之和应取基底总剪力的 20%;当框支层为 3 层或 3 层以上时,每层框支柱所承受的剪力之和应取基底总剪力的 30%。

框支柱剪力调整后,应调整框支柱的弯矩和柱端框架梁的剪力和弯矩,但转换梁的剪力、弯矩和框支柱的轴力可不调整。

③ 对一、二级与转换梁相连的柱上端和底层的柱下端截面弯矩组合值应分别乘以增大系数 1.5 和 1.25。其他层框支柱柱端弯矩设计值应符合框架结构强柱弱梁的调整原则;对一、二级柱端截面设计值应符合框架结构强剪弱弯的调整要求;对一、二级框支柱由地震产生的轴力应分别乘以增大系数 1.5 和 1.2。但计算轴压比时不考虑增大系数。

框支层的角柱弯矩和剪力设计值应在上述调整的基础上,再乘以增大系数 1.1。

柱内全部纵筋配筋率不宜大于 4%,超过时箍筋应焊接成封闭式,柱纵筋不宜大于 200 mm。为了提高框支柱的延性,柱全高加密。箍筋选用复合式螺旋箍或"井"字型复合箍,其值不应小于 10 mm,间距不应大于 100 mm。

对框支层提出下列要求:

（1）要求转换层及其上、下楼层的侧向刚度基本均匀。除要求结构平面中部的电梯井道和设备管道井的剪力墙落地外,还要求在结构平面的周边适当部位也布置一定数量的落地剪力墙,并加大落地剪力墙在转换层以下各墙体的厚度,增强其抗侧刚度,增大落地剪力墙底部的抗弯抗剪承载力,将首先屈服的截面转移到转换层以上,使落地剪力墙在转换层以下不出现或推迟出现塑性铰。

当转换层在1,2层时,可采用转换层与其相邻上层结构的等效剪切刚度 r_e 表示转换层上、下层结构刚度的变化,使 r_e 最好接近1,抗震设计时, r_e 应大于0.5。 r_e 可用下式表示:

$$r_e = \frac{G_1 A_1}{G_2 A_2} \cdot \frac{h_2}{h_1} \tag{6-73}$$

式中　G_1, G_2——转换层和转换层上层的混凝土剪切变形模量;

　　　A_1, A_2——转换层和转换层上层的折算抗剪截面面积,按式(6-74)计算:

$$A_i = A_{w,i} + \sum_j C_{i,j} A_{c,i,j} \quad (i=1,2) \tag{6-74}$$

式中　$A_{w,i}$——第 i 层全部剪力墙在计算方向的有效截面面积(不包括翼缘面积);

　　　$A_{c,i,j}$——第 i 层第 j 根柱的截面面积;

　　　$C_{i,j}$——第 i 层第 j 根柱截面面积折算系数,当计算值大于1时取1。

框支结构应选择合适的基础,由于框支剪力墙结构高度高,结构重心升高,在水平荷载作用下引起的倾覆力矩大,迫使建筑平面两侧的框支柱受拉和受压增大,会引起基础转动。为此,框支剪力墙结构不宜选择独立基础和条形基础,为避免基础转动,一般宜选择箱基加桩基或筏板基础加桩基。

由于转换层是框支剪力墙的薄弱层,上、下层结构内力的不均匀存在,在计算内力时,应选择符合实际受力变形状态的计算模型进行三维空间整体计算,并用三角形有限元法对转换层结构进行局部补充计算。同时还应对转换层以上的2层结构进行局部模型计算,模型的选择应符合实际工作状态。

整体结构计算应选择两个不同的力学模型程序进行抗震计算,还宜选用弹性时程分析和弹塑性时程分析校核。抗震设计时,对转换层的地震剪力应乘以增大系数1.15%。对高位转换层还应进行重力荷载下的施工模拟计算。

8度抗震设防计算时,转换层构件应考虑竖向荷载代表值的10%作为附加竖向地震作用力,附加竖向地震作用应考虑两个方向。

转换构件水平地震作用产生的内力,应分别乘以增大系数1.8(特一级）、1.5（一级）、1.25（二级）。

部分框支剪力墙结构的抗震等级和适用高度如下：抗震设防烈度 6 度 140 m、7 度 120 m、8 度 100 m、9 度不应采用框支剪力墙结构。

第七章

框架-剪力墙结构

第一节　概　述

　　框架-剪力墙结构是在框架结构抗震规定的适用高度（6 度60 m、7度 50 m、8 度 40 m、9 度 24 m）的基础上再提高建筑高度而采用的一种高层建筑结构。框架-剪力墙结构高度比框架结构高度在各自设防烈度相应地区分别可提高 1.16 倍、1.4 倍、1.5 倍、1.28 倍和 1.08 倍。框架结构虽然能提供较大的使用空间，使用布置灵活、抗震延性适中，但抗侧刚度小，特别是随建筑高度的增加，框架结构的柔性增加，位移和剪切变形增大，水平抗震能力降低，特别是在高烈度地区，变位位移不能满足抗震规定的弹性层间位移角限值的 1/550。为了增加框架结构的抗侧刚度，单纯增加框架梁柱截面尺寸会形成庞大的肥梁胖柱，这是不现实的，也会造成使用不合理、不经济。为了提高建筑层数和高度及节约土地，根据建筑平面形状和建筑面积大小、体型和高度，在建筑平面的适当位置（避免结构扭转，又不影响建筑使用）增设一定量的恰如其分的剪力墙，提高整个结构的抗侧刚度是必要的选择，这就是所谓的框架-剪力墙结构（简称框-剪结构）。框-剪结构可将上述各地震烈度区的建筑高度分别提高到 130 m（6 度）、120 m（7 度）、100 m（8 度0.2 g）、80 m（8 度0.3 g）和 50 m（9 度）。

　　地震时的结构破坏状态与结构的侧移变形角大小直接有关，侧移变形角（δ/h）小，结构有轻微破坏；侧移变形角大，结构破坏严重。当框架和剪力墙各自单独工作时，框架变形属剪切型[图 7-1(b)]，框架的层间侧移变形角是上几层小，下几层大，最大层间侧移变形角发生在框架结构的底部几层；而剪力墙单独工作时，变形属弯曲型[图 7-1(c)]，剪力墙的层间侧移变形角是下几层小,上几层大,最大层间侧移变形角发生在结构的顶部。在框-剪结构中,由于各层楼盖的协同作用,框架和剪力墙各自的竖杆侧移变形起着协调作用,在各楼盖处的变形协调相同,再把各榀框架和各片剪力墙各自合并视为总框架和总剪力墙,通过各层刚性楼盖的连接,形成框-剪总立面结构[图 7-1(a)],进行内力分析。在水平地震力的作用下,由于各层楼盖的协调作用,框-剪结构底部几层的各连杆产生压力,此压力将总剪力墙往右推(— →),而同时将总框架往左推(← —),从而减小了框架底部几层的最大层间侧移角;在框-剪结构的顶部几层,框架的侧移变形角小,墙体侧移变形角增大,使各层水平楼盖产生拉力,此拉力将总剪力墙往左拉(← +),同时将总框架往右拉(+ →),从而减小了剪力墙顶部几层的侧移变形角,增加了框架顶部

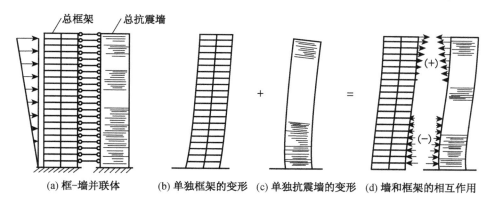

(a) 框-墙并联体　　(b) 单独框架的变形　(c) 单独抗震墙的变形　(d) 墙和框架的相互作用

图 7-1　框-墙体系中框架和抗震墙的协同工作

几层侧移变形角[图 7-1(d)]。这样,框-剪结构在水平外力作用下的最终结果是:在各楼层的协同工作下,框-剪结构的侧移变形角趋于一致,整体变形成为反"S"型弯剪变形,其曲线如图 7-2 所示,最大层间侧移变形角$(\delta/h)_{max}$发生在框-剪结构约 0.7H 高度处(H 为建筑总高度,但不计顶层塔楼高),也就是产生水平剪力最大处,即第二振型的反弯点处。在框架顶部几层的右拉力,是剪力墙顶部几层通过楼盖的拉力传给框架的,这样在框-剪结构中的框架顶

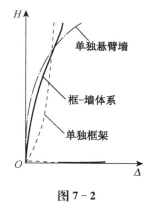

图 7-2

部几层的水平剪力有两个,一个是由水平外荷载产生的,另一个就是顶部几层剪力墙通过楼盖附加给框架的,两个水平剪力方向一致,所以框架部分顶部的剪力就相当大,这是框-剪结构受力的一大特点,不可忽视。特别是在框架结构中带有极少剪力墙或只带有钢筋混凝土设备小井道的工程,一定要按框-剪结构计算,不要认为按纯框架结构设计是安全的,事实表明,由于框架顶部剪力增大,对框架顶部是不安全的。

对框架部分来说,由于上部各楼层的拉力与水平外荷载的方向一致,增大了框架顶部的水平剪力,而下部各层连杆的压力与水平外荷载方向相反,减小了框架底部几层的水平剪力。因此,在框-剪结构中的框架受力不同于纯框架结构受力,在纯框架中,在外水平荷载单独作用下,框架所受到的剪力都是下部大,上部小,顶层剪力为零(图7-3);而在框-剪结构中,框架所受到的剪力都是底部为零,下部小,上部较大(图7-4)。

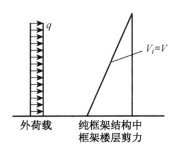

图7-3　在外水平荷载单独作用下的纯框架结构受力

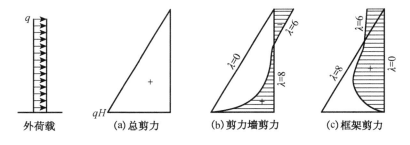

图7-4　框-剪结构的剪力分配

对剪力墙来说,由于上部几层刚性楼盖的水平拉力与水平荷载产生的剪力方向相反,其作用位置又较高,引起反向弯矩,使剪力墙下部几层的最大弯矩有较大的减小,从而使剪力墙底部各层的墙体截面和相应配筋有一定量的减少,能推迟墙体裂缝的产生或减小墙体裂缝。

在框-剪结构中,在水平荷载作用下,框架呈剪切变形,而剪力墙呈弯曲变形,在楼板水平刚度足够大时,可使两者之间的变形协调,整体结构呈弯剪型变形,其曲线如图7-2所示。

由图 7-4 可见,剪力墙和框架之间水平力的分配比例 V_w/V_f 并不是一个定值,它随楼层高度的变化而变化,水平力在框架和剪力墙之间既不能按等效墙体刚度 $E_w I_w$ 分配,也不能按框架的抗推刚度 C_f 分配,而必须按二者之间的变形协调曲线形状(图 7-5)和内力分配比例的相对刚度进行分配,即

$$\lambda = H \sqrt{\frac{C_f}{E_w I_w}} \qquad (7-1)$$

式中　$E_w I_w$——所有剪力墙抗弯刚度之和;

　　　　C_f——所有框架柱抗推刚度之和。抗推刚度是指单位位移层间变形所需要的推力。柱抗推刚度由各柱按计算方向的 D_j 值计算(D 的物理意义:当柱节点有转角时,使柱端产生单位水平位移所需施加的水平推力),其框架的总抗推刚度 C_f,即

$$C_f = h \sum D_j \qquad (7-2)$$

　　　　λ——框-剪结构抗推"刚度特征值",其物理意义是总框架抗推刚度 C_f 与总剪力墙抗弯刚度 $E_w I_w$ 之比。

由图 7-5 可见,当 $\lambda < 1$ 时,剪力墙抗弯刚度很大,而框架抗剪刚度较小,其结构体系以剪力墙为主,整体变形曲线呈弯曲型;当 $\lambda > 6$ 时,剪力墙结构刚度相对很小,框架刚度相对较大,结构体系以框架为主,其整体结构变形曲线基本上呈剪切型变形曲线。所以 λ 的大小直接关系到剪力墙承受的层间剪力比例和倾覆力矩比例,也关系到剪力墙相对数量和墙体布局。在地震力作用下,框-剪结构反应的强弱与建筑物本身刚度的自振周期长短密切相关。结构刚度小,自振周期长,地震作用小;结构刚度大,自振周期短,地震作用大。当结构刚度恰如其分地满足规定的层间侧移变形角限值时,就不应再增加剪力墙,

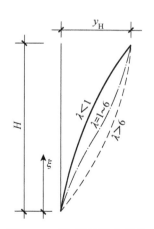

图 7-5　框-剪结构变形曲线和刚度特征值的关系

否则会加大结构对地震力的反应,实践证明,当剪力墙抗弯刚度增加 1 倍时,地震作用将增大 20%。所以当墙体布置数量满足楼层间最大位

移与层高之比 $\Delta u/h = 1/800$ 时,这时的抗震墙数量就是最佳数量。当结构高度、墙体布置位置、重力荷载代表值 G_E、设防烈度、场地类别等确定后,经工程设计经验比较,相对刚度特征值 λ 取在 $1.1 \sim 2.4$ 范围之内,所需的剪力墙数量即是最佳数量。

根据日本的震害经验分析,当楼面每平方米平均剪力墙长度少于 5 cm 时,震害就严重,每平方米多于 15 cm 时,破坏就轻,从而得出墙壁率不少于5 cm/m² 的说法,这并不是说剪力墙数量越多越好,因为还应考虑其他因素,如墙厚、层数、重量等,因此应进一步提出双控指标:① 平均压应力 $\sigma = \dfrac{G}{A_c + A_w}$ 不小于 1.2 MPa;② 墙壁率大于 5 cm/m²,以上两点均满足时,震害就轻。

在框-剪结构中,框架某层承担的最大剪力宜大于 $0.2V_0$(V_0 为结构底部总剪力),但不宜大于 $0.4V_0$,即 V_{fmax}/V_0 在 $0.2 \sim 0.4$ 之间为妥,相应的结构刚度特征值 λ 可在 $1.1 \sim 2.2$ 之间,剪力墙在框-剪结构中的布局,主要是起到抗水平荷载的作用,应沿各主轴线方向布置,在矩形、L 形和槽形平面中,剪力墙宜沿两个主轴方向布置。一般情况下,应沿纵横两个主轴方向布置,使两个主轴方向的自振周期尽量接近。在非地震区,也允许只设横向剪力墙而不设纵向剪力墙,这时,纵向风力全由纵向框架承担。

剪力墙要求均匀、分散、对称和周边布局,分散布局要求剪力墙的片数多,每片剪力墙的刚度不要太大,不要只设一两片刚度很大的剪力墙。过长的剪力墙,因地震力集中到一两片剪力墙上,内力太大,横截面设计困难,特别是连梁,因过大的剪力和倾覆力矩,尤为难处理。所以剪力墙应均匀布开,不要集中到某一局部地区。

对称、均匀、周边布局剪力墙,主要是为了防止高层建筑的扭转,即使有不可避免的扭矩存在,也有周边剪力墙积极应对,可以加大抗扭转的内力臂,提高整个结构的抗扭能力。当周边布局剪力墙有困难时,往内部移动一定距离也可以,但剪力墙的距离应拉开。当不能对称布置或外围布置时,也应使结构刚度中心和质量中心接近,以减少地震作用产生的扭转。

当两片剪力墙之间有框架布置时,应保证楼板有足够的厚度和刚度,才能将水平剪力传递到两边的剪力墙上,充分发挥剪力墙的抗侧力作用。否则楼板在水平力作用下会产生弯曲变形,导致框架侧移增大,框架水平力也增大。通常采用限制剪力墙间距与长度比值的方法作为保证楼板刚度的主要措施。这里提供一组参考数据:6 度和 7 度地区,现浇剪力墙之间的间距,宜≤4B,且≤50 m;8 度地区,宜≤3B,且≤40 m;9 度地区,宜≤2B,且≤30 m;预制整体剪力墙之间的间距,6 度和 7 度地区,宜≤3B,且≤40 m;8 度地区,宜≤2.5B,且≤30 m。而在实际工程中,剪力墙间距一般在 2.5B 及 30 m 之内(B 为楼面宽度)。

为保证剪力墙具有足够的延性,不至于发生脆性的剪切破坏,剪力墙(包括小开口墙和联肢墙)不应过长,不宜大于 8 m,且墙体总高度与总宽度之比 H/L 宜大于 2。

剪力墙的位置布置要求:

(1)对框架-剪力墙结构中的纵横剪力墙宜合并布置成"L"形、"T"形和"口"字形,以使纵横墙彼此之间互为翼缘墙,从而提高其强度和刚度。

(2)剪力墙宜布置在荷载较大处,平面形状变化处(主要指角隅处,易产生较大的应力集中处),电梯间和楼梯间处。因荷载较大处有墙承受,可避免柱子有过大的截面,满足建筑使用要求;同时剪力墙主要为抗侧结构,承受大弯矩和剪力,避免墙体出现轴向拉力,提高墙体承载力。

(3)单片剪力墙底部承担的水平剪力不宜超过结构底部总水平剪力的 40%。

(4)剪力墙宜贯通建筑的全高,宜避免刚度突变。剪力墙开洞时,洞口宜上下对齐。

(5)剪力墙平面布置时,宜使各主轴方向的墙体侧移刚度接近。

第二节 关于剪力墙数量的确定

剪力墙是框-剪结构体系中的骨干竖杆,它是承受水平力的主要构件,剪力墙布置的数量多少、位置所在,直接关系到框-剪结构承受能力的大小,它对框架部分的梁柱尺寸和位置都有一定影响。

剪力墙设置数量的多少,还关系到框-剪体系是否安全、经济、合理,并且是体现结构体系优越性的关键环节,墙体少了,结构不安全;墙体多了,又不经济。

为了充分发挥框-剪结构各自的受力特性,抗震墙在结构底部所承担的地震弯矩值(按第一振型计算)不宜少于总地震弯矩值的 50%,否则剪力墙太少,应按纯框架体系设计。

沿结构平面的两个主轴方向,按《抗震规范》地震力的计算,结构弹性

层间侧移变形角 $\Delta u_i/h_i$ 和最大位移 u/H 都应满足有关规定。

现介绍由工程经验得出的面积法。

1. 面积法(快速法)

用框-剪结构底层柱截面面积 A_c 和剪力墙截面面积 A_w 之和与楼面面积 A_f 之比来确定,即 $(A_c+A_w)/A_f=3\%\sim5\%$ 和 $A_w/A_f=1.5\%\sim2.5\%$(7 度、Ⅱ类场地土)或 $(A_c+A_w)/A_f=4\%\sim6\%$ 和 $A_w/A_f=2.5\%\sim3\%$(8 度、Ⅱ类场地土)。

以上方法的适用条件:

(1) 当设防裂度、场地类别与上述条件不同时,其比例数值可适当增减;

(2) 对层数多、高度高的框-剪结构,可用上限值;

(3) 当纵、横方向剪力墙总量在上述范围内时,则纵、横方向剪力墙数量宜接近。

2. 按结构位移规定的限值确定剪力墙数量

用规定的位移限值决定框-剪结构中剪力墙数量是最大限度的剪力墙合理化数量。在地震作用下的一般装修标准和较高装修标准工程的顶点位移 u 与全高 H 之比 u/H,分别不大于 1/700 和 1/850。

由于框架-剪力墙共同承担水平力,应使剪力墙承担大部分水平力,但框架承担的水平力也不能过少,否则不安全、不经济。在设计中宜使框架承担最大层剪力为整个结构基底总剪力的 $25\%\sim40\%$。如果剪力墙过多,使结构刚度过大,从而加大了地震效应,也是不合理、不经济的。

在框-剪结构中,往往是先知道框架的柱网平面、层高、总高度、梁柱截面,框架的平均总刚度 C_f 可计算得出。在水平地震力作用下,为满足结构侧向位移限值的要求,所需剪力墙刚度可按以下简化方法设计:

(1) 先假定框架梁与剪力墙为铰接;

(2) 结构基本周期考虑非结构墙影响的折减系数 $\varphi_T=0.7\sim0.8$;

(3) 按弹性方法计算的风荷载或地震荷载标准值作用下的楼层间最大水平位移与层高之比 $\Delta u/h$ 宜按下列规定取值:高度不大于 150 m 的,按 1/800 取值(框-剪结构、框架-核心筒结构);

(4) 高度大于 250 m 时,其楼层间最大位移与层高之比 $\Delta u/h$ 不宜小于 1/500;

(5) 剪力墙承受的底部地震弯矩值大于结构底部总地震弯矩值的 50%。

最简单的计算方法是：

在建筑总高度 $H(\mathrm{m})$、总重力荷载代表值 $G_{\mathrm{eq}}(\mathrm{kN})$、场地类别、设防烈度、层间位移比 $\Delta u/h$ 的限值确定后,框架总刚度 C_{f} 为已知的条件下,求所需剪力墙刚度。

由设防烈度、场地类别、层间位移比限值查表7-1可得参数 φ。

由 φ, H, G_{eq}, C_{f} 计算参数 γ 值,即

$$\gamma = \varphi H^{0.45} \left(\frac{C_{\mathrm{f}}}{G_{\mathrm{eq}}}\right)^{0.58} \quad (7-3)$$

由计算出的 γ 值查表 7-2,可得出框-剪结构抗推刚度特征值 λ。

由 λ, H, C_{f} 根据式(7-4)求得所需剪力墙总刚度 $E_{\mathrm{w}}I_{\mathrm{w}}(\mathrm{kN\cdot m^2})$,即

$$E_{\mathrm{w}}I_{\mathrm{w}} = \frac{H^2 C_{\mathrm{f}}}{\lambda^2} \quad (7-4)$$

式中　C_{f}——框架平均总刚度(kN);

$$C_{\mathrm{f}} = \bar{D}\,\bar{h}$$

$\bar{D}$——各层框架柱平均抗推刚度 D 值(kN/m),也可取结构中部楼层柱的 D 值作为 $\bar{D}$;

$\bar{h}$——平均层高(m), $\bar{h} = \dfrac{H}{n}$ (n 为层数);

H——建筑总高度(不包括顶层塔楼高)(m)。

表 7-1　φ 值

设防烈度	$\Delta ue/h$	震源	场 地 类 别			
			I	II	III	IV
7	$\dfrac{1}{650}$	近	0.496 3	0.344 5	0.266 0	0.171 8
		远	0.406 0	0.266 0	0.199 7	0.135 0
	$\dfrac{1}{750}$	近	0.440 6	0.305 9	0.236 1	0.152 5
		远	0.360 5	0.236 1	0.177 3	0.119 8
	$\dfrac{1}{800}$	近	0.417 2	0.289 6	0.223 5	0.144 4
		远	0.341 2	0.223 5	0.167 8	0.113 4

续表

设防烈度	Δue/h	震源	场 地 类 别			
			I	II	III	IV
8	$\frac{1}{650}$	近	0.248 1	0.172 3	0.133 0	0.085 9
		远	0.203 0	0.133 0	0.099 8	0.067 5
	$\frac{1}{750}$	近	0.220 3	0.152 9	0.118 1	0.076 3
		远	0.180 2	0.118 1	0.088 6	0.059 9
	$\frac{1}{800}$	近	0.208 6	0.144 8	0.111 8	0.072 2
		远	0.170 6	0.111 8	0.083 9	0.056 7
9	$\frac{1}{650}$	近	0.124 1	0.086 1	0.066 5	—
		远	0.101 5	0.066 5	0.049 9	
	$\frac{1}{750}$	近	0.110 2	0.076 5	0.059 0	
		远	0.090 1	0.059 0	0.044 3	
	$\frac{1}{800}$	近	0.104 3	0.072 1	0.055 9	
		远	0.085 3	0.055 9	0.042 0	

表 7 - 2 γ 值

λ	1.00	1.05	1.10	1.15	1.20	1.25	1.30	1.35	1.40	1.45
γ	2.454	2.549	2.640	2.730	2.815	2.897	2.977	3.050	3.122	3.192
λ	1.50	1.55	1.60	1.65	1.70	1.75	1.80	1.85	1.90	1.95
γ	3.258	3.321	3.383	3.440	3.497	3.550	3.602	3.651	3.699	3.746
λ	2.00	2.05	2.10	2.15	2.20	2.25	2.30	2.35	2.40	—
γ	3.708	3.829	3.873	3.911	3.948	3.985	4.020	4.055	4.085	—

由以上各值,可求出 λ,即

$$\lambda = H\sqrt{\frac{C_f}{E_w I_w}} \qquad (7-5a)$$

为使剪力墙所承受的结构底部地震弯矩值不少于结构底部总地震

234

弯矩值的 50%，应使结构刚度特征值 λ 不大于 2.4。为了充分发挥框架作用，达到框架最大层间剪力 $V_{\text{fmax}} \geqslant 0.2F_{\text{ek}}(F_{\text{ek}}$ 为结构总水平地震作用标准值)，剪力墙刚度不宜过大，应使 λ 值不小于 1.15。

上式 λ 是考虑框架梁与墙体为铰接时的计算公式，若考虑框架梁与墙体为刚性连接，则计算特征值 λ 时应考虑连梁刚度的影响，即 λ 值为

$$\lambda = H\sqrt{\frac{C_{\text{f}} + C_{\text{b}}}{E_{\text{w}}I_{\text{w}}}} \tag{7-5b}$$

式中，C_{b} 为框架与剪力墙之间连梁的等效剪切刚度，$C_{\text{b}} = \dfrac{1}{h}\sum(k_{12} + k_{21})$。

在框架与剪力墙之间的连梁，一端与墙体连接，带有刚域(图7-6)，长度为 aL；另一端不带刚域。刚度长度 aL 取墙肢轴线至洞边距离减去连梁高度的 $1/4$。其约束刚度为

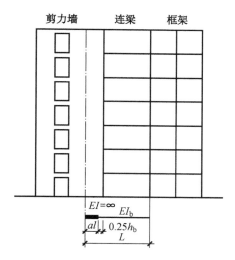

图 7-6 连梁的刚度

$$\begin{cases} k_{12} = \dfrac{6(1+a)}{(1-a)^3} \cdot \dfrac{E_{\text{b}}I_{\text{b}}}{L} \\ k_{21} = \dfrac{6}{(1-a)^2} \cdot \dfrac{E_{\text{b}}I_{\text{b}}}{L} \end{cases} \tag{7-6}$$

$$k_{12} + k_{21} = \frac{12}{(1-a)^3} \cdot \frac{E_b I_b}{L} \tag{7-7}$$

计算 $E_b I_b$ 时应考虑梁的剪切变形并予以折减。折减系数 η_v 按表 7-3 采用。当各层连梁刚度不同时,可采用加权平均值。

表 7-3　η_v 的数值

h_b / L_0	0.00	0.05	0.10	0.15	0.20	0.25	0.30	0.35	0.40	0.45	0.50
η_v	1.00	0.99	0.97	0.94	0.89	0.85	0.79	0.74	0.60	0.63	0.57
h_b / L_0	0.55	0.60	0.65	0.70	0.75	0.80	0.85	0.90	0.95	1.00	—
η_v	0.54	0.48	0.46	0.41	0.39	0.34	0.33	0.29	0.28	0.25	—

当 $\lambda = 0$ 时为剪力墙结构。随着框架的增加,框架刚度增大,连梁刚度逐渐加大,λ 值也逐渐加大。

第三节　关于框架剪力墙的调整

现下无论手算还是电算,仍假定楼板平面内的刚度为无限大,即楼板自身平面内是不变形的。实际上,在框-剪结构中,由于剪力墙间距较大,在水平作用下,楼板是有变形的,只不过剪力墙附近的变形小,而在框架部分,由于框架刚度小,楼板变形较大。因此,框架实际上受到的水平剪力较楼板刚度无限大的假定下所算出来的结果要大,另外,剪力墙刚度较大,承受大部分水平力,在地震作用下,剪力墙会先开裂,刚度降低,从而使一部分地震作用向框架转移,为此框架承受的剪力会增加。因此,有必要将框架按协同工作所分得的水平剪力值予以调整,使整体结构有较大的安全储备。所以在抗震设计时,框-剪结构中框架各层总剪力(即各榀框架柱剪力之和)应当按下列原则调整:

(1) 若 $V_f \geqslant 0.2 V_0$,则不必调整,V_f 可按计算值使用;

(2) 若 $V_f < 0.2 V_0$,设计时应将框架的总剪力予以放大。V_f 取式 (7-8) 中的较小值。

$$\left. \begin{array}{l} V_f = 0.2 V_0 \\ V_f = 1.5 V_{f\max} \end{array} \right\} \tag{7-8}$$

236

式中　V_f——全部框架柱的总剪力；

　　　V_0——框-剪结构的基底总剪力；

　　　V_{fmax}——协同工作时计算所得框架部分的最大层剪力。

（3）框架各层柱总剪力调整后，柱和梁的剪力和弯矩应按各层剪力调整后的比例乘以放大系数 η，η 取式（7-9）中的较小值。

$$\left.\begin{array}{l} \eta = 0.2\,\dfrac{V_0}{V_f} \\[3mm] \eta = 0.5\,\dfrac{V_{fmax}}{V_f} \end{array}\right\} \qquad (7-9)$$

这里值得一提的是，梁的放大系数可取上、下层柱放大系数的平均值，柱轴力不调整。

突出屋面的小塔楼，在框-剪结构中，也应将框架所承受的水平剪力按式（7-9）予以调整。也可根据塔楼所占顶层面积与顶层总面积的比值大小进行放大调整，比值小者取大值，比值大者取小者（比值按 1/5～1/3 取值），最小应取 2。

（4）框架内力的调整，仅是为了提高框架安全度的一种人为措施，所以调整后不再满足平衡条件。因为框-剪结构大都是采用振型分解反应谱法进行计算，调整时较为困难，故可采用第一振型的剪力 V_f，再按式（7-9）计算 η 值，然后把按振型反应谱法计算所得的梁、柱剪力和弯矩乘以放大系数 η。

第四节　框-剪结构构件抗震等级的划分

在进行框-剪结构中构件截面的设计之前，要先确定其抗震等级，按抗震等级决定结构相应的计算要求和构造措施。抗震等级与设防烈度、设防分类、结构类型和房屋高度有关，而且与结构的抗震潜在能力有关，同时还与构件在结构中所起的作用有关。例如，框-剪结构的抗震潜力高于框架结构，在同一建筑高度和设防烈度下，框架构件的抗震等级就低于框架结构中结构构件的抗震等级；而框-剪结构中的剪力墙，在结构中的重要性较剪力墙结构中的一般剪力墙要大，所以其抗震等级要求较高。目前将框-剪结构建筑高度按 A 级高度和 B 级高度两种抗震等级划分,如表 7-4 所示。

表 7－4　A 级高度的框-剪高层建筑结构抗震等级

结　构		烈　　　度						
类　型		6 度		7 度		8 度		9 度
框-剪结构	高度(m)	≤60	>60	≤60	>60	≤60	>60	≤50
	框架	四	三	三	二	二	一	一
	剪力墙	三		二		一		一

当本地区的设防烈度为 9 度时,A 级高度乙类建筑的抗震等级应按特一级采用,甲类建筑应采取更有效的抗震措施。

在框-剪结构中,若墙体部分承受的地震倾覆力矩与结构总地震倾覆力矩之比大于 90％,此时意味着剪力墙承担绝大部分地震力,这时结构中的剪力墙抗震等级应按剪力墙结构划分,结构设计按剪力墙结构设计,最大适用高度仍按框-剪结构执行;但框架部分应按框-剪结构设计,而框架部分承担的剪力应调整为总地震剪力的 20％以上,而剪力墙承担的剪力不减少,特别是在中等地震或大地震作用下,结构进入弹塑性工作阶段,剪力墙刚度有一定降低,塑性内力重分配将使框架内力有所增加,这时框架顶部几层存在不安全因素,所以《高层建筑混凝土结构技术规程》规定,框架承担的剪力应调整到一定比例,以防由于剪力墙刚度的降低而减少的那部分剪力转让给框架。

当框架部分承受的地震倾覆力矩与结构总地震倾覆力矩之比:

(1)小于 10％时,按剪力墙结构设计,其最大适用高度按框-剪结构执行,其中框架部分仍按框-剪结构设计;

(2)大于 10％小于等于 50％时,按框-剪结构设计,框架部分仍应按纯框架确定其框架等级;

(3)大于 50％小于等于 80％时,剪力墙抗震等级和轴压比按框-剪结构执行,但适用高度可比框架结构高度适当增加,但框架部分抗震等级和轴压比限值按框架规定执行;

(4)大于 80％时,意味着剪力墙数量极少,其抗震等级和轴压比按框架结构规定执行,但设计仍按框-剪结构设计,但最大适用高度宜按框架结构采用。这种少墙框-剪结构,抗震性能差,不宜采用,以避免剪力

墙受力过大,过早破坏。非用不可时,宜将剪力墙厚度减薄或开竖缝、开结构洞,配置少量单排钢筋等措施,减少剪力墙作用;

(5) 当框架部分承担的基底剪力是结构基底总剪力的 20% 或是框架部分层间剪力的 1.5 倍(两者取小值)时,亦可按框-剪结构设计。当框架实际的剪力分配比例达不到该值时,应按要求的比例调整,增大框架所承担的剪力,使其达到 $20\% Q_0$(Q_0 为基底总剪力),或增加框架柱的数量或增大柱截面刚度。

框-剪结构体系在水平荷载作用下的内力分配首先应是总框架和总剪力墙之间的分配;再是总框架承担的剪力按每榀框架各自的抗侧刚度分配到每榀框架上去;再将总剪力墙承担的剪力按每片剪力墙各自的抗侧刚度分配到每片剪力墙上去。

框-剪结构将地震力作用按基底弯矩相等的原则化为连续的倒三角形荷载。风荷载作用同样按基底弯矩相等的原则化为连续均布荷载。对顶层有局部突出的建筑,可按顶层集中力处理,两者分别计算后再相加。这三种荷载分别作用下的简化计算方法如下。

1. 连续分布的倒三角形地震荷载

总剪力墙承担的剪力 V_w,即

$$V_w = \varphi'_w q_{max} H \tag{7-10}$$

总剪力墙承担的弯矩 M_w,即

$$M_w = \frac{\varphi'_M}{100} q_{max} H^2 \tag{7-11}$$

总框架承担的剪力 V_f,即

$$V_f = \varphi'_f q_{max} H \tag{7-12}$$

两者协同工作时,结构体系在标高 x 处的位移 u_x,即

$$u_x = \frac{\varphi'_u q_{max}}{100 E I_w} H^4 \tag{7-13}$$

2. 连续均布风荷载

总剪力墙承担的剪力 V_w,即

$$V_w = \varphi_w q H \tag{7-14}$$

总剪力墙承担的弯矩 M_w，即

$$M_w = \frac{\varphi_M}{100} qH^2 \qquad (7-15)$$

总框架承担的剪力 V_f，即

$$V_f = \varphi_f qH \qquad (7-16)$$

两者协同工作时，结构体系在标高 x 处的位移 u_x，即

$$u_x = \frac{\varphi_u qH^4}{100EI_w} \qquad (7-17)$$

3. 顶部集中荷载 F

总剪力墙承担的剪力 V_w，即

$$V_w = \varphi''_w F \qquad (7-18)$$

总剪力墙承担的弯矩 M_w，即

$$M_w = \varphi''_M FH \qquad (7-19)$$

总框架承担的剪力

$$V_w = \varphi''_f F \qquad (7-20)$$

两者协同工作时，结构体系在标高 x 处的位移 u_x，即

$$u_x = \frac{\varphi''_u FH}{100EI_w} \qquad (7-21)$$

从式(7-10)—式(7-21)中的符号说明如下：

φ'_w，φ'_f，φ'_M，φ'_u，φ_w，φ_f，φ_M，φ_u，φ''_w，φ''_f，φ''_M，φ''_u，λ——分别是双曲正弦、双曲余弦代数式的函数值（具体可参考文献《钢筋混凝土高层建筑结构设计》）。

x——由地面沿竖向算起的标高；

ξ——相对高度比，$\xi = \dfrac{x}{H}$。

第五节　关于截面设计的基本概念

在地震区进行框-剪结构的构件截面设计时,首先应考虑结构延性,对钢筋混凝土结构,延性系数要求在 4～6 之间。在强烈地震作用下,构件进入屈服阶段后具有塑性变形能力,通过塑性变形吸收地震力所产生的能量,结构可维持一定的承载力。图 7-7 为结构延性的受力变形图。结构的延性用延性系数 μ 表示,即最大荷载点所对应的位移(也可用极限荷载降低 10％～20％时对应的位移)Δu 与结构屈服点位移 Δy 的比值,即 $\mu = \dfrac{\Delta u}{\Delta y}$。衡量整体结构的延性系

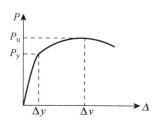

图 7-7　结构延性的受力变形图

数用顶点位移的比值来表达可综合评价结构各部分的塑性变形能力。

结构延性的大小与许多因素有关,如结构材料、结构体系、结构布置、构件设计、节点连接等。为了达到结构的延性要求,主要通过计算和构造措施实现。结构不同部位对延性要求是不同的,如结构上部的延性要求比下部的要高,梁比柱的延性要求要高,为此,在设计上就要控制柱的轴压比、剪压比,还要设计成强柱弱梁、强剪弱弯,使结构不会发生剪切脆性破坏,避免柱子上先出现塑性铰,结构的延性应由构件的延性来保证。构件的延性要高于结构的延性。主要耗能构件及耗能部位应有足够的延性,例如框架的各层梁端部,框架柱底部,剪力墙的连梁及底层墙体。因此在柱和墙体的底部塑性铰区要加强构造措施,如箍筋加密,纵钢筋采用焊接等。同时还要注意节点的延性,使节点区不出现脆性破坏。在框-剪结构中,要实现延性的要求,主要靠梁端铰和双肢墙的连梁塑性铰。柱子通常承受很大的轴力,相对延性较小,若柱子出现较大的永久变形也是不安全的,变形过大,再加上 $P\text{-}\Delta$ 效应使位移增加,偏心弯矩增大,其结果会引起建筑结构的破坏。

1. 柱子

框架柱子为结构中的主要受力构件,为了增加柱子的延性,轴压比不必过高,剪跨比不能太小,一级剪跨比不大于 2 的柱,其单侧纵向受拉钢筋配筋率不宜大于 1.2％,柱净高与截面高度之比不宜小于 4,小于 4

的短柱会产生剪切破坏,尤其 $H_0/h<2$ 的极短柱更易发生剪切破坏。在同一楼层中,长短柱不要并用,避免短柱先坏。柱的配筋率要适当,钢筋直径不宜太粗,太粗易发生黏性破坏。柱的配筋率,非抗震时不宜大于 5%,不应大于 6%;抗震设计时,不应大于 5%。边柱、角柱及剪力墙端柱考虑地震作用组合产生小偏心受拉时,柱内纵筋总面积应比计算值增加 25%。柱纵筋不应与箍筋、拉筋、预埋件等焊接。箍筋能防止主筋过早压屈和增强对柱核心混凝土的约束作用,避免柱上端出现"灯笼形"破坏。最好选用复合式和螺旋式箍筋。

2. 梁

框架梁设计应保证受拉钢筋屈服前不要发生剪切破坏。梁在地震作用下易在梁端支座截面处出现塑性铰,所以梁顶受拉钢筋不能太多,受压区混凝土应力不能太大,受压区的高度 x 要限制,抗震设计时,受压钢筋作用的梁端截面混凝土受压区高度与有效高度之比值,一级不应大于 $0.25h$,二、三级不应大于 $0.35h$。宜配置一定量的受压钢筋,以提高混凝土的抗压能力和延性。梁底伸入支座的钢筋不宜太少,一级抗震梁底面伸入支座的受压钢筋不应小于梁顶面受拉钢筋的 0.5 倍,二、三级不应小于 0.3 倍。要限制梁的剪应力,在梁支座附近要加密箍筋,提高梁的抗剪能力。

3. 节点

梁柱节点设计是框架设计的关键所在,是震害应力集中处,节点设计关系到整个结构的安全,影响节点强度的因素主要有四点。

(1)节点是交叉梁的核心区,对框架起约束作用,试验表明,当四边有梁,且梁宽大于柱宽的 1/2 时,抗剪承载力提高系数为 1.5～2.5;柱三边有梁时,提高系数为 1.03～1.13。

(2)柱子的轴向压力。轴向压力能提高核心区混凝土的开裂强度,还能提高其抗剪强度(只有轴压比在一定限值内才是正确的)。当轴压比在 0.6 以下时,核心区混凝土抗剪强度随轴压比的增大而提高。当轴压比大于 0.8 时,抗剪强度明显降低。一般情况下,增加轴压比能提高核心区的抗剪强度,但节点延性都降低。

(3)梁的剪压比。试验表明,剪压比 $\tau/f_c<0.25$ 时,增加箍筋,抗剪强度提高。当 $\tau/f_c>0.25$ 时,此时混凝土的破坏先于箍筋的屈服,混凝土和箍筋不能同时发挥作用,因此再增加箍筋也不能提高节点的抗剪强度。

（4）梁内纵向钢筋的滑移。在节点区,由于纵筋过多出现滑移也会使核心区抗剪强度降低,刚度退化,框架侧移增大,承载力降低。防止纵筋的滑移措施是限制钢筋数量、将钢筋伸过柱中等。

由以上分析可知,能做到梁柱和节点合理设计,就能达到"强柱弱梁"的效果,即柱的总抗弯极限承载力大于同一平面内梁的总抗弯极限承载力。其破坏机制是理想的"梁铰机制",即在水平和竖向荷载共同作用下,塑性铰先出现在梁端,后出现在柱底,而不会出现在节点区。竖向杆件除底部外,均处于弹性阶段,整个结构围绕底部转动,框架不丧失稳定(图7-8)。

图7-8 梁铰结构

4. 剪力墙

（1）剪力墙宜采用现浇的方式,尤其一级和二级的抗震墙要现浇。抗风的剪力墙可采用装配式整体结构。剪力墙是抵抗水平力的主要构件,必须具备足够大的延性,使之能吸收较多的地震能量,防止墙受剪破坏,它的抗剪能力应高于抗弯能力,呈现弯曲型破坏,使结构能正常地进入弹塑性状态。因此,剪力墙宜设计成抗剪带洞口的连肢墙,洞口宜上下对齐。

（2）剪力墙应设计成两端带有边框的剪力墙。它的抗剪能力大于无边框的墙。只要边框的柱与梁有足够的强度,剪力墙中的分布筋设计恰当,在水平力作用下,边框和墙体能共同作用,能吸收大量的地震能量,裂缝的发展会受到控制,只在墙体中扩展而不会延伸到边框上去,使柱子能正常承受轴向力,避免房屋倒塌。

（3）现浇墙体厚度三、四级不应小于160 mm,一、二级底部加强部位不应小于200 mm,一字形独立墙底部加强部位不应小于220 mm,其他部位不应小于180 mm。边框梁的截面宽度不小于2倍墙厚,高度不小于3倍墙厚。柱截面宽度不小于2.5倍墙厚。柱截面高度不小于柱截面宽度。

（4）剪力墙承载力计算。带边框的现浇剪力墙,由于边框柱的可靠连接,与一般剪力墙截面计算相同。抗震设计的双肢剪力墙,在地震作用下,分受压墙肢和受拉墙肢,由于墙肢刚度退化,受压墙肢承受的剪力逐渐增加,而受拉墙肢的剪力逐渐减小。因此,设计时不宜出现全截面受拉的墙肢。在双肢墙设计中,有一肢出现小偏心受拉时,则受压墙肢的弯矩和剪力设计值均应各自乘以增大系数1.25。

① 抗震设计时,墙肢剪力 V_w,即

$$V_w \leqslant f_{yv}\rho_w b_w l_w + \left(0.05 f_c b_c h_c + f_{yv}\frac{A_{sv}}{s}h_{c0}\right) \qquad (7-22)$$

式中　A_{sv}——柱子沿地震方向在同一截面内各肢箍筋的全部截面面积;

　　　ρ_w——剪力墙内横向钢筋的配筋率;

　　　l_w——柱子之间的净距。

式(7-22)是剪力墙在地震作用下,墙体已经开裂,只考虑墙内钢筋抗剪承载力,不计混凝土的作用。小括号内的两项是柱子的抗剪承载力。

② 墙体抗弯设计。

带边框柱的剪力墙,其承受的弯矩 M 由墙两端框架柱的轴力所平衡,剪力墙弯矩所产生的柱子轴力为

$$N = \pm\frac{M}{l} \qquad (7-23)$$

式中　l——边柱框之间的中距(图7-9)。

此轴力应和垂直荷载产生的柱子轴力进行组合,按中心受压或中心受拉杆设计。设计时应注意柱子在剪力墙平面外的纵向弯曲系数。

③ 剪力墙洞边拉力计算。

具有单独小洞口的剪力墙,当洞口基本居中时(图7-9),洞口左右两侧每边的拉力为

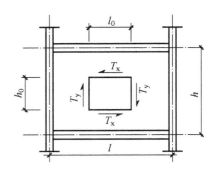

图 7-9　边柱框

$$T_y = \frac{V_w h_0}{2(l-l_0)} \qquad (7-24)$$

洞口上下两侧每边的拉力为

$$T_x = \frac{V_w l_0 h}{2(h-h_0)l} \qquad (7-25)$$

当洞口位置偏离墙中,造成洞口两侧墙肢不等时(图 7 - 10),这时其中小墙肢的弯曲影响应注意,因此洞口左右两侧的拉力应分开计算。

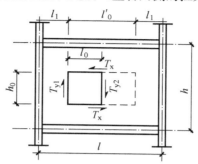

图 7 - 10　洞口位置偏离墙中的情况

小墙肢的拉力 T_{y1},即

$$T_{y1} = \frac{V_w h_0}{2(l - l'_0)} \qquad (7 - 26)$$

大墙肢的拉力 T_{y2} 按实际洞口宽度进行计算,即

$$T_{y2} = \frac{V_w h_0}{2(l - l_0)} \qquad (7 - 27)$$

式中,V_w 由式(7 - 22)计算得到。

至于洞口上下的拉力,不受洞口位置的影响,仍用式(7 - 25)计算。

④ 剪力墙具有水平洞口时的拉力计算。

洞口上下水平拉力为

$$T_{xi} = \frac{V_w l_{0i} h}{2(h - h_0) l} \qquad (7 - 28)$$

式中　l_{0i}——任一洞口宽度。

洞口左右竖向拉力计算如下。

对双洞口[图 7 - 11(a)],若双洞口 $l'_0 < 0.75 h_0$,则洞口左右两侧的竖向拉力不计两洞口之间的小墙肢,合并成一个大洞口 l_0 考虑,仍按式(7 - 24)计算。洞口间小墙肢按构造处理。

当 $l'_0 > 0.75 h_0$ 时,则按两个洞口考虑,即

$$T_y = \frac{V_w h_0}{2(l - l_{01} - l_{02})} \qquad (7 - 29)$$

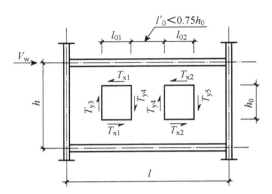

图 7 - 11(a)　剪力墙具有水平双洞口的情况

对多洞口[图 7-11(b)]：

$$T_y = \frac{V_w h_0}{2(l - \sum l_{0i})}(i = 1,\ 2,\ \cdots,\ n) \qquad (7-30)$$

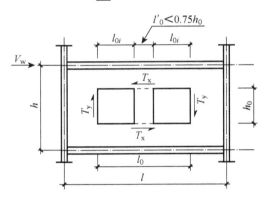

图 7 - 11(b)　剪力墙具有水平多洞口的情况

⑤ 剪力墙具有竖向洞口时的拉力计算。

洞口左右竖向拉力为

$$T_{vi} = \frac{V_w h_{0i}}{2(l - l_0)} \qquad (7-31)$$

式中　h_{0i}——任一洞口的高度。

洞口上下水平拉力计算如下。

对双洞口[图 7-12(a)]，当 $h'_0 < 0.75 l_0$ 时，则可合并为一个大洞口处理，按式(7-26)计算，洞口之间的小墙肢按构造配筋处理。

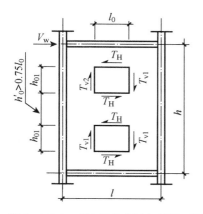 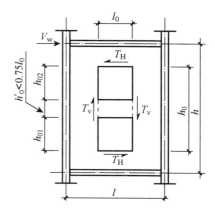

图 7 - 12(a)　剪力墙具有竖向双洞口的情况　图 7 - 12(b)　剪力墙具有竖向多洞口的情况

当 $h'_0 > 0.75l_0$ 时,则按两个洞口处理:

$$T_H = \frac{V_w l_0 h}{2(h - h_{01} - h_{02})l} \qquad (7-32)$$

对多洞口[图 7 - 12(b)]:

$$T_{Hi} = \frac{V_w l_0 h}{2(h - \sum h_{0i})l} \qquad (7-33)$$

⑥ 双肢剪力墙连梁内力计算。

由框-剪结构协同工作的计算,得到剪力墙的剪力图(图 7 - 4)后,可近似用一个顶部集中力 p 和一个均匀连续分布荷载 q 产生的两个剪力来代替,此时连梁的剪力由两部分组成,即

$$V_l = V_{l1} + V_{l2} \qquad (7-34)$$

$$V_{l1} = V_{01} m h \frac{\phi_1}{I} \qquad (7-35)$$

$$V_{l2} = V_{02} m h \frac{\phi_2}{I} \qquad (7-36)$$

式中　V_{l1}——连梁在顶部反向集中力 p 作用下的剪力;

　　　　V_{l2}——连梁在均匀连续分布荷载 q 作用下的剪力;

　　　　V_{01},V_{02}——分别是结构顶部反向集中力 p、均匀连续分布荷载 q
　　　　　　　　作用下的剪力墙基底剪力;

表7-5 Φ_1值

$\dfrac{\alpha}{x/H}$	0.500 0	1.000 0	1.500 0	2.000 0	2.500 0	3.000 0	3.500 0	4.000 0	4.500 0	5.000 0	5.500 0	6.000 0	6.500 0	7.000 0	7.500 0	8.000 0	8.500 0	9.000 0	9.500 0	10.000 0
1.00	0.113 2	0.351 9	0.574 9	0.734 2	0.836 2	0.900 9	0.939 7	0.963 7	0.977 8	0.986 5	0.991 8	0.995 0	0.997 0	0.998 2	0.998 9	0.999 3	0.999 6	0.999 8	0.999 9	0.999 9
0.98	0.113 1	0.351 8	0.574 7	0.734 0	0.836 0	0.900 5	0.939 5	0.963 3	0.977 7	0.986 5	0.991 8	0.995 0	0.997 0	0.998 2	0.998 9	0.999 3	0.999 6	0.999 7	0.999 8	0.999 9
0.96	0.113 0	0.351 4	0.574 1	0.733 3	0.835 7	0.900 0	0.939 1	0.963 0	0.977 0	0.986 5	0.991 6	0.994 8	0.996 9	0.998 0	0.998 8	0.999 3	0.999 6	0.999 7	0.999 8	0.999 9
0.94	0.112 8	0.350 8	0.573 2	0.732 3	0.835 1	0.899 1	0.938 1	0.962 2	0.976 9	0.985 8	0.991 4	0.994 7	0.996 8	0.998 0	0.998 8	0.999 3	0.999 5	0.999 7	0.999 8	0.999 9
0.92	0.112 5	0.349 9	0.571 8	0.730 8	0.833 7	0.897 7	0.937 3	0.961 5	0.976 5	0.985 3	0.991 0	0.994 5	0.996 6	0.997 9	0.998 7	0.999 2	0.999 5	0.999 7	0.999 8	0.999 9
0.90	0.112 1	0.348 7	0.570 1	0.728 9	0.831 8	0.896 2	0.935 9	0.960 4	0.975 4	0.984 4	0.990 6	0.994 1	0.996 3	0.997 7	0.998 6	0.999 1	0.999 4	0.999 6	0.999 7	0.999 9
0.88	0.111 6	0.347 3	0.568 0	0.726 5	0.829 5	0.894 2	0.934 2	0.959 1	0.974 5	0.984 0	0.990 0	0.993 7	0.996 0	0.997 5	0.998 5	0.999 0	0.999 4	0.999 6	0.999 6	0.999 8
0.86	0.111 0	0.345 6	0.565 5	0.723 7	0.826 8	0.891 8	0.932 3	0.957 5	0.973 3	0.983 1	0.989 3	0.993 3	0.995 7	0.997 2	0.998 2	0.998 9	0.999 3	0.999 5	0.999 6	0.999 8
0.84	0.110 3	0.343 6	0.562 6	0.720 0	0.823 7	0.889 0	0.929 0	0.955 5	0.971 8	0.982 0	0.988 5	0.992 6	0.995 1	0.996 8	0.998 0	0.998 7	0.999 2	0.999 4	0.999 6	0.999 8
0.82	0.109 6	0.341 4	0.559 3	0.716 8	0.820 0	0.885 0	0.927 0	0.953 3	0.970 1	0.980 7	0.987 3	0.991 9	0.994 5	0.996 5	0.997 7	0.998 5	0.999 0	0.999 4	0.999 6	0.999 7
0.80	0.108 7	0.338 7	0.555 6	0.712 6	0.816 2	0.882 1	0.924 0	0.951 0	0.968 2	0.979 2	0.986 4	0.991 0	0.994 1	0.996 1	0.997 4	0.998 3	0.998 9	0.999 2	0.999 5	0.999 7
0.78	0.107 9	0.336 2	0.551 5	0.708 1	0.811 1	0.878 6	0.920 9	0.948 3	0.966 0	0.977 5	0.985 1	0.990 0	0.993 4	0.995 4	0.997 1	0.998 0	0.998 6	0.999 1	0.999 4	0.999 8
0.76	0.106 8	0.333 2	0.547 1	0.703 8	0.806 7	0.873 8	0.917 1	0.945 2	0.963 5	0.975 6	0.983 6	0.989 0	0.992 5	0.994 4	0.996 6	0.997 7	0.998 4	0.998 9	0.999 3	0.999 3
0.74	0.105 7	0.329 9	0.542 2	0.697 4	0.801 2	0.868 9	0.912 9	0.941 7	0.960 8	0.973 4	0.981 9	0.987 4	0.991 6	0.994 1	0.996 0	0.997 3	0.998 1	0.998 7	0.999 1	0.999 4
0.72	0.104 5	0.326 4	0.536 9	0.691 4	0.795 4	0.863 5	0.908 5	0.937 9	0.957 9	0.971 0	0.980 1	0.986 2	0.990 5	0.993 3	0.995 3	0.996 8	0.997 8	0.998 5	0.999 0	0.999 3
0.70	0.103 2	0.322 6	0.531 1	0.684 9	0.788 9	0.857 7	0.903 7	0.933 7	0.954 7	0.968 3	0.977 7	0.984 6	0.989 2	0.992 4	0.994 7	0.996 2	0.997 4	0.998 2	0.998 7	0.999 1
0.68	0.101 8	0.318 6	0.525 0	0.677 9	0.781 9	0.851 9	0.897 9	0.929 1	0.950 1	0.965 3	0.975 3	0.982 7	0.987 8	0.991 3	0.993 8	0.995 6	0.996 9	0.997 8	0.998 6	0.998 9
0.66	0.100 3	0.314 1	0.518 4	0.670 3	0.774 4	0.844 4	0.891 4	0.924 0	0.946 0	0.961 2	0.972 9	0.980 9	0.986 1	0.990 1	0.992 9	0.994 9	0.996 3	0.997 4	0.998 3	0.998 5
0.64	0.098 8	0.309 6	0.511 4	0.662 3	0.766 3	0.836 9	0.885 9	0.918 4	0.941 4	0.958 1	0.969 8	0.978 2	0.984 2	0.988 6	0.991 7	0.994 0	0.995 7	0.996 8	0.997 6	0.998 3
0.62	0.097 1	0.304 0	0.504 0	0.653 7	0.757 6	0.828 6	0.877 9	0.912 3	0.936 4	0.953 0	0.966 5	0.975 5	0.982 5	0.986 9	0.990 4	0.993 0	0.994 9	0.996 2	0.997 2	0.998 0
0.60	0.095 4	0.299 4	0.496 1	0.644 5	0.748 5	0.820 2	0.870 2	0.905 6	0.931 6	0.949 0	0.962 7	0.972 5	0.979 6	0.984 9	0.988 9	0.991 8	0.993 9	0.995 5	0.996 5	0.997 5
0.58	0.093 6	0.293 9	0.487 7	0.634 8	0.738 6	0.810 8	0.861 8	0.898 3	0.924 3	0.944 2	0.958 4	0.969 0	0.976 0	0.982 1	0.987 0	0.990 3	0.992 8	0.994 6	0.996 2	0.997 0
0.56	0.091 6	0.288 2	0.478 9	0.624 5	0.727 5	0.800 8	0.852 8	0.890 4	0.918 4	0.938 4	0.953 4	0.965 2	0.973 7	0.980 1	0.985 0	0.988 6	0.991 4	0.993 5	0.995 5	0.996 3
0.54	0.089 6	0.282 2	0.469 6	0.613 5	0.716 5	0.790 0	0.843 3	0.881 8	0.910 6	0.932 0	0.948 4	0.960 7	0.970 0	0.977 0	0.982 4	0.986 7	0.989 7	0.992 2	0.994 1	0.995 5
0.52	0.087 5	0.275 8	0.459 9	0.602 0	0.704 7	0.778 6	0.832 5	0.872 4	0.902 4	0.925 1	0.942 4	0.955 7	0.965 9	0.973 7	0.979 7	0.984 4	0.988 0	0.990 7	0.992 7	0.994 5
0.50	0.085 3	0.269 2	0.449 6	0.589 8	0.692 8	0.766 1	0.821 3	0.862 2	0.893 4	0.917 4	0.935 8	0.950 0	0.961 1	0.969 8	0.976 5	0.981 7	0.985 7	0.988 9	0.991 3	0.993 3

续表

x/H ＼ α	0.500 0	1.000 0	1.500 0	2.000 0	2.500 0	3.000 0	3.500 0	4.000 0	4.500 0	5.000 0	5.500 0	6.000 0	6.500 0	7.000 0	7.500 0	8.000 0	8.500 0	9.000 0	9.500 0	10.000 0
0.48	0.083 8	0.262 0	0.438 9	0.577 0	0.678 0	0.753 2	0.808 9	0.851 2	0.883 5	0.908 8	0.928 8	0.943 8	0.955 8	0.965 2	0.972 7	0.978 5	0.983 1	0.986 7	0.989 9	0.991 8
0.46	0.080 7	0.255 1	0.427 7	0.563 5	0.664 6	0.739 2	0.795 7	0.839 2	0.872 7	0.899 3	0.920 1	0.936 0	0.949 1	0.960 0	0.968 6	0.974 6	0.980 0	0.984 1	0.987 3	0.989 9
0.44	0.078 2	0.247 6	0.415 9	0.549 3	0.649 3	0.724 3	0.781 6	0.826 1	0.861 1	0.888 8	0.910 8	0.928 6	0.942 7	0.954 0	0.963 1	0.970 4	0.976 2	0.980 4	0.984 7	0.987 7
0.42	0.075 6	0.239 9	0.403 6	0.534 4	0.633 3	0.703 3	0.766 3	0.811 9	0.848 1	0.877 2	0.900 6	0.919 5	0.934 2	0.947 1	0.957 1	0.965 3	0.971 8	0.977 8	0.981 5	0.985 0
0.40	0.073 0	0.231 8	0.390 8	0.518 7	0.616 4	0.691 4	0.749 5	0.796 5	0.834 0	0.864 0	0.889 0	0.909 0	0.925 0	0.939 0	0.950 2	0.959 2	0.966 2	0.972 6	0.977 6	0.981 7
0.38	0.070 2	0.223 3	0.377 4	0.502 3	0.598 3	0.673 2	0.732 3	0.779 8	0.818 5	0.850 1	0.876 1	0.897 7	0.915 0	0.930 0	0.942 2	0.952 2	0.960 4	0.967 2	0.972 9	0.977 6
0.36	0.067 4	0.214 6	0.363 5	0.485 1	0.579 7	0.654 0	0.713 4	0.761 7	0.801 5	0.834 4	0.861 8	0.884 6	0.903 6	0.919 5	0.932 8	0.943 9	0.953 1	0.960 3	0.967 3	0.972 7
0.34	0.064 6	0.205 6	0.349 0	0.467 0	0.559 9	0.633 4	0.693 1	0.742 1	0.782 9	0.817 1	0.845 8	0.869 9	0.890 3	0.907 4	0.921 9	0.934 1	0.944 4	0.953 1	0.960 4	0.966 6
0.32	0.061 8	0.196 3	0.333 9	0.448 1	0.538 8	0.611 6	0.671 2	0.720 9	0.762 0	0.797 9	0.827 0	0.853 4	0.875 1	0.893 5	0.909 3	0.922 7	0.934 0	0.943 0	0.952 2	0.959 2
0.30	0.058 4	0.186 6	0.318 2	0.428 3	0.516 4	0.588 4	0.647 4	0.697 8	0.740 8	0.776 7	0.807 9	0.834 7	0.857 9	0.877 5	0.894 0	0.909 0	0.921 9	0.932 0	0.942 2	0.950 2
0.28	0.055 1	0.176 6	0.301 9	0.407 6	0.493 1	0.563 6	0.622 6	0.672 8	0.715 9	0.753 2	0.785 1	0.813 6	0.838 0	0.859 1	0.877 5	0.893 5	0.907 2	0.919 4	0.930 1	0.939 2
0.26	0.051 8	0.166 3	0.285 0	0.385 9	0.468 6	0.537 3	0.595 6	0.645 7	0.689 1	0.727 3	0.760 0	0.789 0	0.815 5	0.838 5	0.857 1	0.875 1	0.890 3	0.903 7	0.915 1	0.925 7
0.24	0.048 4	0.155 6	0.267 4	0.363 3	0.442 7	0.509 4	0.566 6	0.616 4	0.660 1	0.698 7	0.732 8	0.763 0	0.789 9	0.813 6	0.834 7	0.853 4	0.870 0	0.884 7	0.897 7	0.909 3
0.22	0.044 9	0.144 6	0.249 2	0.339 6	0.415 3	0.479 6	0.535 4	0.584 5	0.628 1	0.667 0	0.701 8	0.732 8	0.760 7	0.785 6	0.807 9	0.828 0	0.845 9	0.861 9	0.876 3	0.889 2
0.20	0.041 3	0.133 3	0.230 3	0.314 9	0.386 2	0.448 0	0.502 0	0.550 0	0.593 2	0.632 0	0.667 1	0.698 1	0.727 5	0.753 2	0.776 1	0.798 1	0.817 0	0.834 0	0.850 4	0.864 7
0.18	0.037 6	0.121 6	0.210 7	0.289 1	0.356 1	0.414 6	0.466 2	0.512 7	0.554 9	0.593 3	0.628 4	0.660 4	0.689 6	0.716 3	0.740 8	0.763 1	0.783 5	0.802 1	0.819 1	0.834 7
0.16	0.033 8	0.109 5	0.190 4	0.262 1	0.324 2	0.378 8	0.427 8	0.472 2	0.513 1	0.550 5	0.585 2	0.617 1	0.646 5	0.673 7	0.698 8	0.722 0	0.743 3	0.763 1	0.781 3	0.798 1
0.14	0.029 7	0.097 2	0.169 4	0.234 0	0.290 6	0.340 8	0.386 1	0.428 4	0.467 2	0.503 3	0.537 0	0.568 3	0.597 5	0.624 5	0.650 1	0.673 7	0.695 8	0.716 8	0.730 5	0.753 4
0.12	0.025 9	0.084 4	0.147 6	0.204 3	0.255 1	0.300 5	0.342 2	0.380 2	0.417 1	0.451 1	0.483 1	0.513 2	0.541 2	0.568 3	0.593 4	0.617 0	0.639 4	0.660 4	0.680 2	0.698 8
0.10	0.021 1	0.071 1	0.125 0	0.174 0	0.217 0	0.257 8	0.294 7	0.329 4	0.362 3	0.393 4	0.423 0	0.451 3	0.478 0	0.503 4	0.527 6	0.550 7	0.572 6	0.593 4	0.613 3	0.638 1
0.08	0.017 5	0.057 8	0.101 7	0.142 1	0.178 0	0.212 2	0.243 7	0.273 6	0.302 0	0.329 9	0.355 9	0.381 2	0.405 5	0.428 8	0.451 2	0.472 7	0.493 4	0.513 2	0.532 3	0.550 7
0.06	0.013 4	0.043 9	0.077 5	0.108 8	0.137 1	0.163 8	0.189 0	0.213 2	0.236 6	0.259 2	0.281 1	0.302 3	0.322 9	0.343 0	0.362 4	0.381 2	0.399 5	0.417 3	0.434 5	0.454 2
0.04	0.009 0	0.029 7	0.052 5	0.074 0	0.093 8	0.112 5	0.130 4	0.147 0	0.164 7	0.181 0	0.197 5	0.213 4	0.228 0	0.244 2	0.259 2	0.273 9	0.288 2	0.302 3	0.316 1	0.329 7
0.02	0.004 6	0.015 0	0.026 7	0.037 8	0.048 1	0.057 9	0.067 5	0.076 8	0.086 0	0.095 2	0.104 2	0.113 1	0.121 1	0.130 6	0.139 3	0.147 9	0.156 3	0.164 7	0.173 0	0.184 3
0.00	0.000 0	0.000 0	0.000 0	0.000 0	0.000 0	0.000 0	0.000 0	0.000 0	0.000 0	0.000 0	0.000 0	0.000 0	0.000 0	0.000 0	0.000 0	0.000 0	0.000 0	0.000 0	0.000 0	0.000 0

表 7-6　φ_2 值

α / (x/H)	0.500 0	1.000 0	1.500 0	2.000 0	2.500 0	3.000 0	3.500 0	4.000 0	4.500 0	5.000 0	5.500 0	6.000 0	6.500 0	7.000 0	7.500 0	8.000 0	8.500 0	9.000 0	9.500 0	10.000 0
1.00	0.037 4	0.113 5	0.178 3	0.216 2	0.231 6	0.232 4	0.224 4	0.213 2	0.200 2	0.186 5	0.173 6	0.161 7	0.150 8	0.141 6	0.132 2	0.121 2	0.117 3	0.110 9	0.105 1	0.099 9
0.98	0.037 4	0.113 6	0.178 3	0.216 4	0.231 1	0.232 8	0.225 4	0.213 9	0.200 7	0.187 4	0.174 4	0.162 6	0.152 1	0.142 4	0.133 6	0.125 8	0.118 8	0.112 6	0.106 9	0.101 8
0.96	0.037 4	0.113 6	0.178 6	0.216 9	0.232 9	0.233 3	0.226 9	0.215 8	0.203 8	0.190 0	0.177 0	0.166 0	0.155 5	0.146 1	0.137 0	0.130 1	0.123 3	0.117 3	0.111 8	0.106 9
0.94	0.037 4	0.113 7	0.179 0	0.217 6	0.234 0	0.235 8	0.229 4	0.218 8	0.206 6	0.194 0	0.182 0	0.171 0	0.160 9	0.151 9	0.143 9	0.136 8	0.130 2	0.124 5	0.119 4	0.114 8
0.92	0.037 4	0.113 8	0.179 4	0.218 6	0.235 1	0.238 3	0.232 7	0.222 9	0.211 3	0.199 5	0.188 1	0.177 6	0.168 0	0.159 5	0.151 9	0.145 1	0.139 1	0.133 8	0.129 0	0.124 8
0.90	0.037 4	0.113 9	0.180 0	0.219 9	0.237 2	0.241 8	0.236 7	0.227 7	0.217 1	0.206 1	0.195 5	0.185 6	0.176 6	0.168 6	0.161 5	0.155 3	0.149 7	0.144 8	0.140 5	0.136 6
0.88	0.037 4	0.114 1	0.180 6	0.221 3	0.240 3	0.245 0	0.241 4	0.233 4	0.223 9	0.213 9	0.203 9	0.194 8	0.186 4	0.179 6	0.172 9	0.166 6	0.161 8	0.157 8	0.153 4	0.150 0
0.86	0.037 4	0.114 2	0.181 3	0.222 7	0.243 0	0.249 0	0.246 1	0.240 1	0.231 5	0.222 2	0.213 5	0.205 1	0.197 6	0.190 6	0.184 3	0.179 6	0.175 1	0.171 0	0.167 5	0.161 5
0.84	0.037 3	0.114 3	0.182 0	0.224 2	0.246 0	0.252 5	0.252 5	0.247 6	0.239 9	0.231 9	0.223 1	0.216 4	0.209 6	0.203 5	0.198 2	0.193 5	0.189 4	0.185 8	0.182 7	0.180 0
0.82	0.037 3	0.114 3	0.182 7	0.226 5	0.249 3	0.258 2	0.258 9	0.254 8	0.248 9	0.242 9	0.235 8	0.228 8	0.222 5	0.217 6	0.212 4	0.208 1	0.204 5	0.201 3	0.198 5	0.196 2
0.80	0.037 3	0.114 4	0.183 4	0.228 4	0.252 7	0.262 7	0.265 8	0.263 4	0.258 4	0.252 8	0.246 8	0.241 1	0.236 4	0.231 3	0.227 5	0.223 5	0.220 3	0.217 6	0.215 2	0.213 2
0.78	0.037 2	0.114 5	0.184 1	0.230 3	0.256 3	0.268 5	0.272 5	0.271 5	0.268 5	0.262 0	0.258 6	0.254 9	0.250 6	0.246 2	0.243 0	0.239 5	0.236 8	0.234 4	0.232 4	0.230 7
0.76	0.037 1	0.114 5	0.184 8	0.232 3	0.259 9	0.274 0	0.279 4	0.280 5	0.278 6	0.272 8	0.272 4	0.268 1	0.264 8	0.261 6	0.258 5	0.256 0	0.253 7	0.251 7	0.250 0	0.248 6
0.74	0.037 0	0.114 5	0.185 4	0.234 2	0.263 1	0.279 5	0.286 2	0.289 0	0.289 5	0.285 0	0.285 4	0.282 4	0.280 0	0.277 0	0.275 0	0.272 9	0.271 0	0.269 4	0.268 0	0.266 8
0.72	0.036 9	0.114 2	0.186 0	0.236 1	0.267 2	0.285 2	0.293 0	0.298 5	0.300 6	0.299 0	0.299 0	0.297 3	0.295 4	0.293 5	0.291 5	0.290 1	0.288 7	0.287 4	0.286 0	0.285 3
0.70	0.036 7	0.113 9	0.186 5	0.238 0	0.270 9	0.290 9	0.299 9	0.308 0	0.311 0	0.312 0	0.312 7	0.311 9	0.311 0	0.309 0	0.308 5	0.307 6	0.306 6	0.305 6	0.304 8	0.304 1
0.68	0.036 5	0.113 5	0.186 8	0.239 7	0.274 5	0.296 5	0.307 0	0.318 0	0.323 0	0.325 6	0.326 7	0.327 0	0.327 0	0.326 5	0.325 0	0.325 3	0.324 3	0.324 6	0.323 3	0.323 0
0.66	0.036 3	0.113 3	0.187 1	0.241 3	0.277 7	0.302 0	0.314 0	0.327 5	0.334 0	0.338 0	0.340 9	0.342 9	0.343 4	0.343 5	0.343 0	0.343 3	0.342 6	0.342 9	0.342 6	0.342 0
0.64	0.036 1	0.113 2	0.187 2	0.242 8	0.281 3	0.307 0	0.321 0	0.337 2	0.345 0	0.351 8	0.354 2	0.357 3	0.359 4	0.360 0	0.360 0	0.361 0	0.361 2	0.361 2	0.361 2	0.361 1
0.62	0.035 8	0.112 6	0.187 0	0.244 1	0.284 1	0.312 2	0.327 8	0.346 7	0.356 0	0.363 5	0.368 9	0.372 4	0.375 9	0.376 5	0.378 0	0.378 9	0.379 5	0.379 5	0.380 1	0.380 2
0.60	0.035 5	0.112 0	0.186 6	0.245 3	0.287 0	0.317 0	0.334 6	0.356 0	0.367 0	0.376 0	0.382 5	0.387 0	0.391 2	0.393 0	0.396 0	0.396 9	0.397 8	0.398 5	0.399 0	0.399 4
0.58	0.035 1	0.111 1	0.186 4	0.245 9	0.289 7	0.322 6	0.341 1	0.364 8	0.378 0	0.388 5	0.396 4	0.402 4	0.406 9	0.410 9	0.414 0	0.414 8	0.416 1	0.417 0	0.417 9	0.418 5
0.56	0.034 8	0.110 8	0.186 0	0.246 4	0.292 1	0.326 1	0.347 0	0.372 3	0.388 0	0.400 0	0.409 2	0.417 5	0.422 2	0.426 5	0.431 0	0.432 9	0.434 4	0.435 6	0.436 7	0.437 5
0.54	0.034 4	0.109 4	0.185 1	0.246 7	0.294 0	0.330 0	0.353 0	0.381 0	0.398 0	0.412 0	0.422 1	0.431 8	0.437 5	0.442 8	0.449 0	0.449 8	0.452 4	0.454 0	0.455 4	0.456 5
0.52	0.033 9	0.108 2	0.184 2	0.246 5	0.295 5	0.333 9	0.360 0	0.388 5	0.407 4	0.423 2	0.435 4	0.445 8	0.452 7	0.458 7	0.465 0	0.467 4	0.470 4	0.472 2	0.473 9	0.475 3
0.50	0.033 4	0.106 9	0.182 7	0.246 7	0.296 7	0.336 9	0.369 2	0.395 2	0.416 2	0.433 7	0.447 2	0.458 4	0.467 5	0.471 1	0.479 6	0.484 0	0.487 4	0.490 0	0.492 3	0.493 9

续表

x/H ＼ α	0.500 0	1.000 0	1.500 0	2.000 0	2.500 0	3.000 0	3.500 0	4.000 0	4.500 0	5.000 0	5.500 0	6.000 0	6.500 0	7.000 0	7.500 0	8.000 0	8.500 0	9.000 0	9.500 0	10.000 0
0.48	0.032 8	0.105 5	0.181 5	0.245 1	0.297 1	0.339 2	0.373 2	0.401 7	0.424 7	0.443 5	0.458 8	0.471 1	0.481 0	0.489 0	0.495 4	0.500 5	0.504 5	0.507 7	0.510 5	0.512 3
0.46	0.032 2	0.103 9	0.179 1	0.243 8	0.297 1	0.340 9	0.377 1	0.407 1	0.432 1	0.452 6	0.469 8	0.483 0	0.494 3	0.503 3	0.510 6	0.516 8	0.521 6	0.524 5	0.528 5	0.530 1
0.44	0.031 5	0.102 1	0.176 8	0.242 0	0.296 4	0.341 8	0.379 9	0.411 9	0.438 6	0.460 8	0.479 2	0.491 3	0.506 7	0.516 7	0.525 1	0.531 8	0.537 3	0.541 7	0.545 2	0.548 1
0.42	0.030 8	0.100 1	0.174 2	0.239 6	0.295 2	0.342 0	0.381 8	0.415 6	0.444 1	0.468 0	0.488 0	0.501 6	0.518 3	0.529 6	0.538 9	0.546 5	0.552 5	0.557 8	0.561 5	0.565 3
0.40	0.030 0	0.097 9	0.171 2	0.236 8	0.293 8	0.341 3	0.382 8	0.418 3	0.448 3	0.474 1	0.495 7	0.513 7	0.528 0	0.541 2	0.551 7	0.560 3	0.567 3	0.573 2	0.578 0	0.581 9
0.38	0.029 2	0.095 6	0.167 6	0.233 3	0.290 3	0.339 7	0.382 6	0.419 8	0.451 5	0.478 9	0.502 9	0.521 7	0.538 1	0.551 1	0.563 8	0.573 4	0.581 0	0.587 0	0.593 2	0.597 8
0.36	0.028 4	0.093 4	0.164 1	0.229 2	0.286 6	0.337 0	0.381 3	0.420 1	0.453 5	0.482 4	0.507 2	0.528 2	0.546 0	0.561 0	0.573 9	0.584 6	0.593 6	0.601 2	0.607 5	0.612 8
0.34	0.027 4	0.090 2	0.159 9	0.224 5	0.282 2	0.333 4	0.378 4	0.418 0	0.453 0	0.484 0	0.510 5	0.533 0	0.552 1	0.568 8	0.582 9	0.594 8	0.604 9	0.613 4	0.620 6	0.626 8
0.32	0.026 4	0.087 4	0.155 2	0.219 1	0.276 7	0.328 5	0.374 0	0.416 0	0.452 4	0.484 2	0.512 1	0.536 1	0.556 9	0.574 7	0.590 1	0.603 2	0.614 5	0.624 1	0.632 3	0.639 3
0.30	0.025 4	0.083 4	0.150 1	0.212 9	0.270 3	0.322 7	0.369 1	0.411 1	0.449 5	0.482 4	0.511 6	0.537 1	0.559 3	0.578 6	0.595 3	0.609 7	0.622 7	0.633 0	0.642 3	0.650 3
0.28	0.024 2	0.080 4	0.141 5	0.206 0	0.262 0	0.314 7	0.362 3	0.405 3	0.443 9	0.478 4	0.508 9	0.535 7	0.559 7	0.580 1	0.598 1	0.613 9	0.627 7	0.639 7	0.650 2	0.659 3
0.26	0.023 0	0.076 7	0.138 1	0.198 2	0.254 1	0.305 9	0.353 5	0.397 3	0.436 5	0.471 1	0.503 6	0.531 7	0.556 7	0.578 7	0.598 2	0.615 4	0.630 5	0.643 8	0.655 5	0.665 8
0.24	0.021 7	0.072 6	0.131 7	0.189 5	0.244 2	0.295 3	0.342 8	0.386 8	0.426 5	0.462 7	0.495 4	0.524 7	0.550 8	0.574 9	0.595 1	0.613 7	0.630 2	0.644 8	0.657 7	0.669 3
0.22	0.020 4	0.068 3	0.124 4	0.180 0	0.233 0	0.283 0	0.330 7	0.373 7	0.413 9	0.450 6	0.481 0	0.514 6	0.541 6	0.566 2	0.588 3	0.608 2	0.626 0	0.642 0	0.656 4	0.667 3
0.20	0.018 9	0.063 7	0.116 6	0.169 5	0.220 5	0.269 5	0.315 3	0.358 2	0.398 2	0.435 2	0.469 0	0.500 0	0.528 2	0.553 9	0.577 2	0.598 3	0.617 4	0.634 8	0.650 5	0.661 7
0.18	0.017 4	0.058 7	0.108 1	0.158 0	0.206 1	0.253 2	0.297 7	0.339 9	0.379 4	0.416 1	0.450 0	0.481 5	0.510 3	0.536 4	0.561 1	0.583 2	0.603 6	0.622 6	0.639 2	0.651 7
0.16	0.015 8	0.053 7	0.099 1	0.145 1	0.191 1	0.235 3	0.277 9	0.318 5	0.356 9	0.393 4	0.426 7	0.458 0	0.487 1	0.514 1	0.539 1	0.562 1	0.583 4	0.603 4	0.621 0	0.638 1
0.14	0.014 2	0.048 2	0.089 2	0.131 7	0.173 8	0.215 1	0.255 2	0.293 8	0.330 6	0.365 4	0.398 2	0.429 1	0.458 0	0.485 0	0.510 2	0.533 8	0.555 9	0.576 4	0.595 5	0.613 1
0.12	0.012 1	0.042 4	0.078 9	0.116 9	0.155 0	0.192 7	0.229 6	0.265 4	0.299 9	0.332 8	0.364 2	0.393 9	0.422 0	0.448 5	0.473 6	0.497 2	0.519 5	0.540 1	0.560 2	0.578 8
0.10	0.010 6	0.036 6	0.067 7	0.100 8	0.134 8	0.167 8	0.200 8	0.233 2	0.264 6	0.291 6	0.323 9	0.351 7	0.378 3	0.403 6	0.427 7	0.450 8	0.472 6	0.493 5	0.513 3	0.532 1
0.08	0.008 7	0.029 7	0.055 8	0.083 4	0.111 7	0.140 0	0.168 6	0.196 6	0.224 0	0.250 0	0.276 8	0.301 6	0.325 7	0.348 9	0.371 0	0.392 8	0.413 5	0.433 3	0.452 3	0.470 7
0.06	0.006 6	0.022 8	0.043 1	0.064 7	0.087 1	0.109 8	0.132 7	0.155 4	0.177 9	0.200 0	0.221 6	0.242 6	0.263 1	0.283 1	0.302 2	0.321 3	0.339 5	0.357 2	0.371 5	0.391 2
0.04	0.004 5	0.015 6	0.029 6	0.044 6	0.060 1	0.076 5	0.092 8	0.109 2	0.125 6	0.141 5	0.157 6	0.173 6	0.189 1	0.204 3	0.219 2	0.233 9	0.248 3	0.262 3	0.276 2	0.289 7
0.02	0.002 3	0.008 0	0.015 2	0.023 1	0.031 4	0.039 9	0.048 9	0.057 7	0.066 5	0.075 5	0.084 1	0.093 0	0.102 0	0.110 7	0.119 3	0.127 0	0.136 3	0.144 7	0.153 1	0.161 3
0.00	0.000 0	0.000 0	0.000 0	0.000 0	0.000 0	0.000 0	0.000 0	0.000 0	0.000 0	0.000 0	0.000 0	0.000 0	0.000 0	0.000 0	0.000 0	0.000 0	0.000 0	0.000 0	0.000 0	0.000 0

注:表 7-5、表 7-6 数据由《钢筋混凝土高层建筑结构实用设计手册》提供。

m——两墙肢之间的形心距离 L 与两墙肢各自面积（A_{w1}，A_{w2}）倒数之和的比值，即 $m=\dfrac{L}{\dfrac{1}{A_{w1}}+\dfrac{1}{A_{w2}}}$；

I——两墙肢各自惯性距之和，$I=I_{w1}+I_{w2}$；

h——层高；

ϕ_1，ϕ_2——分别是顶部反向集中力 p，均匀连续分布荷载 q 作用下的剪力系数，可分别查表 7-5、表 7-6 获得。

第八章

框架-核心筒结构

第一节　概述

　　框架-核心筒结构适用于 45 层或 45 层以上的建筑,并要求大空间超高建筑结构中,它由平面中间混凝土剪力墙筒体和外柱距较大的框架组成,其平面如图 8-1 所示。

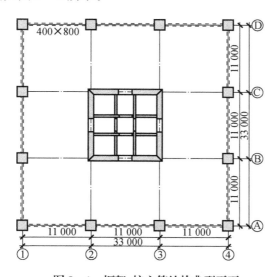

图 8-1　框架-核心筒结构典型平面

　　框架-核心筒中的核心筒主要承受水平力,对承载力和延性要求都很高,抗震设计时要采取提高延性的各种构造措施。例如,在内筒壁上可以开洞,但要求洞口不宜过于削弱墙体,要按强墙弱梁设计墙肢,在墙

253

肢横截面宽度的 1/4 端部应设计成约束边缘构件。在延性要求较高的筒体中，在混凝土墙体内配置焊接型钢柱（"Z"字形厚钢板或箱形厚钢板），在纵、横墙相交的地方设置竖向钢骨，若墙横截面过长，亦可在横向墙面中间加放钢骨柱。

框架-核心筒结构的受力特点：由于结构平面的周边存在着较大的框架，而实腹筒布置在平面结构的中间部位，单筒筒体往往作为竖向交通运输和设备服务设施的通道，同时也是总体结构中抗侧力的主要构件。如果建筑平面中只有一个筒体，一般放在建筑平面的正交中心处；若筒体多于一个，则应对称布置。筒体由于使用要求，需开一些门洞（过道门、电梯井门等）和孔洞，当筒体的开洞面积小于 30% 时，筒体自身的刚度和强度虽然有一定降低，但对初步设计来讲，可忽略不计。若筒体表面的开洞面积大于 50% 时，特别是筒壁作为外墙时，它的受力特性更接近于框筒结构，这时筒体自身的强度和刚度都有较大的降低，初步设计时应考虑筒体的影响。

当筒体的高宽比小于 3 时，筒体呈刚性抗剪筒体，抗弯不成为矮筒的控制因素；当筒体高宽比为 3～6 时，剪力将不起主要控制作用，而由抗弯决定设计；当筒体的高宽比大于或等于 7 时，则属于柔性筒，必须通过水平分体系和其他抗侧构件连接成整体，共同承受外力。一般是采用外框架和内筒的组合，形成框筒结构体系（图 8-1）。

由于平面结构的周边柱距较大，中间筒体形成基础上的悬臂箱形柱。框架-筒体共同承受水平力，不仅平行于水平力作用方向的框架（称腹板框架）起作用，而且垂直于水平力作用方向的框架（称翼缘框架）也起作用，使两者共同受力，但各自受力的大小不同（图 8-2）。中间筒体在水平力作用下如同薄壁杆件，产生整体弯曲、扭转，甚至挠曲变形。

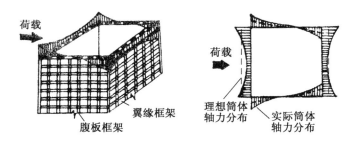

图 8-2　框架-筒体各自受力分布

框架-筒体两者虽整体受力,但筒体受力与理想筒体受力有很大差别。理想筒体在水平力作用下,截面应力保持拉维尔平截面假定,腹板应力呈直线分布,翼缘应力相等,而框架-筒体则不再保持平截面变形,腹板框架柱的轴力呈曲线分布,翼缘框架柱的轴力也是不均匀分布:靠近角柱的柱子轴力大,远离角柱的柱子轴力小。这种应力分布不再保持直线分布规律的现象称为剪力滞后。由于存在这种剪力滞后现象,所以框架-筒体结构受力不能按简单的平截面假定进行内力计算。

在框架-筒体结构中,由于剪力墙筒体的截面较大,自然刚度就大,它承受大部分水平剪力,柱子承受的剪力就小,而水平力对框-筒结构产生的总倾覆力矩大部分由外框架柱的轴向(拉、压)力所形成的总体弯矩来平衡,所以剪力墙和柱各自承受的局部弯矩就很小。由于这种结构整体受力的特点,使框架-筒体有较高的承载力和侧向刚度,而且整体结构的造价也较低,因此是目前建造超限高层建筑流行的一种结构形式,采用钢筋混凝土外框架和内筒,或钢结构外框架和钢筋混凝土内筒均可。

由于超限高层建筑结构层数多、总高度高,由平面抗侧力结构所构成的框架、剪力墙和框架-剪力墙结构已不能满足建筑和结构的功能要求,因而开始采用具有空间受力性能的框-筒结构体系。

框筒结构体的基本受力特征是:外来的水平力(风力或地震力)主要由单个筒体或多个筒体的竖向筒体承受,筒体可由混凝土剪力墙或剪力墙内放置型钢柱组成,也可由外密柱框筒构成。

筒体结构的类型很多,如图 8-3 所示。图 8-3(a)为一般的外周密柱(柱距一般为 3 m,甚至柱距为 1.8～2 m)框筒结构,内筒集中布置楼(电)梯间和设备服务性房间,由密集的剪力墙形成一个复杂截面形状的薄壁筒,具有非常大的抗侧刚度和承载力。外密柱框筒到下部楼层往往通过转换楼层变为大柱距形成出入口。

当建筑功能不希望外周设置密柱框筒时,也可设计成大柱距的框架柱,这样外周柱抵抗外来水平力不再起主要作用,结构只剩下内筒体,这时变成外框架-内筒体结构[图 8-3(b)]。

当办公和通信建筑不希望设置内筒,要求内部有很大的灵活布置空间时,只保留外密柱框筒,成为单一的外密柱内筒结构[图 8-3(c)]。

当某些建筑平面上,要设多个筒体套筒,成为多重筒结构[图 8-3(d)]。

某些建筑要求由多个框筒并联,共同承受外来水平荷载,这就是束筒结构[图 8-3(e)]。

　　某些建筑平面上，根据使用要求设置分散布置的多个筒体[图 8 - 3(f)]。

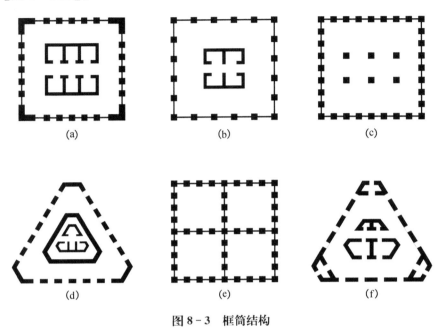

图 8 - 3　框筒结构

1. 台北 101 大楼

　　台北 101 大楼于 2003 年建成，101 层，屋顶高度 448 m，到塔桅顶高度 508 m，采用了巨型外框架-内核心筒结构体系(图 8 - 4)，属于 SRC 结构(型钢混凝土组合结构)。该建筑地下 5 层，并有裙房 6 层，裙房基础与主楼基础相连，地上部分与主楼分开。

　　初步设计时，采用两种结构方案——筒中筒结构和巨型框架-核心筒结构。经过两种方案的详细计算对比，认为筒中筒结构的外框筒虽然可提高结构的抗扭刚度，但密柱深梁增加了很多梁柱接头，焊接工作量大，用钢量比巨型框架-核心筒结构增加将近一倍，且很难实现强柱弱梁的要求。巨型框架-核心筒结构虽然抗扭刚度略差，但抗侧刚度较好，从计算的周期分布看($T_1=7.02$ s，$T_2=6.96$ s，$T_3=4.87$ s)，扭转周期与平移周期相差较多，$T_{扭}/T_1=4.87/7.02=0.69$，抗扭刚度尚好。所以周边设置 8 根大矩形钢管柱(图 8 - 5)，柱截面由 2 400 mm×3 000 mm 缩小到 1 600 mm×2 000 mm，钢板厚度由 70 mm 减小到 50 mm，同时周边

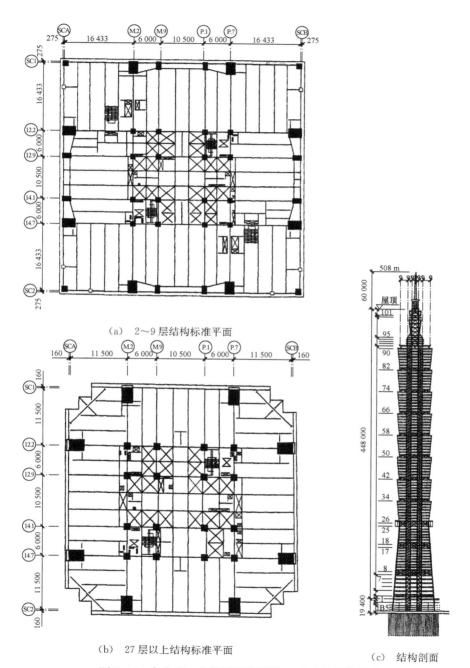

（a） 2～9层结构标准平面

（b） 27层以上结构标准平面

（c） 结构剖面

图8-4 台北101大楼巨型外框架-内核心筒结构体系

257

还布置 12 根小矩形钢管柱,底层柱截面为 1 200 mm×2 600 mm 和 1 600 mm×1 600 mm 两种,26 层以上只剩下 8 根大柱直到 90 层[图 8-4(b)]。为了提高柱的刚度,在 62 层以下钢管柱内灌注 10 000 psi (68.9 MPa)的混凝土;从基础顶开始到 26 层为倾斜柱,设置 3 道巨型梁,27 层以上为竖直柱,每隔 8 层设置 1 层楼高的巨型梁,并有水平桁架加劲,形成的巨型框架符合建筑节节高的形象要求,每 8 层为一节,90 层以上立面收缩,设斜撑将外柱连接到内筒柱。

内筒由 16 根矩形钢管柱与斜撑形成桁架筒,延伸到 95 层,在 9 层以下的钢管柱与 600 mm 厚的混凝土剪力墙浇筑成整体,96 层以上退缩为 4 根柱子,为了增加平面缩小后的结构刚度,从 94 层到 99 层在钢管柱内灌注 10 000 psi(68.9 MPa)的混凝土(图 8-5)。

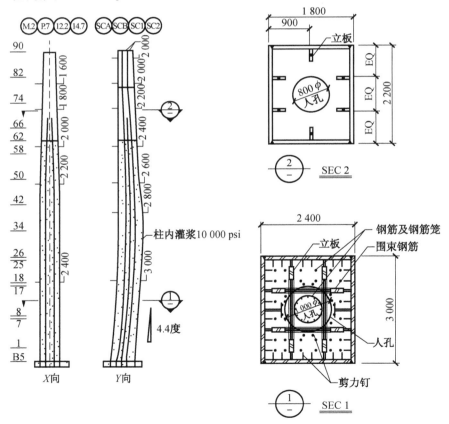

图 8-5 台北 101 大楼钢柱立面与剖面

这里值得关注的是图 8-4 布局中的角柱,外框架的角柱在一般情况下,其受力比其余柱的受力要复杂得多,除了同时受两个方向的外力,还受扭矩影响,同时角柱的温度应力也不可低估,再加上台湾地区地震频繁,风荷载又大,而角柱截面尺寸要比其余柱截面尺寸小得多,这是结构的一大特点,应特别注意。虽然有些构件承载力由风控制,另一些构件由地震控制,也进行了弹塑性分析,所有构件的延性都符合要求,也进行了风舒适度的试验和计算,不考虑台风时大楼顶部办公室的加速度已达到 6.2 m/s²,达不到台湾地区舒适度要求。在 27 层以上角柱又全部去掉,这更引起工程师们的关注。为此,在 87~92 层之间设置悬挂式重力摆锤(直径 5.5 m),为避免大地震时摆锤摆动位移过大,设置了阻止位移过大的阻尼系统。此外,为减小屋顶尖塔的鞭梢效应,在 498~505 m 之间设置了两组共 21 t 重的调质阻尼块,增加舒适度感受。

2. 上海中心

上海中心大厦,总层数 118 层,屋顶高度 596.86 m,到塔楣顶高度 632 m,是目前中国最高超限高层建筑。主楼 1~51 层,建筑平面四周由 12 根巨柱与内筒组成平面(图 8-6);52~83 层结构平面(图 8-7);84~101 层结构平面(图 8-8);102~118 层结构平面(图 8-9);119~120 层结构平面(图 8-10);121 层~屋顶结构平面(图 8-11)。

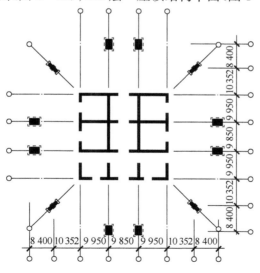

图 8-6 1~51 层结构平面

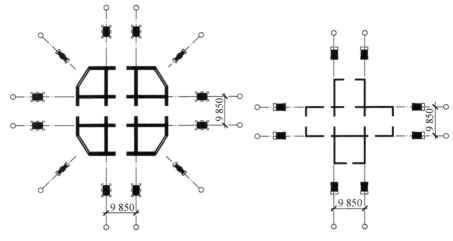

图 8 - 7 52～83 层结构平面   图 8 - 8 84～101 层结构平面

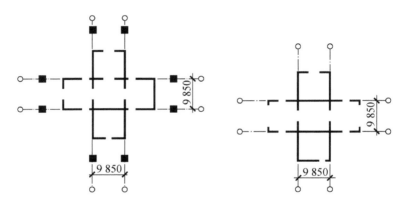

图 8 - 9 102～118 层结构平面   图 8 - 10 119～120 层结构平面

主楼地下室 5 层(图 8 - 12),底层底板厚度 6 m,在核心筒区域,板顶配筋率 0.4%,板底配筋率 1.4%;扩展区板顶配筋率 0.4%,板底区配筋率 1.4%。裙房地下室底板厚度 1.6 m,裙房和主楼地下室底板用过渡变化厚度转换相连,地上裙房 6 层和主楼分离,地下室各层左、右、上、下 8 根对称的巨柱与地下室核心筒四周外墙壁分别用两道 2 000 mm 厚的剪力墙(墙体中间开通道)相连,加强整体结构的地下室刚度(图 8 - 12)。其中上、下、左、右对称的 8 根巨柱,每根巨柱截面 RCS 的尺寸为 4 300 mm×5 300 mm,内实心有 3 根大型水平"I"字钢和两道竖向厚钢板连接成钢骨架，另外在内实心柱"I"字钢之间和周边再配置多根矩形钢筋混凝土暗柱（1～7 加强区）（图 8-13），型钢巨柱（1～7 加强区）如图 8-14 所示，第 8 加强区典型巨柱截面内型钢如图 8-15 所示。当然柱内仍配有多根柱纵筋，4 根角柱中的每根巨柱截面 RCS_2 尺寸为 2 200 mm× 5 500 mm，内实心有三个大型水平"I"字钢，"I"字钢之间放有上、下贯通的厚钢板连接焊成钢骨架，在"I"字钢骨架之间和四周再配置矩形钢筋混凝土暗柱，将型钢骨架包裹（图 8-16），SRC_2 典型角巨柱截面内型钢柱如图 8-17 所示。

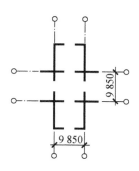

图 8-11　121 层～屋顶结构平面

每根巨柱 SRC_1，SRC_2 的位置、混凝土强度、柱高和尺寸、含钢率、型钢柱尺寸变化等见表 8-1。

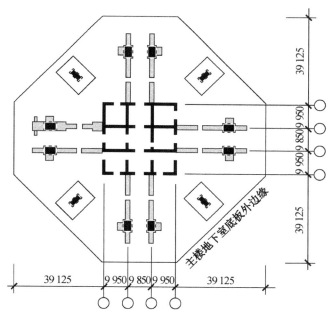

图 8-12　主楼地下室平面

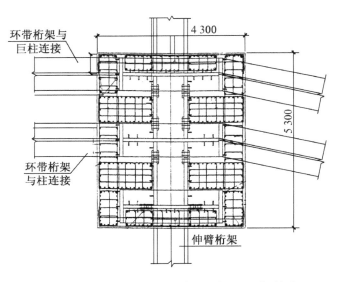

图 8 - 13　SRC₁ 典型巨柱截面示意（1～7 加强区）

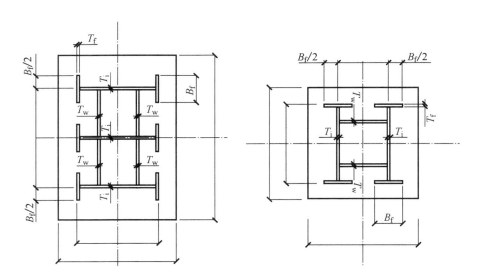

图 8 - 14　SRC₁ 典型巨柱
　　　　型钢截面示意
　　　　（1～7 加强区）

图 8 - 15　SRC₁ 第 8 加强区
　　　　典型型钢巨柱
　　　　示意图

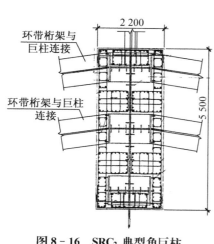

图 8-16 SRC₂ 典型角巨柱
截面（1～5 加强区）

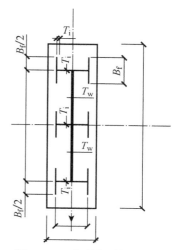

图 8-17 典型角巨柱型钢柱
示意图（1～5 加强区）

表 8-1 不同位置处巨柱的变化情况

柱编号	位置	混凝土强度等级	柱宽(mm)	柱高(mm)	含钢率	钢柱截面尺寸变化(mm)					
						x	y	B_f	T_f	T_i	T_w
SRC₁	地下室	C80	4 300	5 300	8%	3 250	3 000	850	100	100	100
SRC₁	加强区 1	C80	4 300	5 300	8%	3 250	2 600	850	100	100	100
SRC₁	加强区 2	C80	3 900	5 000	6%	3 040	2 200	850	70	70	70
SRC₁	加强区 3	C80	3 500	4 800	6%	2 910	2 200	850	70	55	55
SRC₁	加强区 4	C70	3 100	4 600	6%	2 740	2 000	750	60	55	55
SRC₁	加强区 5	C70	2 900	4 400	6%	2 600	2 000	750	50	50	50
SRC₁	加强区 6	C70	2 700	4 000	6%	2 160	1 900	600	50	50	50
SRC₁	加强区 7	C60	2 600	3 300	6%	2 215	1 700	600	45	40	40
SRC₁	加强区 8	C60	2 400	2 400	6%	1 100	1 700	600	45	45	45
SRC₂	加强区 1	C80	2 200	5 500	4%	3 250	1 400	1 000	40	25	50
SRC₂	加强区 2	C80	2 000	5 000	4%	3 040	1 050	850	40	25	45
SRC₂	加强区 3	C80	1 650	4 800	4%	3 040	1 050	820	30	20	45
SRC₂	加强区 4	C70	1 500	4 800	4%	3 040	800	720	30	20	45
SRC₂	加强区 5	C70	1 200	4 500	4%	3 040	800	720	30	20	45

整个大楼沿竖向设 8 道加强层（图 8-18），每道加强层有两个楼层

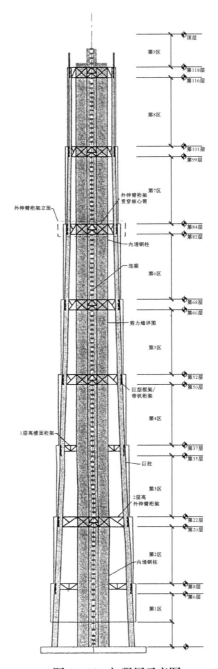

图 8 - 18   加强层示意图

高度,采用外伸臂钢桁架[图 8 - 19(a)]、双环向钢桁架[图 8 - 19(b)]和径向钢桁架[图 8 - 19(c)]三种加强措施,减少水平位移、调整柱轴向力的均匀性及配合建筑外部立面的造型要求。

　　各楼层采用压型钢板和钢筋混凝土组合楼层,一般楼层楼板厚度为150 mm,各加强层楼板厚度为 170 mm。

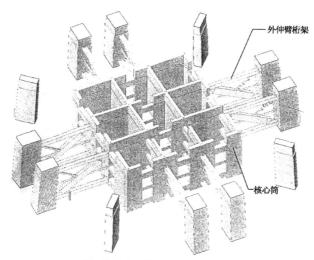

（a）外伸臂钢桁架三维等轴测图

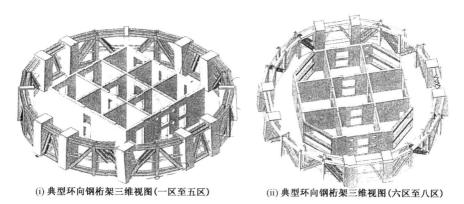

（i）典型环向钢桁架三维视图(一区至五区)　　（ii）典型环向钢桁架三维视图(六区至八区)

（b）典型双环向钢桁架三维视图

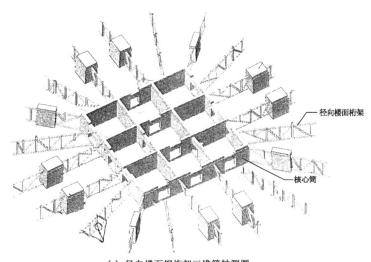

（c）径向楼面钢桁架三维等轴测图

图 8-19　加强层平面示意图

第二节　对加强层的受力分析

加强层中设置伸臂桁架对整体结构的受力影响是多方面的：①可增大框架柱轴力；②可增加整体结构刚度；③可减小整体结构侧移；④可减小内筒弯矩；⑤可减少内筒扭转。但伸臂桁架结构会使整体结构内力沿结构总高度产生内力突变，由于伸臂结构沿结构总高度设置 8 道比较均匀的加强层，使内力产生的突变不至于差别很大，而是均匀的突变，当然内力突变对结构抗震也是不利的一面。

由于伸臂结构刚度很大，在整体结构侧移时，它使外柱产生很大的拉力和压力，增大了外柱抵抗倾覆力矩的能力，同时使内筒产生反向的约束弯矩，改变内筒的弯矩图，减小内筒弯矩。由于内筒的反弯也同时减小了整体侧移，如图 8-20 所示，因此，设置伸臂的楼层称为加强层。

设伸臂结构的位置和数量：在一般超限高层建筑中都设有避难层或设备层，通常都将伸臂层、避难层、设备层布置在同一层。当整体结构只需设置一道伸臂结构时，最理想的位置应设在整体结构底部固定端以上 $0.7H$ 高度处附近（H 为总高度），也就是第一振型的反弯点附近。当设置两道伸臂结构时，其效果比设置一道伸臂结构受力更好，使整体结构侧移更小,其中一道设置在结构高度 $0.7H$ 处,另一道设置在 $0.5H$ 处,可获得较好的效果;当设置伸臂结构多于四道时,减少侧移的效果基本稳定;设置多道时,可沿结构高度均匀布置,可使整体结构侧移减小的最大幅度达 $15\%\sim20\%$,有时会更多,这与整体结构平面组成的框架部分面积和筒体平面面积之比有关,框架面积大者,侧移减少的效果更显著。上海中心完全符合多道设置、均匀布置的伸臂结构和框架面积大于筒体面积的原理。筒中筒结构设置伸臂结构减少侧移幅度不明显,至多只减少 $5\%\sim10\%$,原因是伸臂结构的作用与框筒结构中的密柱深梁作用是重复的,密柱深梁已经使翼缘框架柱承受了较大的轴力,因而伸臂效果不明显。

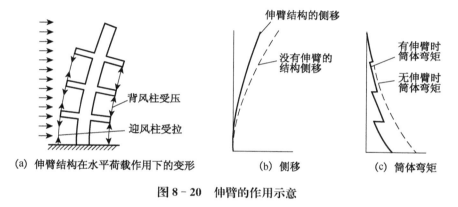

(a) 伸臂结构在水平荷载作用下的变形　　(b) 侧移　　(c) 筒体弯矩

图 8-20　伸臂的作用示意

在抗侧刚度较小的框架-核心筒结构中,设置伸臂可以增大抗侧刚度,减小侧移,但伸臂会使结构内力发生突变,如果设计不当,或措施不恰当时,容易造成薄弱层。影响内力突变幅度的因素是伸臂本身的刚度和伸臂的道数。设计一道伸臂减小侧移的效率最高,伸臂的数量增加时,减小侧移的绝对值加大,但伸臂减小侧移的效率降低(图8-21),伸臂数量增加到四道以上时,侧移继续减少的幅度就很小了,而核心筒和框架柱的弯矩、剪力突变的程度却可减少。最好的办法是将伸臂本身的大刚度分散到每层结构中,就是设置楼层

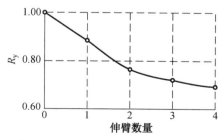

图 8-21　伸臂数量与位移减小的关系

大梁,达到一定刚度,能使翼缘框架柱轴力提高,使每层大梁都能起到"多道伸臂"的效果,而这些多道大梁使内筒反弯的作用和使外柱轴力加大的作用沿整体结构高度是均匀分布的,可消除整体结构突变,但加大每个楼层大梁,就显得不经济。

设置伸臂结构一般都取一层楼高,需要刚度较大时,也可设置两层楼高的伸臂结构构件。桁架和空腹桁架有较大的抗弯刚度,但构件截面小,有利于避免上、下柱端出现塑性铰,是伸臂结构的常用形式。

伸臂结构所在层无论是设备层,还是避难层,都要布置通道,而伸臂桁架和空腹桁架是便于设置通道的结构形式,由于这两种桁架在模板制作和浇筑混凝土时都有一定困难,因此,在混凝土结构中也常采用钢桁架的形式,既减轻重量,又便于现场拼装,自然形成通道,是理想的结构形式之一。

安装伸臂结构时,不要立即与竖向构件完全连接,以避免在施工过程中外柱和内筒之间的竖向变形差。竖向变形差会使伸臂产生初始应力,对伸臂构件后期的受力是不利的。为了减少施工过程中的初始应力,伸臂的一端与竖向构件之间应临时固定或采用椭圆孔连接,待施工完毕后,再完全固定。

上海中心在每个加强层中,也设置了双环向钢桁架,沿整个结构的周围布置两层楼高的环向钢桁架,双环向桁架的作用是:

(1)加强整体结构外圈各柱的联系,加强结构的整体性,相当于在结构的外圈加上8道"箍",使结构外周柱抱成一个整体,受力均匀。

(2)由于双环向箍的刚度很大,可协调周圈各柱之间的变形,减少柱的竖向变形差,使柱受力均匀。在框筒结构中,双环向桁架可起到深梁的作用,减少柱之间的剪力滞后,并增大翼缘框架柱的轴力,减小侧移,但不如伸臂桁架直接。因此,在筒中筒和筒束结构中,通常设置环向桁架而不设伸臂结构桁架。

(3)环向桁架的作用,可使相邻框架柱轴力均匀变化。通常伸臂桁架只与一根柱子相连接,而环向桁架可将伸臂结构产生的轴力分散到其他柱子上,使较多的柱子承受轴力,因此环向桁架常和伸臂桁架同时使用,可减少伸臂桁架的刚度,有利于减小框架柱和内筒的内力突变。

加强层常与设备层、避难层结合在一起,更需要对外开敞,以便遇到意外灾难时可以救援,所以环向桁架多采用斜杆桁架或空腹桁架,很少采用实腹式梁。

上海中心结合设备层、避难层,也同时使用径向钢桁架(径向桁架是连接内筒与角柱的桁架),或根据建筑外立面的需要直接由内筒连接水平出发与环向桁架交接后再外伸的桁架,它的作用与伸臂桁架类似,也是调整外柱与内筒之间轴力的构件(图8-22)。当外框架柱之间的距离比较大时,除了设置环向桁架外,还有内筒臂外伸

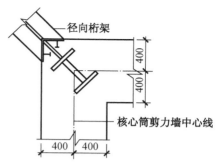

图8-22　核心筒角部预埋钢柱 (平面)四区

的构件,加强与环向桁架的连接,增强整体加强层的刚性作用。

如果仅仅考虑减少重力荷载、温度、徐变产生的竖向变形差,在30～40层的结构中,一般在顶层设置一道桁架,效果最为明显,称其为帽桁架。当结构高度更高时,也可同时在中间某层设置桁架,称其为腰桁架。整体结构在重力荷载作用下的柱轴力与筒体轴力大小不同,或由温度差异、徐变差异等常造成内筒和外柱的竖向变形不同。竖向变形差随结构高度的增加而累积加大,在超限高层建筑中应十分重视。内、外竖向构件变形差使楼盖大梁产生变形和相应内力(图8-23),如果变形引起的内力较大,会减小楼盖大梁承受荷载和抵抗地震作用的能力,甚至较早出现裂缝。设置刚度很大的桁架或大梁,可缩小上述各种因素引起的内、外竖向变形差,从而减小楼盖大梁的变形。一般在高度较高的超限高层中,需设置限制内、外竖向变形差的桁架或大梁。

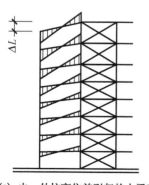

(a) 内、外柱变位差引起的大梁弯矩

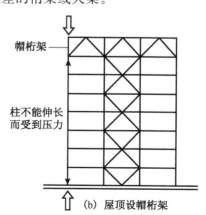

(b) 屋顶设帽桁架

图8-23　帽桁架的作用

　　伸臂桁架、腰桁架、帽桁架、径向桁架的形式和布置方式都相同,作用却不同。有时需要突出某一种形式的作用,由所要求的作用确定其布置,有时可两者结合,或三者结合。在较高的高层结构中,如果将减少侧移的伸臂结构与减少竖向变形差的帽桁架或腰桁架相结合,例如,在结构顶部及(0.5~0.6)H 处设置两道伸臂,则综合效果较好。

第九章

高层及超高层基础设计

高层和超高层建筑结构基础的合理选型是整体结构设计中的关键。它涉及整幢建筑的使用功能、安全、经济效益等，也关系到投资额度、施工进度和对周边环境的影响。基础的经济技术指标对高层及超高层的总造价有决定性影响，特别是在地质条件比较复杂的情况下，更要通过多个基础方案的比较，最终选择既满足使用要求，又符合有关技术规定的结构基础方案。

在对一些实际工程基础方案调查中，仅就造价而言，长桩加箱形基础是最贵的。短桩加箱形基础大致相当于扩大的箱形基础。对灌注桩、基础和箱形基础则要根据具体条件进行对比。例如某一高层建筑，要求地下室埋深 3 m，基底面积为 1 071 m²。方案一采用直径为 400 mm，长度为 10 m 的灌注桩，承台断面为 600 mm×600 mm，单桩承载力为500 kN。方案二采用箱形基础，埋深按 3 m，4 m，5 m 三种，底板厚度为0.5 m。预算从平整场地开始到基坑回填土完成。开挖基坑四周加宽2 m，放坡按 1∶0.5 考虑。采用机械挖土，土方运距 10 km。以 3 m 埋深箱形基础每平方米的综合造价为 100%，则 5 m 埋深箱基为 138%，4 m 埋深箱形基础为 119%，灌注桩为 117%。

在上海一般高层住宅中，桩基础比箱形基础可节约造价 40%～70%，钢筋用量可节约 50%，混凝土用量大致相当。箱形基础方案费用主要高在人工降低地下水位和基坑围护费用，桩基础占总造价的 5%～12%，而箱形基础占总造价的 16%～33%。

所以高层或超高层建筑基础采用何种方案，一定要通过基础方案比较，最终从中选优。

影响高层或超高层建筑结构基础方案的因素很多，这里提出几点。

271

1．上部结构特点

上部结构形式不同,对基础的要求也不同。对地基不均匀沉降非常敏感的结构,需要选择整体刚度大、调整不均匀沉降能力很强的基础,如箱形基础和桩基础。

2．地基土质条件

当地基条件较好,地基承载力较高时,应首先选择天然地基方案。例如北京的高层建筑,可选择天然地基的箱形基础;上海地基属软土层较厚的地基,承载力低,地基变形大,对高度在 40 m 以上的建筑可选择桩基础,30 m 以下的高层建筑,可选择箱形基础;广州的地质条件复杂,软土层厚薄不一,基础埋深变化很大,所以一般高层均选用桩基础。

3．建筑功能要求

有些建筑要求有地下室、地下车库和设备层,如地质条件许可,采用箱形基础或筏形基础,这样既满足使用要求,又满足基础的技术要求。

4．抗震要求

在抗震设防区,抗震要求是选择基础方案的必要条件。桩基础加箱形基础,或筏形基础加桩基础均可选择。

5．从材料及施工条件考虑

从木材、钢筋、水泥的用量来看,箱形基础和筏形基础用量最大。预制桩次之。灌注桩不用木材,钢筋用量少,但水泥用量大。基础方案必须考虑材料的供应。施工条件主要考虑施工机械设备、施工技术和经验。

6．工程环境

工程所处位置可能影响到基础方案。如城市中心或城市特殊地区,不允许发生噪声和振动,就不能采用锤击桩方案。有些地区泥浆排放有困难,就不能采用灌注桩基础。工程环境还应考虑相邻建筑物的影响,锤击桩造成附近建筑物的隆起,或降水引起邻近建筑物的开裂等,处在山坡上的新建房屋,应考虑山体滑坡和泥石流现象,以及地下溶洞等不良条件。

7．基础造价

这是投资商首先考虑的条件,不同的基础造价固然不同,即使是相同形式的基础,造价也未必相同。例如土方运距不同,造价自然不同。

8．工期

工期也是投资商最敏感的问题。工期可能是决定性的因素,因为工期短会带来较大的经济效益和社会效益。

9. 地区性的习惯施工做法

施工方案的选择也直接影响到建筑的总造价,有的地区习惯性的施工做法,必然影响到结构基础方案的选择,基础方案必须服从地方习惯做法。

第一节　筏形基础和箱形基础

筏形基础是指柱下或墙下连续的平板式或梁板式钢筋混凝土基础。它是置于地基上的等厚度钢筋混凝土平板。梁板式基础是指带有肋梁的钢筋混凝土板。肋梁可沿柱网纵横向布置,也可按需要单向平行布置,肋梁可从板底向上布置,也可向下嵌入地基布置。肋梁宽度不宜过大,当肋梁宽度小于柱宽时,可在柱边加腋满足构造要求,肋梁高度不宜小于平均柱距的 1/6。

筏形基础的平面尺寸,在建筑平面四周的外柱(墙)外,外挑尺寸:横向外挑不宜大于 150 cm,纵向外挑不宜大于 100 cm,目的是减小外柱(墙)下的不均匀应力集中,筏形底板厚度 t 一般不宜小于 400 mm(包括箱形基础底板)。

当柱荷载较大,等厚度筏板不能满足受冲切承载力时,可在柱下的筏板顶面增设局部柱墩,或在柱下的筏板底面局部增加板厚或采取抗冲切钢筋等措施。筏形基础埋深不宜小于建筑高度的 1/15,桩筏基础埋深(不计桩长)不宜小于建筑高度的 1/18。筏形底板厚度 t 通常由上部结构的楼层数 n 确定,即 $t = n \times (5 \sim 7)$ cm。

箱形基础是指由底板、顶板、外墙板及一定数量的内墙构成整体刚度很好的单层或多层钢筋混凝土基础。在底板内力理论计算上,箱形基础和筏形基础没有原则性区别。

箱形和筏形的平面尺寸应根据地基土的承载力、分布均匀程度、上部结构布置及荷载分布等诸多因素确定。当为满足地基承载力的要求而需扩大底板面积时,扩大部位宜设在建筑物的宽度方向。

对单幢建筑,在均匀地基条件下,箱形和筏形基础的基底平面形心宜与结构竖向荷载重心重合。当不能重合时,在荷载效应准永久组合下,偏心距 e 宜符合式(9-1)要求:

$$e \leqslant 0.1 \frac{W}{A} \qquad (9-1)$$

式中 W——与偏心距方向一致的基础底面边缘抵抗矩(m^3);

　　　A——基础底面面积(m^2)。

箱形基础的底板厚度不应小于 300 mm,且应符合正截面受弯、斜截面受剪承载力的要求。当采用防水混凝土结构时,应满足裂缝宽度不大于 0.2 mm 的要求,且不得贯通。根据以往工程设计的经验,箱形基础的底板厚度可参考表 9-1 选用。

表 9-1　箱形基础底板厚度选用参考

基底平均反力(kPa)	底板厚度(mm)	基底平均反力(kPa)	底板厚度(mm)
100~200	$(1/14\sim1/10)l_n$	300~400	$(1/8\sim1/6)l_n$
200~300	$(1/10\sim1/8)l_n$	300~400	$(1/7\sim1/5)l_n$

注:l_n 为箱形基础底板中较大区格的短向净跨尺寸。

箱形基础和筏形基础的受力主要有以下特点。

1. 能充分发挥地基承载力

因这两种基础都是满堂基础,它比独立柱基础或十字交叉基础底面积都大,能充分利用地基的承载力,而且两者都有一定的埋置深度,一般都在 4 m 左右或更深,有的甚至达到 20 m 以上。基础埋深越深,越能充分利用地基承载力。埋置深度与地基极限承载力的关系可用式(9-2)表示:

$$P_u = CN_c + rdN_q + \frac{1}{2}rbN_r \qquad (9-2)$$

式中 P_u——地基极限承载力(kPa);

　　　C——土的黏聚力(kPa);

　　　r——土的重度(kN/m^3);

　　　b,d——基础底宽度、埋置深度(m);

　　　N_c,N_q,N_r——无量纲的承载力系数,仅与土的内摩擦角 φ 有关。

很明显,极限承载力 P_u 是随着基础埋深 d 的增加而增加的。我国现行的《建筑地基基础设计规范》中明确规定了地基承载力按基础宽度和埋置深度进行修正的计算公式,这对筏形基础、箱形基础充分利用地基承载力也是很好的证明。

2. 调整地基不均匀沉降的能力较强,使基础沉降量减小

由于高层建筑的箱形基础和筏形基础的埋深都比较大,基础本身的体积都很大,挖去的土方重量往往都大于箱形和筏形本身的重量,使之成为一种补偿基础,相应的基底附加压力值也会减小。所以在同样大小的上部结

构荷载的情况下,箱形基础和筏形基础沉降会比其他类型的天然地基上的基础沉降量小。当然充分利用地下水水浮力,也是减小上部荷载的有利措施。

箱形基础和带地下室的筏形基础,整体刚度都较大。特别是箱形基础,可认为是刚性基础,它们处于整体受力状态。当上部结构荷载有些偏心或地基土质略有不均匀时,箱形基础和筏形基础都可起到调整地基不均匀沉降的作用。而那些刚度不大的非整体基础,没有地下室的、厚度不大的筏形基础,这些基础的调整能力就比较差。

3. 具有良好的抗震能力

地震灾害的宏观调查表明,箱形基础的抗震性能很好,它不仅沉降小,而且在较小的地裂或轻度地基液化时,也能保持房屋的整体性,不致造成严重问题。例如1976年唐山大地震时,在天津地区有一地磅房,地面下为钢筋混凝土地沟,该地的地震烈度为8度,附近地基严重液化,发生多道地裂,但磅房基本完好,地裂缝沿磅房侧墙绕过。

筏形基础在唐山大地震中也有良好的抗震性能。无论多层房屋、大型构筑物或高烟囱的筏形基础,在地震烈度为8~10度地区,都可证明是好的基础形式。

4. 可充分利用地下空间

随着城市建筑的现代化,越来越多的地下空间被利用。例如地铁、地下停车场、地下商场及防空设施等,全国都在如火如荼地发展和利用。筏形基础对高层建筑特别适合,这类建筑没有内隔墙,使用空间大,比箱形基础更优越。

5. 施工方便

在天然地基上的筏形基础和箱形基础施工方便。特别是在地下水位较低时,进行人工开挖基坑,无需使用机械,因而受到设备的限制相对较少。当地下水位较高、相邻建筑密集、施工场地狭小时,就涉及人工降低地下水位及基坑支护等问题。

筏形基础的优点是筏板截面高度小,具有较大的整体刚度,其内力与弯曲变形的整体挠曲率比较小,往往都不到万分之五,无论是筏形基础还是箱形基础,均是如此。例如某省的一些高层箱形基础实测底板挠曲率都在$0.16 \times 10^{-4} \sim 3.4 \times 10^{-4}$之间,而法兰克福展览会大楼筏板实测挠曲率也只有$2.55 \times 10^{-4}$。而测得筏板底的钢筋应力,一般都在$20 \sim 30 \ N/mm^2$之间,只相当于Ⅱ级(φ)钢筋强度设计值($300 \ N/mm^2$)

的十分之一。特别大的工程基础钢筋应力也只有 70 N/mm² 。产生这种基础底板内力远远小于按整体弯曲常规计算内力的因素很多：如在开始基础底板施工时，只有底板的自重，没有上部结构的边界约束，而混凝土的硬化收缩力大，在底板收缩应变的过程中，使混凝土的纵向产生预压应力。当混凝土的收缩当量为 15℃ 时，钢筋的预压应力可达 31.5 N/cm² 。例如某管网中心大楼，测得的筏板钢筋预压应力为 30.25 N/cm² ，相当于钢筋强度设计值的十分之一，在正常工作状态下抵消了部分钢筋的拉应力，使钢筋受拉应力减小；另外，基础板底面和地基土之间有很大的摩擦力，起着一定程度的整体反弯曲作用。摩擦力是整幢建筑的客观存在条件，特别是对天然地基的箱形基础和筏形基础来讲，地基土都比较坚实，变形模量、地基基床系数都比较大[例如，褐黄色表土层(黏土、粉质黏土)或灰色粉质黏土为 10~20 N/cm³；灰色淤泥质粉质黏土为 5~10 N/cm³；灰色淤泥质黏土为3~5 N/cm³]，则基础底板的内力和相应挠曲率势必相应减少。

除上述因素外，上部结构和地下室连接形成整体刚度贡献，参与基础的共同抗力，起到了拱的作用，从而减小了底板的挠曲和内力。对若干工程基础受力钢筋的应力测定表明，在工程施工到结构的底部几层时，基础钢筋的应力处于逐渐增加的状态，其变形曲率也逐渐增加。在上部结构施工到第 4、第 5 层时，钢筋应力达到最大值。然后随层数及其相应荷载的逐步增加，底板钢筋应力反而逐渐减小，变形曲率也逐渐变缓。究其原因，在结构施工到底部第 4、第 5 层时，已建上部结构的混凝土尚未达到强度，刚度自然尚未形成，这时上部荷载全部由基础底板单独承受。随着往上继续施工，上部结构刚度渐次形成，逐渐加大并和基础底板形成整体作用及共同抗力，产生拱的作用，使基础底板的变形趋于平缓。

通过早期的北京某医院工程箱形基础的现场测试，底板和顶板均为拉应力，充分说明由于上部结构和基础的共同作用，整体弯曲变形中和轴逐步上升，升到上部结构。另外早期的北京的 604# 工程，地下 2 层、地上 10 层，测定箱形基础钢筋应力随上部结构楼层施工层数的增加而增加，当施工连同地下室共 5 层时，基础底板钢筋应力最大值达 30 N/mm² ，随着施工层数的再次增加，底板钢筋应力反而减小。结构封顶时，底板钢筋应力只有 4 N/mm² 。

通过上面的实例测试，来分析上海某超高层工程大楼核心区：地上 129 层，地下室 6 层，底板厚度 6 m，框筒结构体系。底板板顶配筋率

0.4％,折合钢筋用量:0.4％×1 000×5 600＝22 400 mm²。

按每 1 米的宽度排:每排 8 根Φ 30 @ 125 mm,每排钢筋用量 5 655 mm²,共 4 排,总用钢量为 22 620 mm²;板底配筋率 1.4％,折合 钢筋用量:1.4％×1 000×5 600＝78 400 mm²。

每排 8 根Φ30@125,共 14 排,总用钢量为 79 170 mm²。扩展区:底 板板顶配筋率 0.4％,与核心区板顶配筋率相同,板底配筋率 1.4％,与 核心区相同;左、右扩展区板顶配筋率 0.4％,与核心区板顶相同,板底 配筋率 0.8％,折合钢筋用量,0.8％×1 000×5 600＝44 800 mm², 44 800/5 655(每排 8Φ30)＝7.92 排,取 8 排,每排 8Φ30@125。

上海某超限高层工程大楼底板配筋看起来并不多,除上面板面板 底配置的受剪钢筋外,仅在板中间部位与板垂直方向均匀配置 4 层Φ 18@250 的双向构造钢筋,似乎与上面的实测筏形基础和箱形基础底 板配筋相符合。主楼底板平面尺寸 67.254 m×67.254 m,板厚 6 m, 但厚度与平面尺寸之比,即 6 000/67 254＝1/11.209<1/8,仍属于薄 板基础。

薄板是常用的工程基础底板,当板顶面与板底面之间的厚度 t 与平 面尺寸 a 或 b 之间的小者相比约等于 1/20 时,称为板。当 t 为常量时, 称为等厚板。板中点所构成的平面称为中面,如图 9-1 所示(xOy 坐标 平面)。当板厚度 t 与板面内最小尺寸 b_{min} 之比 t/b_{min} 超过 1/5 时,称为 厚板;当 t/b_{min}<1/100 时,板不具抗弯刚度,称为膜板;介于两者之间的 板,即 $1/80<t/b_{min}<1/8$,称为薄板。

板在横向荷载作用下,由于板厚度不同,板发生的弯曲变形可分为 三种类型:① 对厚板,由于横向剪切变形与弯曲变形的挠度具有相同的 数量级,必须在计算中予以考虑,因而使问题的解变得复杂,须用弹性力 学的三维空间解决;② 对薄膜,由于抗弯刚度极小,板只能承受平面内 的张(拉)力;③ 对于薄板,在外荷载作用下,在板中面或与之平行的平 面,只要板不发生失稳,此种应 力状态属平面应力状态,在这 种应力状态下的板变形主要是 弯曲变形。弯曲变形的最大挠 度不超过板厚度 t 的 1/5 时, 称小挠度变形,在薄板小挠度 弯曲变形理论中,薄膜应力与

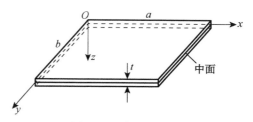

图 9-1　中面示意图

中面变形是可忽略不计的。当板挠度达到一定程度而且板边(至少有几个点)在平面里不能自由移动时,将会出现板中面的伸长,产生薄膜力。由于薄膜力的出现,它将有助于结构承受横向荷载。当板挠度超过板厚度的一半时,板的承载能力就会显著增加。而当板最大挠度达到板的厚度时,薄膜力将起主导作用。一般当挠度 $f \geqslant 0.3h$ 时,就应考虑中面变形和弯曲变形。有文献指出,当板的弯曲变形超过板厚度的 $t/5$ 时,称为大挠度变形,大挠度弯曲板又称柔性板,由此所建立的理论称为薄板大挠度弯曲变形理论。

筏板在横向荷载作用下,其受力和变形状态呈以下特征:

(1) 板中面任一点只有垂直位移 f;

(2) 板中面弯曲成弹性曲面,弹性曲面会发生两方向(x 轴和 y 轴)弯曲变形,由于双向弯曲变形不等,自然就存在着剪力大小不等,所以伴有扭转变形;

(3) 板的任意横截面上均有横向剪力、弯矩和扭矩。

鉴于此,在小挠度板弯曲中,通常有下列假定:

(1) 变形前板内与中面垂直的直线段,变形后此直线段仍保持与中面垂直,因此,板中面内任意点处的剪应变 γ_{xz}, γ_{yz} 均等于零。

(2) 板中面弯曲时,原垂直于中面的各平面与中面仍保持垂直。板的挠度 f 只限于弯曲变形。所以由横向荷载引起的垂直板中面的应力 σ_z 和应变 ε_z 与其

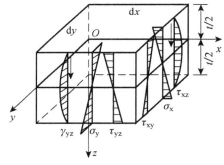

图 9 - 2　弯曲应力分布

他应力 σ_x, σ_y 和应变 ε_x, ε_y 相比甚小,可忽略,如图 9 - 2 所示。

(3) 板中面弯曲时,板中面上任意点都只会发生双向(x 轴和 y 轴)弯曲,中面内的各点不发生位移,即

$$u_{(z=0)} = 0, \quad V_{(z=0)} = 0, \quad f_{(z=0)} = f(x, y)$$

这说明板中面内应变分量 ε_x, ε_y 和 γ_{xy} 均等于零,板中面的位移函数 $f(x, y)$ 称为挠度函数。

筏板弯曲变形后,中面内坐标为 (x, y) 的 a 点沿 x 轴、y 轴和 z 轴各

自的位移为 u，V 和 f，其中位移 f 又称 a 点的垂直挠度。因此，u 和 V 是 a 点坐标 (x,y) 的二维函数，即 $u=u(x,y)$，$V=V(x,y)$，$f=f(x,y)$。

位移 u 和 V 为中面内发生的位移，一般认为远小于 f。

第二节　筏板基础的基本微分方程

现讨论筏板在横向荷载作用下的弯曲变形（曲率的变化）。板在挠曲之后原 a 点 (x,y,z) 的位置，现处在 $(x+u,y+V,z+f)$ 的 a' 点位置（图 9 – 3）。其中微矩形 $abcd$ 为中面，边长为 $\mathrm{d}x$ 和 $\mathrm{d}y$。受荷变形后成为 $a'b'c'd'$ 曲面，设 a 点垂直挠度为 f。中面

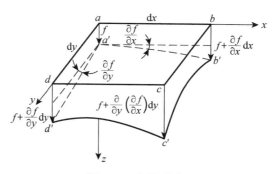

图 9 – 3　板的曲率

对 x,y 两个方向的倾角分别是 $\dfrac{\partial f}{\partial x}$ 和 $\dfrac{\partial f}{\partial y}$，则 b 点和 d 点挠度分别为 $\left(f+\dfrac{\partial f}{\partial x}\mathrm{d}x\right)$ 和 $\left(f+\dfrac{\partial f}{\partial y}\mathrm{d}y\right)$。而 c 点挠度为 $f+\dfrac{\partial}{\partial y}-\left(\dfrac{\partial f}{\partial x}\right)\mathrm{d}y$。绕 z 轴的倾角为正倾角。正倾角向板中央移动时，这些倾角逐渐减小。其二阶导数 $\dfrac{\partial^2 f}{\partial x^2}$ 和 $\dfrac{\partial^2 f}{\partial y^2}$ 均为负值，对于挠曲面的曲率半径 r_x，r_y 及扭曲率 r_{xy} 可近似用挠度 f 表示为

$$
\left.
\begin{array}{ll}
\dfrac{1}{r_x}=\dfrac{\partial^2 f}{\partial x^2}=k_x & \text{(a)}\\[3mm]
\dfrac{1}{r_y}=\dfrac{\partial^2 f}{\partial y^2}=k_y & \text{(b)}\\[3mm]
\dfrac{1}{r_{xy}}=\dfrac{\partial^2 f}{\partial x\partial y}=k_{xy} & \text{(c)}
\end{array}
\right\}
\qquad (9-3)
$$

板变形虽以弯曲变形为主，但与梁弯曲变形有别，板中面还存在着扭转，而 $\dfrac{\partial f}{\partial x}$ 在 y 轴方向会有变化，同样，$\dfrac{\partial f}{\partial y}$ 在 x 轴方向也有变化。其中式

（9-3）就代表板正交方向上的倾角变化率。其中$\dfrac{1}{r_{xy}}$的意义如图9-4所示。

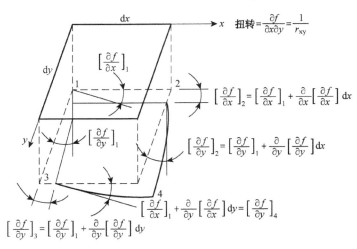

$$扭转=\frac{\partial f}{\partial x \partial y}=\frac{1}{r_{xy}}$$

$$\left[\frac{\partial f}{\partial x}\right]_2=\left[\frac{\partial f}{\partial x}\right]_1+\frac{\partial}{\partial x}\left[\frac{\partial f}{\partial x}\right]\mathrm{d}x$$

$$\left[\frac{\partial f}{\partial y}\right]_2=\left[\frac{\partial f}{\partial y}\right]_1+\frac{\partial}{\partial y}\left[\frac{\partial f}{\partial y}\right]\mathrm{d}x$$

$$\left[\frac{\partial f}{\partial x}\right]_1+\frac{\partial}{\partial y}\left[\frac{\partial f}{\partial x}\right]\mathrm{d}y=\left[\frac{\partial f}{\partial y}\right]_4$$

$$\left[\frac{\partial f}{\partial y}\right]_3=\left[\frac{\partial f}{\partial y}\right]_1+\frac{\partial}{\partial y}\left[\frac{\partial f}{\partial y}\right]\mathrm{d}y$$

图 9-4　扭曲几何形状

现取距中面为 z 的任意点 A 的位移，如图9-5所示。考虑到板的第(2)、(3)点基本假定，得出

$$\left.\begin{aligned} u(x,y,z)&=-z\,\frac{\partial f(x,y)}{\partial x}\\ V(x,y,z)&=-z\,\frac{\partial f(x,y)}{\partial y}\\ f(x,y,z)&=f(x,y) \end{aligned}\right\} \tag{9-4}$$

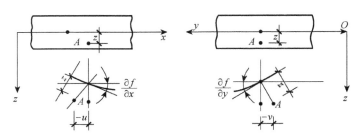

图 9-5　距中面距离为 z 的任意点 A 示意

由于板的挠度 f 只与弯曲应变有关，根据基本假定，由应变与位移可写出如下关系：

$$\varepsilon_x = \frac{\partial u}{\partial V} = -z \frac{\partial^2 f}{\partial x^2} \qquad \text{(a)}$$

$$\varepsilon_y = \frac{\partial V}{\partial y} = -z \frac{\partial^2 f}{\partial y^2} \qquad \text{(b)}$$

$$\varepsilon_z = \frac{\partial f}{\partial z} = 0 \qquad \text{(c)}$$

$$r_{xy} = \frac{\partial u}{\partial y} + \frac{\partial V}{\partial x} = -2z \frac{\partial^2 f}{\partial x \partial y} \qquad \text{(d)}$$

$$r_{xz} = \frac{\partial f}{\partial x} + \frac{\partial u}{\partial z} = 0 \qquad \text{(e)}$$

$$r_{yz} = \frac{\partial f}{\partial y} + \frac{\partial V}{\partial z} = 0 \qquad \text{(f)}$$

$$(9-5)$$

根据假定（3），f 为沿 z 方向的位移（即板的挠度），则有 $f = f(x,y)$，又由于 $r_{xz}=r_{yz}=0$，对式（9-5e）和式（9-5f）积分，可得

$$u = -z \frac{\partial f}{\partial x} + u_0, \quad V = -z \frac{\partial f}{\partial y} + V_0 \qquad (9-6)$$

再根据假定（2），σ_z，τ_{xz} 及 τ_{yz} 都远小于 σ_x，σ_y 及 τ_{xy}，可得出：

$$\sigma_x = \frac{E}{1-\nu^2}(\varepsilon_x + \nu \varepsilon_y) \qquad \text{(a)}$$

$$\sigma_y = \frac{E}{1-\nu^2}(\varepsilon_y + \nu \varepsilon_x) \qquad \text{(b)}$$

$$\tau_{xy} = G r_{xy} \qquad \text{(c)}$$

$$(9-7a)$$

若将式（9-3）和式（9-4）代入式（9-7），可得式（9-7b）

$$\sigma_x = \frac{Ez}{1-\nu^2}(k_x + \nu k_y) = -\frac{Ez}{1-\nu^2}\left(\frac{\partial^2 f}{\partial x^2} + \nu \frac{\partial^2 f}{\partial y^2}\right)$$

$$\sigma_y = \frac{Ez}{1-\nu^2}(k_y + \nu k_x) = -\frac{Ez}{1-\nu^2}\left(\frac{\partial^2 f}{\partial y^2} + \nu \frac{\partial^2 f}{\partial x^2}\right)$$

$$\tau_{xy} = \frac{Ez}{1+\nu}k_{xy} = -\frac{Ez}{1+\nu} \cdot \frac{\partial^2 f}{\partial x \partial y}$$

$$(9-7b)$$

由式（9-7b）可见，中面上应力为零，而沿板厚度方向应力呈线性变化（图9-6）。所以沿板厚度分布的应力形成横截面上的弯矩、扭矩和垂

直剪力。设阴影微面面积的高度为 dz，σ_x，σ_y 分别为两阴影微面单位宽度上的法向应力，则它们在板厚度上的合成内力为

$$
\left.
\begin{aligned}
N_x &= \int_{-\frac{t}{2}}^{\frac{t}{2}} \sigma_x dz \\
N_y &= \int_{-\frac{t}{2}}^{\frac{t}{2}} \sigma_y dz \\
Q_{xy} &= \int_{-\frac{t}{2}}^{\frac{t}{2}} \tau_{xy} dz
\end{aligned}
\right\}
\tag{9-8a}
$$

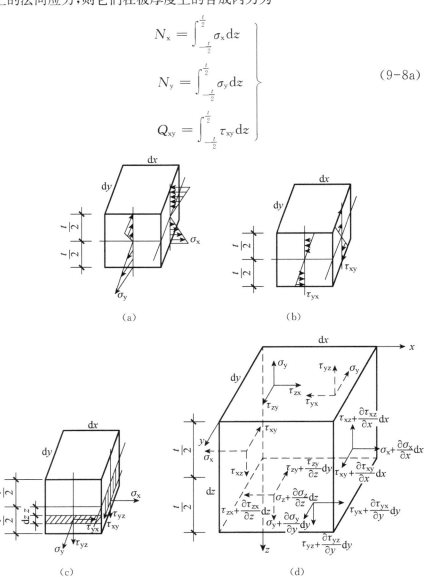

（a）　　　　　　　　　　（b）

（c）　　　　　　　　　　（d）

图 9-6　双向弯曲应力

将式（9-7b）代入式（9-8a），则内力为

$$N_x = -\frac{Ez}{1-\nu^2}\left(\frac{\partial^2 f}{\partial x^2} + \nu\frac{\partial^2 f}{\partial y^2}\right)\int_{-\frac{t}{2}}^{\frac{t}{2}} z\mathrm{d}z = 0 \quad \left.\begin{array}{c}\\[3ex]\\[3ex]\\\end{array}\right\}$$

$$N_y = -\frac{Ez}{1-\nu^2}\left(\frac{\partial^2 f}{\partial y^2} + \nu\frac{\partial^2 f}{\partial x^2}\right)\int_{-\frac{t}{2}}^{\frac{t}{2}} z\mathrm{d}z = 0 \qquad (9-8\mathrm{b})$$

$$Q_{xy} = \frac{Ez\partial^2 f}{1+\nu\partial x\partial y} - \int_{-\frac{t}{2}}^{\frac{t}{2}} z\mathrm{d}z = Q_{yx} = 0$$

由式(9-8b)可看出,σ_x,σ_y,τ_{xy}应力的合力均为零。而 σ_z,τ_{yz}(假定为零),实际上并非为零,而是远小于 σ_x,σ_y,τ_{xy} 的次要应力分量。由它们引起的位移和变形足够小,可忽略。但对维持应力平衡来说,它们还是需要计算的。所以 τ_{xz},τ_{yz} 的合成剪力为

$$Q_x = \int_{-\frac{t}{2}}^{\frac{t}{2}} \tau_{xz}\mathrm{d}z \quad \left.\begin{array}{c}\\[3ex]\\\end{array}\right\}$$
$$\qquad\qquad\qquad\qquad (9-9)$$
$$Q_y = \int_{-\frac{t}{2}}^{\frac{t}{2}} \tau_{yz}\mathrm{d}z$$

此外,在横截面上还存在着由 σ_x,σ_y 和 τ_{xy} 分别合成的弯矩和扭矩,即

$$M_x = \int_{-\frac{t}{2}}^{\frac{t}{2}} \sigma_x z\mathrm{d}z \quad \left.\begin{array}{c}\\[3ex]\\[3ex]\\[3ex]\\\end{array}\right\}$$

$$M_y = \int_{-\frac{t}{2}}^{\frac{t}{2}} \sigma_y z\mathrm{d}z \qquad (9-10)$$

$$M_{xy} = \int_{-\frac{t}{2}}^{\frac{t}{2}} \tau_{xy} z\mathrm{d}z$$

由于 Q_x,Q_y 不可忽略,两者与板荷载和力矩可看成同一量级。

将方程式(9-8)代入式(9-10),可导出曲率和挠度表示的弯矩与扭矩方程

$$M_x = -D(k_x + \nu k_y) = -D\left(\frac{\partial^2 f}{\partial x^2} + \nu\frac{\partial^2 f}{\partial y^2}\right) \quad \left.\begin{array}{c}\\[3ex]\\[3ex]\\\end{array}\right\}$$

$$M_y = -D(k_y + \nu k_x) = -D\left(\frac{\partial^2 f}{\partial y^2} + \nu\frac{\partial f}{\partial x^2}\right) \qquad (9-11)$$

$$M_{xy} = -D(1-\nu)k_{xy} = -D(1-\nu)\frac{\partial^2 f}{\partial x\partial y}$$

式中,D 为板的弯曲刚度,$D = \dfrac{Et^3}{12(1-\nu^2)}$ 可根据下列板结构中正交异性材料的刚度确定。

由方程式(9-11)代入方程式(9-7b),可得应力为

$$\left.\begin{array}{l}\sigma_x = \dfrac{12M_x \cdot z}{t^3} \\[3mm] \sigma_y = \dfrac{12M_y \cdot z}{t^3} \\[3mm] \tau_{xy} = \dfrac{12M_{xy} \cdot z}{t^3}\end{array}\right\}\qquad(9-12)$$

1. **在 x,y 方向加钢筋的钢筋混凝土板**（图 9-7）

$$\left.\begin{array}{l}D_x = \dfrac{E_c}{1-\nu_c^2}\left[I_{cx} + \left(\dfrac{E_s}{E_c}-1\right)I_{sx}\right] \\[3mm] D_y = \dfrac{E_c}{1-\nu_c^2}\left[I_{cy} + \left(\dfrac{E_s}{E_c}-1\right)I_{sy}\right] \\[3mm] D_{xy} = \nu_c H = \nu_c\sqrt{D_x D_y}\end{array}\right\}\quad(9-13)$$

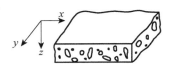

图 9-7 在 x,y 方向加钢筋的钢筋混凝土板

式中　ν——混凝土泊松比；

　　　E_s,E_c——分别为钢筋和混凝土各自的弹性模量；

　　　$I_{cx}(I_{sx}),I_{cy}(I_{sy})$——分别为混凝土板（钢筋）对 $x=$ 常数和 $y=$ 常数的截面中性轴的惯性矩。

2. **等距离同刚度加肋板**（图 9-8）

$$\left.\begin{array}{l}D_x = \dfrac{Et^3}{12(1-\nu^2)} \\[3mm] D_y = \dfrac{Et^3}{12(1-\nu^2)} + \dfrac{E'I}{S} \\[3mm] D_{xy} = 0\end{array}\right\}\qquad(9-14)$$

式中　E,E'——分别为板和肋的弹性模量；

　　　ν——板的泊松比；

　　　S——肋中心线之间的距离；

　　　I——肋横截面对于板中面的惯性矩。

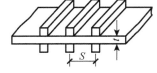

图 9-8 等距离同钢度加肋板

如果平行于 x 轴的单位宽度微分在横向荷载作用下可自由地侧向移动,则板上、下表面将变成曲率为 k_y 的鞍形。这时的弯曲刚度为 $\dfrac{Et^3}{12}$,类似于梁变形。但板元的周围板将阻止这种鞍形曲率发展。因此,板的刚度要比梁的刚度大 $\dfrac{1}{1-\nu^2}$ 倍,约为 10%。

3. 由一组等距离肋加强的板(图 9-9)

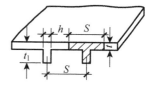

$$\left.\begin{aligned} D_{\mathrm{x}} &= \frac{ESt^3}{12\left[S-h+h\left(\dfrac{t}{t_1}\right)^3\right]} \\ D_{\mathrm{y}} &= \frac{EI}{S} \\ D_{\mathrm{xy}} &= 0 \\ H &= 2G'_{\mathrm{xy}} + \frac{C}{S} \end{aligned}\right\} \qquad (9\text{-}15)$$

图 9-9　由一组等距离
肋加强的板

式中　C——单根肋的扭转刚度;

　　　I——宽度为 S 的 T 形截面(图中阴影线所示)对其中和轴的惯性矩;

　　　G'_{xy}——板的扭转刚度;

　　　E——板的弹性模量。

4. 波纹板(图 9-10)的各项刚度

最大正应力在板面或板底 $\left(z=\pm\dfrac{t}{2}\right)$ 处。而剪应力 τ_{xy} 和 τ_{yx} 相等,存在于平行于 x 轴和 y 轴的竖直截面上。

现取结构板内任意六面微元体,未建立应力平衡微分方程。结构板内各点的应力分量是不同的。它们应是坐标 x,y,z 的函数。所以,两平行单元体侧面上的应力不同。若单元体左侧面上的正应力为 $\sigma_x = f(x,y,z)$,则与其平行的右侧面上的正应力因有坐标增量 $\mathrm{d}x$,则

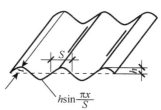

图 9-10　波纹板

$$\sigma'_{\mathrm{x}} = f(x+\mathrm{d}x,y,z) \qquad (9\text{-}16\mathrm{a})$$

若将上式展开成泰勒级数展开式，则

$$f(x+\mathrm{d}x,y,z) = f(x,y,z) + \frac{\partial f(x,y,z)}{\partial x}\mathrm{d}x$$

$$+ \frac{1}{z!} \cdot \frac{\partial^2 f(x,y,z)}{\partial x^2}\mathrm{d}x^2 + \cdots\cdots \quad (9-16\mathrm{b})$$

略去一阶以上的高阶微量项，则可得

$$\sigma'_{\mathrm{x}} = \sigma_{\mathrm{x}} + \frac{\partial \sigma_{\mathrm{x}}}{\partial x}\mathrm{d}x \quad (6-16\mathrm{c})$$

其他各面上的应力分量也可依此类推。

若将微元体所有应力及体力均向 x 轴方向投影，利用 $\sum F_x = 0$ 的平衡条件，则有

$$-\sigma_{\mathrm{x}}(\mathrm{d}y \cdot \mathrm{d}x) + \left(\sigma_{\mathrm{x}} + \frac{\partial \sigma_{\mathrm{x}}}{\partial x}\mathrm{d}x\right)(\mathrm{d}y \cdot \mathrm{d}z) - \tau_{\mathrm{yx}}(\mathrm{d}x \cdot \mathrm{d}z)$$

$$+ \left(\tau_{\mathrm{yx}} + \frac{\partial \tau_{\mathrm{yx}}}{\partial y}\mathrm{d}y\right)(\mathrm{d}x \cdot \mathrm{d}y) - \tau_{\mathrm{zx}}(\mathrm{d}x \cdot \mathrm{d}y) + \left(\tau_{\mathrm{zx}} + \frac{\partial \tau_{\mathrm{zx}}}{\partial z}\mathrm{d}z\right)(\mathrm{d}x \cdot \mathrm{d}y)$$

$$+ X\mathrm{d}x(\mathrm{d}y \cdot \mathrm{d}z) = 0$$

$$(9-17\mathrm{a})$$

经整理，得

$$\frac{\partial \sigma_{\mathrm{x}}}{\partial x} + \frac{\partial \tau_{\mathrm{yx}}}{\partial y} + \frac{\partial \tau_{\mathrm{zx}}}{\partial z} + X = 0 \quad (7-17\mathrm{b})$$

同理，可根据平衡条件 $\sum F_y = 0$ 和 $\sum F_z = 0$ 得出 y 方向和 z 方向的平衡微分方程，即共三个方程：

$$\left.\begin{array}{l} \dfrac{\partial \sigma_{\mathrm{x}}}{\partial x} + \dfrac{\partial \tau_{\mathrm{yx}}}{\partial y} + \dfrac{\partial \tau_{\mathrm{zx}}}{\partial z} + X = 0 \\[3mm] \dfrac{\partial \sigma_{\mathrm{y}}}{\partial y} + \dfrac{\partial \tau_{\mathrm{xy}}}{\partial x} + \dfrac{\partial \tau_{\mathrm{zy}}}{\partial z} + Y = 0 \\[3mm] \dfrac{\partial \sigma_{\mathrm{z}}}{\partial z} + \dfrac{\partial \tau_{\mathrm{xz}}}{\partial x} + \dfrac{\partial \tau_{\mathrm{yz}}}{\partial y} + Z = 0 \end{array}\right\} \quad (9-18\mathrm{a})$$

若式(9-18a)不考虑体力，则方程组变成：

$$\left.\begin{array}{l} \dfrac{\partial \sigma_x}{\partial x} + \dfrac{\partial \tau_{yx}}{\partial y} + \dfrac{\partial \tau_{zx}}{\partial z} = 0 \\[3mm] \dfrac{\partial \sigma_y}{\partial y} + \dfrac{\partial \tau_{xy}}{\partial x} + \dfrac{\partial \tau_{zy}}{\partial z} = 0 \\[3mm] \dfrac{\partial \sigma_z}{\partial z} + \dfrac{\partial \tau_{xz}}{\partial x} + \dfrac{\partial \tau_{yz}}{\partial y} = 0 \end{array}\right\} \tag{9-18b}$$

将式(9-18b)中的前两式和式(9-7)积分后,可得 τ_{zx} 和 τ_{zy}

$$\begin{aligned} \tau_{zx} &= -\int_z^{\frac{t}{2}} \left(\frac{\partial \sigma_x}{\partial x} + \frac{\partial \tau_{yx}}{\partial y} \right) \mathrm{d}z \\ &= -\frac{E}{2(1-\nu^2)} \left(\frac{t^2}{4} - z^2 \right) \times \left[\frac{\partial}{\partial x} \left(\frac{\partial^2 f}{\partial x^2} + \frac{\partial^2 f}{\partial y^2} \right) \right] \end{aligned} \tag{9-19(a)}$$

$$\begin{aligned} \tau_{zy} &= -\int_z^{\frac{t}{2}} \left(\frac{\partial \sigma_y}{\partial y} + \frac{\partial \tau_{xy}}{\partial x} \right) \mathrm{d}z \\ &= -\frac{E}{2(1-\nu^2)} \left(\frac{t^2}{4} - z^2 \right) \times \left[\frac{\partial}{\partial y} \left(\frac{\partial^2 f}{\partial x^2} + \frac{\partial^2 f}{\partial y^2} \right) \right] \end{aligned} \tag{9-19(b)}$$

从式(9-19)可看出 τ_{zx}、τ_{zy} 沿板厚度方向呈二次抛物线分布。而 σ_z 可将 τ_{zx} 和 τ_{zy} 代入式(9-18b)中的第三式积分

$$\sigma_z = -\frac{E}{2(1-\nu^2)} \left(\frac{t^3}{12} - \frac{t^2 z}{4} + \frac{z^2}{3} \right) \left(\frac{\partial^2}{\partial x^2} + \frac{\partial^2}{\partial y^2} \right) \left(\frac{\partial^2 f}{\partial x^2} + \frac{\partial^2 f}{\partial y^2} \right) \tag{9-20}$$

所以 σ_z 正应力沿着板厚方向按三次抛物线规律变化。按照薄板假定(2),σ_z 可忽略,而 z 方向的剪应力分量与其余应力相比也很小。由式(9-19)和式(9-20)可得 Q_x 和 Q_y 各为挠度 f 的函数:

$$\left.\begin{array}{l} Q_x = -D \dfrac{\partial}{\partial x} \left(\dfrac{\partial^2 f}{\partial x^2} + \dfrac{\partial^2 f}{\partial y^2} \right) = -D \dfrac{\partial}{\partial x} (\nabla^2 f) \\[3mm] Q_y = -D \dfrac{\partial}{\partial y} \left(\dfrac{\partial^2 f}{\partial x^2} + \dfrac{\partial^2 f}{\partial y^2} \right) = -D \dfrac{\partial}{\partial y} (\nabla^2 f) \end{array}\right\} \tag{9-21}$$

其中,$\nabla^2 = \dfrac{\partial^2}{\partial x^2} + \dfrac{\partial^2}{\partial y^2}$ 为平面拉普拉斯算子。

板承受荷载,板内应力分布是随板厚逐点变化的,其各点应力大小可通过静力平衡条件求得,建立平衡方程组(9-18b)表达。

如图 9 - 11 所示,板单位面积上的荷载 P 均匀分布,暴露在此单元上的各内力分量也都均匀分布,这些力的分量的平均值都是作用在单元微面的中心处。应力随着板内点位置的改变而变化(图 9 - 6)。作用在左侧垂直面上的弯矩值 M_x,在数值上向右侧垂直面上变化,变化的数值可用泰勒展开式表示,即 $M_x + \dfrac{\partial M_x}{\partial x}\mathrm{d}x$。

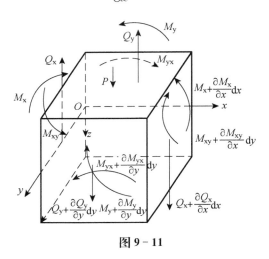

图 9 - 11

M_x 的变化值是随 x、y 坐标同时改变而变化的。也就是说,M_x 同时是 x 和 y 的函数。同样,板单元后侧面的弯矩值 M_y 到前侧面上的弯矩值变化,也可用泰勒展开式表示,即 $M_y + \dfrac{\partial M_y}{\partial y}\mathrm{d}y$。

同样剪力变化也如此。

在 z 方向,由于各力之和等于零的平衡条件,可得

$$\frac{\partial Q_x}{\partial x}\mathrm{d}x\mathrm{d}y + \frac{\partial Q_y}{\partial y}\mathrm{d}y\mathrm{d}x + P\mathrm{d}x\mathrm{d}y = 0 \tag{9-22}$$

Q_x 和 Q_y 是单元上的平均值。由于 $\mathrm{d}x\mathrm{d}y \neq 0$,则

$$\frac{\partial Q_x}{\partial x} + \frac{\partial Q_y}{\partial y} + P = 0 \tag{9-23}$$

对 x 轴的力矩平衡由式(9-24)决定:

$$\frac{\partial M_{xy}}{\partial x}\mathrm{d}x\mathrm{d}y + \frac{\partial M_y}{\partial y}\mathrm{d}y\mathrm{d}x - \left(Q_y + \frac{\partial Q_y}{Q_y}\mathrm{d}y\right)\mathrm{d}x\mathrm{d}y - P\mathrm{d}x\mathrm{d}y \cdot \frac{\mathrm{d}y}{2} = 0$$
$$\text{(9-24a)}$$

或者,略去三阶微量,得

$$\frac{\partial M_{xy}}{\partial x} + \frac{\partial M_y}{\partial y} - Q_y = 0 \qquad\qquad (9-24\mathrm{b})$$

对 y 轴的力矩平衡,有

$$\frac{\partial M_{xy}}{\partial y} + \frac{\partial M_x}{\partial x} - Q_x = 0 \qquad\qquad (9-25)$$

最终将方程式(9-24b)和式(9-25)代入式(9-23),经整理得

$$\frac{\partial^2 M_x}{\partial x^2} + 2\frac{\partial^2 M_{xy}}{\partial x \partial y} + \frac{\partial^2 M_y}{\partial y^2} = -P \qquad\qquad (9-26)$$

式(9-26)就是薄板弯曲的平衡微分方程,此方程有三个未知力矩 M_x、M_y、M_{xy}。现在就讨论这个方程的解,将方程式(9-11)代入式 (9-26)中,可得

$$\frac{\partial^2 k_x}{\partial x^2} + 2\frac{\partial^2 k_{xy}}{\partial x \partial y} + \frac{\partial^2 k_y}{\partial y^2} = \frac{P}{D} \qquad\qquad (9-27)$$

式(9-27)就是板的曲率表示的平衡方程,通过曲率 k 的定义方程式 (9-3)代入到式(9-27)可得出挠度 f 与外荷载的关系式方程,即

$$\frac{\partial^4 f}{\partial x^4} + \frac{\partial^4 f}{\partial y^4} + 2\frac{\partial^4 f}{\partial x^2 \partial y^2} = \frac{P}{D} \qquad\qquad (9-28\mathrm{a})$$

可简化写成

$$\nabla^4 f = \frac{P}{D} \qquad\qquad (9-28\mathrm{b})$$

式中,$\nabla^4 = \nabla^2\nabla^2 = (\nabla^2)^2$。

当板上无横向荷载作用时,则有

$$\frac{\partial^4 f}{\partial x^4} + 2\frac{\partial^4 f}{\partial x^2 \partial y^2} + \frac{\partial^4 f}{\partial y^4} = 0 \qquad\qquad (9-29)$$

方程式(9-29)即薄板挠曲的基本微分方程。

通过对此基本方程的积分，并结合板的边界条件计算出相应的积分常数，就可确定板的挠度，进而求出板中的弯矩、扭矩及剪力。

将方程式(9-21)和式(9-28a)代入方程式(9-19)和式(9-20)，就可得到应力分量 τ_{xz}，τ_{yz} 和 σ_z，如式(9-30)所示。

$$\left.\begin{aligned} \tau_{xz} &= \frac{3Q_x}{2t}\left[1-\left(\frac{2z}{t}\right)^2\right] \\ \tau_{yz} &= \frac{3Q_y}{2t}\left[1-\left(\frac{2z}{t}\right)^2\right] \\ \sigma_z &= \frac{3P}{4}\left[\frac{2}{3}-\frac{2z}{t}+\frac{1}{3}\left(\frac{2z}{t}\right)^3\right] \end{aligned}\right\} \quad (9-30)$$

由式(9-30)可知，最大剪应力在 $z=0$ 处(板中面)，即

$$\left.\begin{aligned} \tau_{xz\,max} &= \frac{3Q_x}{2t} \\ \tau_{yz\,max} &= \frac{3Q_y}{2t} \end{aligned}\right\} \quad (9-31)$$

这就说明，由于板的上表面垂直于板的应力等于每单位面积上的荷载，这就是当方程式(9-19)中的 $z=\dfrac{t}{2}$ 和 $\sigma_z=-P$ 时，可得到

$$\frac{E\,t^3}{12(1-\nu^2)}\nabla^4 f = P \quad (9-32)$$

同时式(9-10)所确定的弯矩分量之和为常数，即

$$M_x+M_y=-D(1+\nu)\left(\frac{\partial^2 f}{\partial x^2}+\frac{\partial^2 f}{\partial y^2}\right)=-D(1+\nu)\nabla^2 f \quad (9-33)$$

令 $M=\dfrac{M_x+M_y}{1+\nu}=-D\nabla^2 f$，剪力表达式可写成

$$Q_x=\frac{\partial M}{\partial x}, \quad Q_y=\frac{\partial M}{\partial y} \quad (9-34)$$

所以方程式(9-28)可写成

$$\left.\begin{aligned} \frac{\partial^2 M}{\partial x^2}+\frac{\partial^2 M}{\partial y^2} &= P/D \\ \frac{\partial^2 f}{\partial x^2}+\frac{\partial^2 f}{\partial y^2} &= -\frac{M}{D} \end{aligned}\right\} \quad (9-35)$$

所以板的方程 $\nabla^4 f = P/D$ 可简化成两个二阶微分方程。

第三节　筏板基础的边界条件

（1）板的固定边（图 9-12），即 $x=a$ 处，板边界上的挠度和斜率都等于零，即 $f(x,y)=0$，$\dfrac{\partial f}{\partial x}=0$。

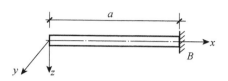

图 9-12　板的横截面

所以，板的边界条件是

$$(f)_{x=a}=0, \quad \left(\frac{\partial f}{\partial x}\right)_{x=a}=0 \tag{9-36}$$

（2）板的简支边（图 9-13），在 $x=a$ 处，板边上的挠度 $f(x,y)=0$，由于板端可自由移动，则 $M_x=0$，所以，板的边界条件为

$$\left.\begin{array}{l} f(x,y)_{x=a}=0 \\[2mm] M_y=-D\left(\dfrac{\partial^2 f}{\partial x^2}+\nu\dfrac{\partial^2 f}{\partial y^2}\right)_{x=a}=0 \end{array}\right\} \tag{9-37}$$

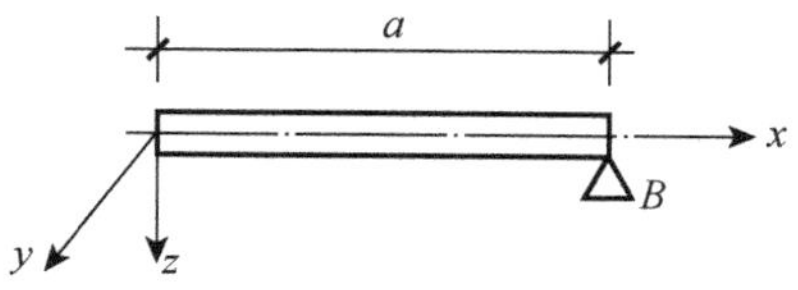

图 9-13　板的横截面

其中，式（9-37）表明沿 $x=a$ 的边，$\dfrac{\partial f}{\partial y}=0$，$\dfrac{\partial^2 f}{\partial y^2}=0$，所以方程式（9-37）可用式（9-38）表达

$$\left.\begin{array}{l} f=0 \\[2mm] \dfrac{\partial^2 f}{\partial x^2}=0 \end{array}\right\}(x=a) \tag{9-38}$$

（3）板的自由边，垂直于 B 端（自由边）的板端没有弯矩、扭矩和横向剪力，所以板边有三个边界条件：

$$
\left.\begin{aligned}
(M_{\mathrm{x}})_{x=a} &= 0 \\
(M_{\mathrm{xy}})_{x=a} &= 0 \\
(Q_{\mathrm{x}})_{x=a} &= 0
\end{aligned}\right\}
\tag{9-39}
$$

（4）板的滑动边，板边可自由沿 z 轴方向上下移动（图 9-14）。这种支承不能承受任何剪力，于是当 $x=a$ 时，边界条件可写成

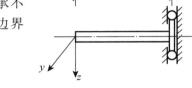

$$
\left.\begin{aligned}
&\frac{\partial f}{\partial x} = 0 \\
&\frac{\partial^2 f}{\partial x^2} + (2-\nu)\frac{\partial^3 f}{\partial x\partial y^2} = 0
\end{aligned}\right\}
\tag{9-40}
$$

图 9-14　板的横截面

第四节　筏板基础的应变能

按照薄板理论的基本假定，ε_{z}，γ_{xz}，γ_{yz} 不计入应变分量，故筏板的应变能为

$$
U = \frac{1}{2}\iiint_{v}(\sigma_{\mathrm{x}}\varepsilon_{\mathrm{x}} + \sigma_{\mathrm{y}}\varepsilon_{\mathrm{y}} + \tau_{\mathrm{xy}}\gamma_{\mathrm{xy}})\mathrm{d}x\mathrm{d}y\mathrm{d}z
\tag{9-41}
$$

根据式（9-4）和式（9-7）有

$$
\left.\begin{aligned}
\sigma_{\mathrm{x}} &= -\frac{Ez}{1-\nu^2}\left(\frac{\partial^2 f}{\partial x^2} + \frac{\partial^2 f}{\partial y^2}\right), \quad \varepsilon_{\mathrm{y}} = -z\frac{\partial^2 f}{\partial x^2} \\
\sigma_{\mathrm{y}} &= -\frac{Ez}{1-\nu^2}\left(\frac{\partial^2 f}{\partial x^2} + \frac{\partial^2 f}{\partial y^2}\right), \quad \varepsilon_{\mathrm{y}} = -z\frac{\partial^2 f}{\partial y^2} \\
\tau_{\mathrm{xy}} &= -\frac{Ez}{1+\nu} - \frac{\partial^2 f}{\partial x\partial y}, \quad \gamma_{\mathrm{xy}} = -2z\frac{\partial^2 f}{\partial x\partial y}
\end{aligned}\right\}
\tag{9-42}
$$

将式（9-42）代入式（9-41）得

$$
U = \frac{E}{2(1-\nu^2)}\iiint_{v}z^2\left\{(\nabla^2 f)^2 - 2(1-\nu)\left[\frac{\partial^2 f}{\partial x^2}\frac{\partial^2 f}{\partial y^2} - \left(\frac{\partial^2 f}{\partial x\partial y}\right)^2\right]\right\}\mathrm{d}x\mathrm{d}y\mathrm{d}z
\tag{9-43}
$$

式(9-43)中大括号中的量与 z 无关,则

$$U = \frac{1}{2} \iint\limits_{A} D \left\{ (\nabla^2 f)^2 - 2(1-\nu) \left[\frac{\partial^2 f}{\partial x^2} \cdot \frac{\partial^2 f}{\partial y^2} - \left(\frac{\partial^2 f}{\partial x \partial y} \right)^2 \right] \right\} \mathrm{d}x\mathrm{d}y$$

$$(9-44)$$

式中,A 为薄板的中面面积,式 9-44 适用于变厚度板,抗弯刚度 $D = \dfrac{Et^3}{12(1-\nu^2)}$,随坐标 (x,y) 而变。

注意到式(9-11),式(9-44)可写成

$$U = \frac{1}{2} \iint\limits_{A} \left(M_x \frac{\partial^2 f}{\partial x^2} + 2M_{xy} \frac{\partial^2 f}{\partial x \partial y} + M_y \frac{\partial^2 f}{\partial y^2} \right) \mathrm{d}x\mathrm{d}y \qquad (9-45)$$

如板厚为等厚,则式(9-44)成为

$$U = \frac{D}{2} \iint\limits_{A} \left\{ (\nabla^2 f)^2 - 2(1-\nu) \left[\frac{\partial^2 f}{\partial x^2} \cdot \frac{\partial^2 f}{\partial y^2} - \left(\frac{\partial^2 f}{\partial x \partial y} \right)^2 \right] \right\} \mathrm{d}x\mathrm{d}y$$

$$= \frac{1}{2} \iint\limits_{A} \left(M_x \frac{\partial^2 f}{\partial x^2} + 2M_{xy} \frac{\partial^2 f}{\partial x \partial y} + M_y \frac{\partial^2 f}{\partial y^2} \right) \mathrm{d}x\mathrm{d}y \qquad (9-46)$$

注意,不论板的形状及支承条件如何,式(9-46)均成立,式(9-46)右端第二项中括号内,根据格林定理有

$$\iint\limits_{S} \left[\frac{\partial^2 f}{\partial x^2} \frac{\partial^2 f}{\partial y^2} - \left(\frac{\partial^2 f}{\partial x \partial y} \right)^2 \right] \mathrm{d}x\mathrm{d}y = \iint\limits_{S} \left[\frac{\partial}{\partial x} \left(\frac{\partial f}{\partial x} \frac{\partial^2 f}{\partial y^2} \right) - \frac{\partial}{\partial y} \left(\frac{\partial f}{\partial x} \frac{\partial^2 f}{\partial x \partial y} \right) \right] \mathrm{d}x\mathrm{d}y$$

$$= \iint\limits_{S} \left(\frac{\partial f}{\partial x} \frac{\partial^2 f}{\partial x \partial y} \mathrm{d}x + \frac{\partial f}{\partial x} \frac{\partial^2 f}{\partial y^2} \mathrm{d}y \right)$$

$$(9-47)$$

当板的边界全固定时,不管板的形状如何,在板边上都有 $\dfrac{\partial f}{\partial x} = 0$,因而式(9-47)等于零。当矩形板的边界为简支,在 x 为常数的边界上,有 $\mathrm{d}x=0$ 及 $\dfrac{\partial f}{\partial x}=0$;当矩形板边界为固定时,在 y 为常数的边界上有 $\mathrm{d}y=0$ 及 $\dfrac{\partial f}{\partial y}=0$。于是,积分式(9-47)为零,由此得出,对于上述两类情况,板

的弯曲应变能 U 为

$$U = \frac{D}{2} \iint\limits_A (\nabla^2 f)^2 \mathrm{d}x \mathrm{d}y = \frac{D}{2} \iint\limits_A \left(\frac{\partial^2 f}{\partial x^2} + \frac{\partial^2 f}{\partial y^2} \right)^2 \mathrm{d}x \mathrm{d}y \quad (9-48)$$

由式(9-46)不难看到,单位中面面积 $\mathrm{d}x \mathrm{d}y = 1$ 的应变能 U 为

$$U = \frac{D}{2} \left\{ \left(\frac{\partial^2 f}{\partial x^2} + \frac{\partial^2 f}{\partial y^2} \right)^2 - 2(1-\nu) \left[\frac{\partial^2 f}{\partial x^2} \frac{\partial^2 f}{\partial y^2} - \left(\frac{\partial^2 f}{\partial x \partial y} \right)^2 \right] \right\}$$

$$(9-49)$$

因板弯曲后中面的曲率和扭率为

$$k_{\mathrm{x}} = \frac{\partial^2 f}{\partial x^2}, \quad k_{\mathrm{y}} = \frac{\partial^2 f}{\partial y^2}, \quad k_{\mathrm{xy}} = -\frac{\partial f}{\partial x \partial y}$$

则有

$$U = \frac{D}{2} \left[(k_{\mathrm{x}} + k_{\mathrm{y}})^2 - 2(1-\nu)(k_{\mathrm{x}} k_{\mathrm{y}} - k_{\mathrm{xy}}^2) \right] \quad (9-50)$$

于是

$$\left. \begin{array}{l} \dfrac{\partial U}{\partial k_{\mathrm{x}}} = -D \left(\dfrac{\partial^2 f}{\partial x^2} + \nu \dfrac{\partial^2 f}{\partial y^2} \right) = M_{\mathrm{x}} \\[3mm] \dfrac{\partial U}{\partial k_{\mathrm{y}}} = -D \left(\dfrac{\partial^2 f}{\partial y^2} + \nu \dfrac{\partial^2 f}{\partial x^2} \right) = M_{\mathrm{y}} \\[3mm] \dfrac{1}{2} \dfrac{\partial U}{\partial k_{\mathrm{xy}}} = -D(1-\nu) \dfrac{\partial^2 f}{\partial x \partial y} = M_{\mathrm{xy}} \end{array} \right\} \quad (9-51)$$

第五节　用能量理论求筏板的挠度 f

由式(9-28b) $\nabla^4 f = \dfrac{P}{D}$ 解薄板挠度方程很困难。一般先假定挠度 f 的函数为曲面方程,使其解既满足基本方程,也满足板的边界条件。某些情况下的板可采用 f 含有 x,y 的多项式函数表达,当然也可选用满意的级数表达。运用能量理论得出近似解,这个解常用无穷级数形式表示。

运用式(9-48),求周边固定的矩形板承受均布荷载 P_0 的挠度,其边界条件为

$$x = 0，a\text{ 时}，f = 0，\frac{\partial f}{\partial x} = 0$$

$$y = 0，b\text{ 时}，f = 0，\frac{\partial f}{\partial y} = 0 \right\}$$

$$(9\text{-}52)$$

现设

$$f = \sum_{m=1}^{\infty} \sum_{n=1}^{\infty} A_{mn} x \left(1 - \cos\frac{2mnx}{a}\right) \times \left(1 - \frac{2n\pi y}{b}\right) \quad (9\text{-}53)$$

将式(9-53)代入式(9-48)，得

$$U = \frac{D}{2}\int_0^a\int_0^b \left\{ \sum_{m=1}^{\infty} \sum_{n=1}^{\infty} 4\pi^2 A_{mn}\left[\frac{m^2}{a^2}\cos\frac{2m\pi x}{a} \cdot \right.\right.$$
$$\left.\left. \left(1 - \cos\frac{2n\pi y}{b}\right) + \frac{n^2}{b^2}\cos\frac{2n\pi y}{b} \cdot \left(1 - \cos\frac{2m\pi x}{a}\right)\right] \right\}\mathrm{d}x\mathrm{d}y$$

$$(9\text{-}54\mathrm{a})$$

或者

$$U = 2D\pi^4 ab\left\{ \sum_{m=1}^{\infty} \sum_{n=1}^{\infty}\left[3\left(\frac{m^4}{a^4}\right) + 3\left(\frac{n^4}{b^4}\right) + 2\left(\frac{m^2}{a^2}\right)\left(\frac{n^2}{b^2}\right)\right] + \right.$$
$$\left. \sum_{m=1}^{\infty} \sum_{\substack{r=1 \\ r\neq m}}^{\infty} \sum_{s=1}^{\infty} 2\left(\frac{m^4}{a^4}\right)A_{mr}A_{ms} + \sum_{r=1}^{\infty} \sum_{s=1}^{\infty} \sum_{n=1}^{\infty} 2\left(\frac{n^4}{b^4}\right)A_{rm}A_{sn} \right\}$$

$$(9\text{-}54\mathrm{b})$$

为了计算板上的均布荷载 P_0 的势能 W，则

$$W = -\int_0^a\int_0^b P_0 f\mathrm{d}x\mathrm{d}y$$

$$= -P_0\int_0^a\int_0^b \sum_{m=1}^{\infty} \sum_{n=1}^{\infty} A_{mn}\left(1 - \cos\frac{2m\pi x}{a}\right)\left(1 - \cos\frac{2n\pi y}{b}\right)\mathrm{d}x\mathrm{d}y$$

$$= -P_0 ab \sum_{m=1}^{\infty} \sum_{n=1}^{\infty} A_{mn} \qquad\qquad (9\text{-}55)$$

而板的总势能 $\prod$，即

$$\prod = U + W \qquad\qquad (9\text{-}56)$$

令 $\dfrac{\partial\prod}{\partial A_{mn}} = 0$（最小势能原理），于是得

$$4D\pi^4 ab \left\{ \left[3\left(\frac{m}{a}\right)^4 + 3\left(\frac{n}{b}\right)^4 + 2\left(\frac{m}{a}\right)^2 \left(\frac{n}{b}\right)^2 \right] A_{mn} + \right. \tag{9-57}$$

$$\left. \sum_{\substack{r=1 \\ r\neq m}}^{\infty} 2\left(\frac{m}{a}\right)^4 A_{mr} + \sum_{\substack{r=1 \\ r\neq n}}^{\infty} 2\left(\frac{n}{b}\right)^4 A_{rn} \right\} - P_0 ab = 0$$

对 m 和 n 的值，上述条件给出 A_{mn} 的方程式个数和选择的参数个数，两者在数目上是相等的，联立这些方程，就可得这些参数，从而得到板的挠度、弯矩和应力。例如，取一个参数 $A11$，则得到

$$A11 = \frac{P_0 a^4}{4D\pi^4} \frac{1}{3 + 3(a/b)^4 + 2(a/b)^2} \tag{9-58}$$

将式(9-58)代入式(9-51)中，得到板的挠度

$$f = \frac{P_0 a^4}{4D\pi^4} \frac{1}{3 + 3(a/b)^4 + 2(a/b)^2} \left(1 - \cos\frac{2\pi x}{a}\right)\left(1 - \cos\frac{2\pi y}{b}\right) \tag{9-59}$$

对方形板，$a=b$，则

$$A11 = \frac{P_0 a^4}{32D\pi^4} \tag{9-60}$$

将式(9-60)代入式(9-53)中，得到挠度为

$$f = \frac{P_0 a^4}{32D\pi^4}\left(1 - \cos\frac{2\pi x}{a}\right)\left(1 - \cos\frac{2\pi y}{b}\right) \tag{9-61a}$$

最大挠度在 $x=y=\dfrac{a}{2}$ 处，得

$$f_{\max} = \frac{P_0 a^4}{8D\pi^4} \tag{9-61b}$$

若 $\nu=0.3$，$D=\dfrac{Et^3}{12(1-\nu^2)}$，则

$$f_{\max} = \frac{0.014 P_0 a^4}{Et^3} \tag{9-61c}$$

这个结果和精确解只相差 1.5%。

在板中央处，由挠度求内力，取一个参数的解

$$(M_x)_{x=y=\frac{a}{2}} = \frac{P_0 a^2(1+\nu)}{4\pi^2} = 0.032\,9 P_0 a^2 \tag{9-61d}$$

现在取用 7 个参数 A_{11}，A_{12}，A_{21}，A_{22}，A_{13}，A_{31}，A_{33}，则式（9-57）变成：

(1) $\left[3+3\left(\dfrac{a}{b}\right)^4+2\left(\dfrac{a}{b}\right)^2\right]A_{11}+2A_{12}+2\left(\dfrac{a}{b}\right)^4 A_{21}+2A_{13}+2\left(\dfrac{a}{b}\right)^4 A_{31}=\dfrac{P_0 a^4}{4D\pi^4}$

(2) $2A_{11}+\left[3+48\left(\dfrac{a}{b}\right)^4+8\left(\dfrac{a}{b}\right)^2\right]A_{12}+2A_{13}+32\left(\dfrac{a}{b}\right)^4 A_{22}=\dfrac{P_0 a^4}{4D\pi^4}$

(3) $2\left(\dfrac{a}{b}\right)^4 A_{11}+\left[48+3\left(\dfrac{a}{b}\right)^4+8\left(\dfrac{a}{b}\right)^2\right]A_{21}+2\left(\dfrac{a}{b}\right)^4 A_{11}+32A_{33}=\dfrac{P_0 a^4}{4D\pi^4}$

(4) $32A_{21}+16\left[3+3\left(\dfrac{a}{b}\right)^4+2\left(\dfrac{a}{b}\right)^2\right]A_{22}+32\left(\dfrac{a}{b}\right)^4 A_{12}=\dfrac{P_0 a^4}{4D\pi^4}$

(5) $2A_{11}+2A_{21}+\left[3+243\left(\dfrac{a}{b}\right)^4+18\left(\dfrac{a}{b}\right)^2\right]A_{13}+162\left(\dfrac{a}{b}\right)^4 A_{33}=\dfrac{P_0 a^4}{4D\pi^4}$

(6) $2\left(\dfrac{a}{b}\right)^4 A_{11}+2\left(\dfrac{a}{b}\right)^4 A_{21}+\left[243+3\left(\dfrac{a}{b}\right)^4+18\left(\dfrac{a}{b}\right)^2\right]A_{11}+162A_{33}=\dfrac{P_0 a^4}{4D\pi^4}$

(7) $162\left(\dfrac{a}{b}\right)^4 A_{13}+162A_{31}+89\left[3+3\left(\dfrac{a}{b}\right)^4+2\left(\dfrac{a}{b}\right)^2\right]A_{33}=\dfrac{P_0 a^4}{4D\pi^4}$

对正方形板，联立以上方程，得出各方程的参数值

$$A_{11}=0.117\,70\,\dfrac{P_0 a^4}{4D\pi^4},\ A_{12}=A_{21}=0.011\,84\,\dfrac{P_0 a^4}{4D\pi^4}$$

$$A_{22}=0.001\,89\,\dfrac{P_0 a^4}{4D\pi^4},\ A_{13}=A_{31}=0.002\,63\,\dfrac{P_0 a^4}{4D\pi^4}$$

$$A_{33}=0.002\,00\,\dfrac{P_0 a^4}{4D\pi^4}$$

将以上结果代入式（9-59）中，得出挠度为

$$f=\dfrac{0.138P_0 a^4}{Et^3} \tag{9-58}$$

根据以上 7 个参数，板中央处的弯矩为

$$(M_x)_{x=y=\frac{a}{2}} = 0.024\,3P_0a^2 \tag{9-59}$$

第六节 用差分法解筏板的弯曲挠度 f

设筏板未知函数即挠曲曲线函数为 $f(x,y)$，用差分法求近似解。

在筏板的中面上，作边长为 t 的正方形网格（图 9-14），设挠曲函数为连续函数，则在某典型结点 O 处，当 y 不变时，有泰勒展开式

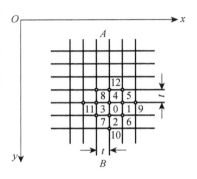

图 9-14 正方形网格

$$f = f_0 + \left(\frac{\partial f}{\partial x}\right)_0 (x-x_0) +$$

$$\frac{1}{2!}\left(\frac{\partial^2 f}{\partial x^2}\right)_0 (x-x_0)^2 +$$

$$\frac{1}{3!}\left(\frac{\partial^3 f}{\partial x^3}\right)_0 (x-x_0)^3 + \cdots \tag{9-60}$$

对结点 1 和结点 3，其横坐标分别为 $x=x_0+t$ 和 $x=x_0-t$，因此有

$$\left.\begin{aligned}
f_1 &= f_0 + t\left(\frac{\partial f}{\partial x}\right)_0 + \frac{t^2}{2!}\left(\frac{\partial^2 f}{\partial x^2}\right)_0 + \frac{t^3}{6}\left(\frac{\partial^3 f}{\partial x^3}\right)_0 + \cdots \\
f_3 &= f_0 - t\left(\frac{\partial f}{\partial x}\right)_0 + \frac{t^2}{2!}\left(\frac{\partial^2 f}{\partial x^2}\right)_0 - \frac{t^3}{6}\left(\frac{\partial^3 f}{\partial x^3}\right)_0 + \cdots
\end{aligned}\right\} \tag{9-61}$$

当认为 t 充分小时，不计含 t 的三次幂及高于三次幂的项，可得

$$\left.\begin{aligned}
f_1 &= f_0 + t\left(\frac{\partial f}{\partial x}\right)_0 + \frac{t^2}{2!}\left(\frac{\partial^2 f}{\partial x^2}\right)_0 \\
f_3 &= f_0 - t\left(\frac{\partial f}{\partial x}\right)_0 + \frac{t^2}{2!}\left(\frac{\partial^2 f}{\partial x^2}\right)_0
\end{aligned}\right\} \tag{9-62a}$$

或改写成

$$\left.\begin{aligned}
t\left(\frac{\partial f}{\partial x}\right)_0 + \frac{t^2}{2!}\left(\frac{\partial^2 f}{\partial x^2}\right)_0 &= f_1 - f_0 \cdots \\
t\left(\frac{\partial f}{\partial x}\right)_0 - \frac{t^2}{2!}\left(\frac{\partial^2 f}{\partial x^2}\right)_0 &= f_0 - f_3 \cdots
\end{aligned}\right\} \tag{9-62b}$$

以 $\left(\dfrac{\partial f}{\partial x}\right)_0$ 和 $\left(\dfrac{\partial^2 f}{\partial x^2}\right)_0$ 为未知数,解此方程组,得

$$\left(\frac{\partial f}{\partial x}\right)_0 = \frac{f_1 - f_3}{2t} \tag{9-63a}$$

$$\left(\frac{\partial^2 f}{\partial x^2}\right)_0 = \frac{f_1 - 2f_0 + f_3}{t^2} \tag{9-63b}$$

同理,可得

$$\left(\frac{\partial f}{\partial y}\right)_0 = \frac{f_2 - f_4}{2t} \tag{9-63c}$$

$$\left(\frac{\partial^2 f}{\partial y^2}\right)_0 = \frac{f_2 - 2f_0 + f_4}{t^2} \tag{9-63d}$$

式(9-63)为基本差分公式,可用来求其他点的差分公式,例如

$$\left(\frac{\partial^2 f}{\partial x \partial y}\right)_0 = \left[\frac{\partial}{\partial x}\left(\frac{\partial f}{\partial y}\right)\right]_0 = \left(\frac{\partial f}{\partial y}\right)_1 - \left(\frac{\partial f}{\partial y}\right)_3 \tag{9-64}$$
$$= \frac{1}{2t}\left(\frac{f_6 - f_5}{2t} - \frac{f_7 - f_8}{2t}\right) = \frac{f_6 + f_8 - f_5 - f_7}{4t^2}$$

还可以导出 f 在结点 0 处的其他阶偏导数的差分公式:

$$\left.\begin{aligned}
\left(\frac{\partial^3 f}{\partial x^3}\right)_0 &= \frac{1}{2t^3}(f_9 - 2f_1 + 2f_3 - f_{11}) \\
\left(\frac{\partial^3 f}{\partial y^3}\right)_0 &= \frac{1}{2t^3}(f_{10} - 2f_2 + 2f_4 - f_{12}) \\
\left(\frac{\partial^3 f}{\partial x^2 \partial y}\right)_0 &= \frac{1}{2t^3}[f_5 + f_6 - f_7 - f_8 + 2(f_3 - f_1)] \\
\left(\frac{\partial^3 f}{\partial x \partial y^2}\right)_0 &= \frac{1}{2t^3}[f_7 + f_6 - f_5 - f_8 + 2(f_4 - f_2)] \\
\left(\frac{\partial^4 f}{\partial x^4}\right)_0 &= \frac{1}{t^4}[6f_0 - 4(f_1 + f_3) + f_9 + f_{11}] \\
\left(\frac{\partial^4 f}{\partial y^4}\right)_0 &= \frac{1}{t^4}[6f_0 - 4(f_2 + f_4) + f_{10} + f_{12}] \\
\left(\frac{\partial^4 f}{\partial x^2 \partial y^2}\right)_0 &= \frac{1}{t^4}[4f_0 - 2(f_1 + f_2 + f_3 + f_4)]
\end{aligned}\right\} \tag{9-65}$$

利用式(9-63)、式(9-64)、式(9-65)就可得到拉普拉斯算子和重调和算子在结点 0 处的差分公式

$$
\left.
\begin{aligned}
(\nabla^2 f)_0 &= \frac{1}{t^2}\Big(\sum_{i=1}^{4} f_i - 4f_0\Big) \\
(\nabla^4 f)_0 &= \frac{1}{t^4}\Big[20f_0 - \sum_{i=1}^{4}(8f_i - 2f_{i+4} - f_{i+8})\Big]
\end{aligned}
\right\}
\tag{9-66}
$$

为了方便,在图 9-15 上用晶格模型表示上述差分公式。

应用上述关于挠度 f 的各阶偏导数的差分公式,可把板的内力公式改为差分形式。例如,对结点 0 处的内力,便有以下各式。

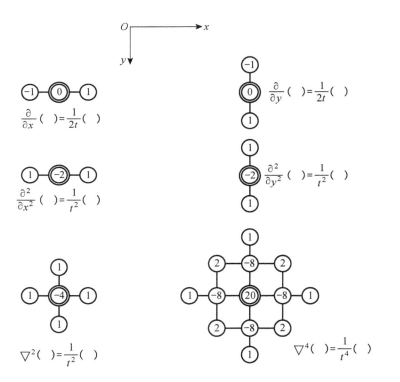

图 9-15 有限差分的晶格模型示意图

$$(M_x)_0 = \frac{D}{t^2}\left[2(1+\nu)f_0 - (f_1+f_3) - \nu(f_2+f_4)\right]$$

$$(M_y)_0 = \frac{D}{t^2}\left[2(1+\nu)f_0 - (f_2+f_4) - \nu(f_1+f_3)\right]$$

$$(M_{xy})_0 = \frac{D(1-\nu)}{4t^2}(f_5 - f_6 + f_7 - f_8)$$

$$(Q_x)_0 = \frac{D}{2t^3}\left[4(f_1-f_2) - f_5 - f_6 + f_7 + f_8 - f_9 + f_{11}\right]$$

$$(Q_y)_0 = \frac{D}{2t^3}\left[4(f_2-f_4) + f_5 - f_6 - f_7 + f_8 - f_{10} + f_{12}\right]$$

$$(V_x)_0 = \frac{D}{2t^3}\left[2(3-\nu)(f_1-f_3) - (2-\nu)(f_5 + f_6 - f_7 - f_8) - f_9 + f_{11}\right]$$

$$(V_y)_0 = \frac{D}{2t^3}\left[2(3-\nu)(f_2-f_4) - (2-\nu)(f_6 + f_7 - f_5 - f_8) - f_{10} + f_{12}\right]$$

$$(9-67)$$

为了方便,也可将上述公式用晶格模型表示在图 9-16 中。这样挠度曲面的微分方程为

$$\nabla^4(f) = \frac{Q}{D} \tag{9-68}$$

在结点 0 处应为

$$(\nabla^4 f)_0 = \left(\frac{Q}{D}\right)_0 \tag{9-69}$$

将挠度 f 的偏导数的差分公式代入式(9-69),得结点 0 处的差分方程为

$$20f_0 - 8(f_1 + f_2 + f_3 + f_4) + 2(f_5 + f_6 + f_7 + f_8) +$$

$$(f_9 + f_{10} + f_{11} + f_{12}) = t^4\left(\frac{Q}{D}\right)_0 \tag{9-70}$$

式(9-66)也可写成

$$20f_0 - \sum_{i=1}^{4}(8f_i - 2f_{i+4} - f_{i+8}) = t^4\left(\frac{Q}{D}\right)_0 \tag{9-71}$$

方程式(9-71)也可用晶格模型表示在图 9-17 中。

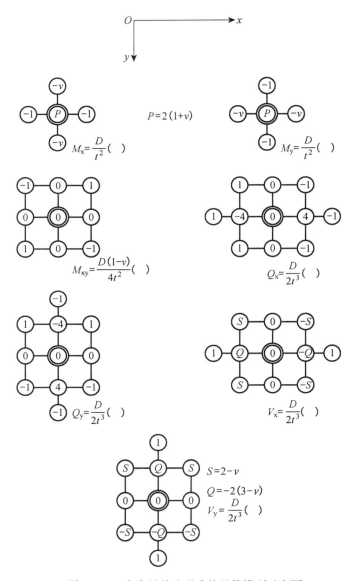

图 9-16 内力的差分形式的晶格模型示意图

由图 9-17 可看到,相应于板中面内部网格结点 0 的差分方程除本身的函数值 f_0 外,还需要周围 12 个点的挠度值,其中最远点离开结点 0 的距离是 2 格。如果结点 0 离开板边只有 1 格距离时,则方程涉及的点一个在边界之外,三个在边界上。所以由上述分析可知,一个差分方程最多包含 13 个点（13 个未知数），因此应当在所有内结点上建立差分方程，再连同边界各结点的差分方程，就可建立足够数量的差分方程组。联立代数方程组，便可获得全部网格结点的挠度值，以此计算网格各结点的内力分量。

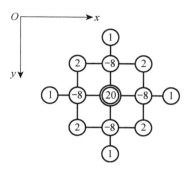

图 9 – 17　挠度曲面微分方程的差分形式的晶格模型示意图

至于边界之外的点的挠度值，则可通过边界条件的差分式与边界内的点的挠度值联系起来。假设图 9 – 14 中的 AB 为边界线，右边为板，来讨论几种常用的边界条件。

（1）在 AB 边界上挠度为零的方程，则有

$$f = 0 \qquad (9 - 72)$$

以边界结点 0 为例，此条件应转换为边界上结点挠度为零的方程，则有

$$f_0 = 0 \qquad (9 - 73)$$

（2）在 AB 边界上转角为零的边界条件

$$\frac{\partial f}{\partial x} = 0 \qquad (9 - 74)$$

以边界结点 0 为例，此条件应转换为

$$\left(\frac{\partial f}{\partial x}\right)_0 = \frac{f_1 - f_3}{2t} = 0 \qquad (9 - 75)$$

即

$$f_1 = f_3 \qquad (9 - 76)$$

结点 3 在边界 AB 之外，故为虚结点。此时，边界外的第 1 虚结点的挠度等于边界边内的第 1 结点的挠度。

（3）在边界 AB 上弯矩为零的边界条件

$$\frac{\partial^2 f}{\partial x^2} = 0 \qquad (9 - 77)$$

以结点 0 为例，将此条件代入差分公式（9-63b），则

$$\left(\frac{\partial^2 f}{\partial x^2}\right)_0 = \frac{f_1 - 2f_0 + f_3}{t^2} = 0 \qquad (9-78)$$

即

$$f_1 - 2f_0 + f_3 = 0 \qquad (9-79)$$

这时，若边界 AB 是简支，则可应用条件式（9-73），则条件式（9-79）可化为

$$f_1 = -f_3 \qquad (9-80)$$

这表明简支边界外的第 1 虚结点挠度与边界内第 1 结点的挠度大小相等，但符号相反。

例 一块四边固定的正方形板，边长为 a，承受均布荷载 q_0 作用，采用 4×4 的网格（图 9-18）。由于板为正方形，边界条件和荷载均对称，故在板内的 9 个内结点挠度中，仅有三个是独立的未知量。考虑图中的"0""1""6"三点，来建立其差分方程。按照方程式（9-71），在"0""1""6"三点上建立如下的差分方程：

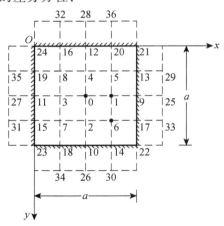

图 9-18 4×4 网格划分的正方形板

"0"点的差分方程：

$$20f_0 - 8(f_1 + f_2 + f_3 + f_4) + 2(f_5 + f_6 + f_7 + f_8) +$$
$$(f_9 + f_{10} + f_{11} + f_{12}) = \frac{q_0 a^4}{256D} \qquad (9-81)$$

"1"点的差分方程：

$$20f_1 - 8(f_9 + f_6 + f_0 + f_5) + 2(f_5 + f_6 + f_0 + f_5) +$$

$$(f_{25} + f_{14} + f_3 + f_{20}) = \frac{q_0 a^4}{256D} \qquad (9-82)$$

"6"点的差分方程：

$$20f_6 - 8(f_{17} + f_{14} + f_2 + f_1) + 2(f_9 + f_{22} + f_{10} + f_0) +$$

$$(f_{33} + f_{30} + f_7 + f_5) = \frac{q_0 a^4}{256D}$$

$$(9-83)$$

在"0""1""6"三点的方程组中，除了三个未知量 f_0，f_1，f_6 以外，还出现了另外 18 个结点（包括三个虚结点："25""33""30"）的挠度。另外注意到板的对称性，则有

$$\left.\begin{array}{l} f_2 = f_3 = f_4 = f_1 \\ f_5 = f_6 = f_7 = f_8 \end{array}\right\} \qquad (9-84)$$

再有边界条件：

（1）边界上挠度为零：

$$f_{18} = f_9 = f_{17} = f_{22} = f_{14} = f_{10} = f_{11} = f_{12} = f_{20} = 0$$

$$(9-85)$$

（2）边界上转角为零：

$$\left.\begin{array}{l} f_1 = f_{25} = 0 \\ f_{30} = f_6 = 0 \\ f_{33} = f_6 = 0 \end{array}\right\} \qquad (9-86)$$

结合式（9-85）和式（9-86），则方程式（9-81）—式（9-83）可简化为

$$\left.\begin{array}{l} 20f_0 - 32f_1 + 8f_6 = \dfrac{q_0 a^4}{256D} \\[2mm] 8f_0 - 26f_1 + 16f_6 = \dfrac{q_0 a^4}{256D} \\[2mm] 2f_0 - 16f_1 + 24f_6 = \dfrac{q_0 a^4}{256D} \end{array}\right\} \qquad (9-87)$$

解方程组,得

$$f_0 = 0.001\,80\,\frac{q_0 a^4}{D}$$
$$f_1 = 0.001\,21\,\frac{q_0 a^4}{D}$$ \quad (9-88)
$$f_6 = 0.000\,816\,\frac{q_0 a^4}{D}$$

最大挠度在板的中心处

$$f_{\max} = f_0 = 0.001\,80\,\frac{q_0 a^4}{D} \qquad (9-89)$$

将此值与精确值 $0.001\,26 q_0 a^4/D$ 相比,误差为 42.8%。误差太大的原因是网格划分太大。为了获得更精确的解,可将网格 a 的尺寸划得更小。有限差分法的优点是简单,重复使用晶格模型,容易操作差分方程,但需要计算较多的差分方程组,才能获得良好的效果,这种重复计算必须借助计算机。

注:有限差分法只适合薄板计算,不适合厚板。

第七节　筏板基础简化计算方法

简化计算方法的基本要点是将建筑的上部结构、地下基础和地基三部分视为一个完整的静力平衡体系,计算时将其独立分割成三部分,进行独立求解。首先将嵌固在基础上的上部结构,按结构力学的方法求出结构各种内力,包括柱、墙等垂直构件的底层轴力、弯矩和剪力。然后将这些力反向作用在基础梁或基础底板上,使基础梁或基础板同时承受地基反力,与上部计算出的内力保持静力平衡状态[图 9-19(a)],并假定按直线分布,再按结构力学方法求解基础梁或底板内力。验算承载力时,假定基底剪力按直线分布,认为基础是绝对刚性的[图 9-19(b)]。在计算

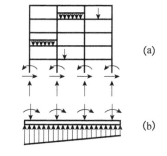

(a)

(b)

(c)

图 9-19　结构体系简化
计算示意图

地基变形时，又将基础看成是柔性的，基底压力是均匀的［图9-19(c)］。简化计算的种种假定与整体结构实际工作状态不符，它仅满足了总荷载与总反力的静力平衡条件，而忽略上部结构与基础之间及基础与地基之间变形连续条件。因此，上部结构体给基础的荷载及地基反力的分布状态都与实际状态有较大差异，尽管存在着较大差异，但设计时仍乐于使用它。原因是它简单、方便，而且力学概念清楚。在实际工程应用中，设计可采取一些结构措施，例如调整或增加某些部位的地基反力，增加一些构造钢筋等。

　　首先将筏板视为倒楼盖，地基反力按直线分布，荷载作用在倒楼盖上。对板式基础可按多跨连续双向板计算内力；对梁板式基础可将地基反力按45°线划分范围。图9-20中的阴影部分，就是传到横向梁上的荷载，其余部分作为传到纵向梁的荷载。然后按多跨倒梁法分别计算纵向梁和横向梁的内力。倒梁法算出的支座反力与原柱荷载不等时，应调整差值。调整的方法是将支座反力与柱荷载的差值平均分配到该支座两侧各1/3跨度内，作为地基反力的调整值，与原地基反力叠加成阶梯状的反力，再按反力重新计算肋梁的内力，经几次调整，使支座反力与原柱荷载相符。

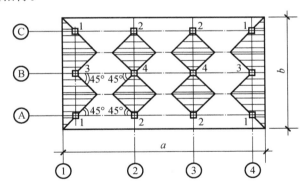

图9-20　筏形基础肋梁上的荷载分布

　　更简单的方法是静定梁法。将整个筏形基础分别按纵向和横向视为静定梁，将所有柱荷载及地基反力作为梁上的荷载［图9-21(a)］。在计算纵向梁时，应将横向的柱荷载叠加在一起［图9-21(b)］。中柱荷载 P_2 应为图9-20中轴线②上的2，4，2三柱荷载之和。计算横向梁时亦将纵向的柱荷载叠加在一起，即图9-20中轴线⑧上3，4，4，3四柱荷载之和。当然,这种静定梁法是粗糙的方法。它处理平板式筏形基础比梁板式筏形基础效果更好一些。筏形基础除计算抗弯外,其板厚必须满足抗冲切和抗剪要求。

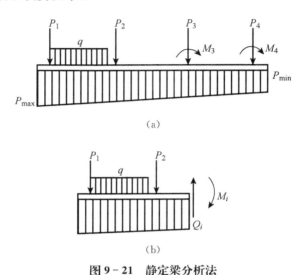

图 9 - 21　静定梁分析法

筏形基础适用于地基承载力低、上部结构荷载较大的情况。筏形基础防渗性能好,整体刚度大,能有效地调整基底剪力和不均匀沉降,或跨过溶洞、局部沉陷、坟墓等。地基承载力在土质较好的情况下,将随着基础埋置深度和宽度的增加而增加,基础沉降随基础埋深的增加而减小。

当地基承载力能满足上部结构荷载需要时,剪力墙结构体系的筏形基础的底板面积,可同外墙外包面积一致(一般情况下,应满足施工外墙体立模的要求,应扩大底板到四周外墙以外 300~400 mm)。

框架或框剪结构体系的筏形基础底板面积宜比上部结构所覆盖的面积稍大些,横向伸出外柱边不小于 0.8 m,纵向不宜大于 0.5 m,使底板下的地基反力趋于均匀,有利于柱下板带的受力和配筋锚固。

为减小筏板基础在混凝土施工硬化过程中的收缩应力,在基础长度方向每隔 40 m 留一道施工后浇带,后浇带宽度为 700~800 mm,此缝宜留在柱距三等分的中间部位内。

剪力墙结构体系的筏形基础的板厚,应满足剪切承载力的要求。在比较均匀的地基上,筏板的内力基本上不考虑整体弯曲作用,但在板式建筑的两端部(两个开间内),按地基反力局部弯曲计算所得弯矩配筋宜

增加 $10\%\sim20\%$。

框架、框剪结构体系的筏形基础,若用梁板式,当梁的刚度较大时,可将地基反力简化成直线分布,根据上部结构荷载状况,确定基底反力是均布或梯形分布,然后采用"倒楼盖法",以柱、墙为支点,基底静反力(不计筏板自重及筏板上的填土重)为荷载。当梁的刚度较小时,应按交叉梁式弹性地基梁计算。判定刚性梁还是弹性梁,可用式(9-90)确定:

$$\left.\begin{array}{ll}\text{刚性地基梁} & \lambda L<0.8 \\ \text{弹性地基梁} & \lambda L>0.8\end{array}\right\} \qquad (9-90)$$

式中 λ——地基梁的弹性特征值,$\lambda=\sqrt[4]{\dfrac{k_{s}b}{4E_{c}I}}$;

     L——梁的总长度(m);

     k_{s}——地基基床系数(kN/m^3);

         常用的取值范围可参考下值:

         (1)当采用黏土、粉质黏土或灰色粉质黏土时,取$10\sim20$;

         (2)当采用灰色淤泥质粉质黏土时,取$5\sim10$;

         (3)当采用灰色淤泥质黏土时,取$3\sim5$。

     b——地基梁宽度(m);

     E_{c}——地基梁的混凝土弹性模量(kPa);

     I——单向地基梁截面惯性矩(m^4)。

当柱荷载分配给纵横两个方向的梁时,其值应考虑地基与基础共同工作,纵横梁在同一结点处的竖向位移和转角相同,并略去基础梁扭转变形的影响。柱荷载分配给纵横梁的值确定之后,可将基础交叉梁分成纵横方向的条形基础,再按刚性地基梁或弹性地基梁计算。

当柱间距大于 $1.8/\lambda$ 时,可近似认为条形基础在力 P_{i} 作用处的变形只与力 P_{i} 有关。此时,柱节点集中力 P_{i} 向纵横两个方向的分配按以下三种情况计算。

(1)内柱节点、角柱节点[图 9-22(a),(c)]

$$\left.\begin{array}{l}P_{ix}=\dfrac{I_{x}\lambda_{x}^{3}}{I_{x}\lambda_{x}^{3}+I_{y}\lambda_{y}^{3}}\cdot P_{i} \\[3mm] P_{iy}=\dfrac{I_{y}\lambda_{y}^{3}}{I_{x}\lambda_{x}^{3}+I_{y}\lambda_{y}^{3}}\cdot P_{i}\end{array}\right\} \qquad (9-91)$$

（2）边柱节点[图 9-22(b)]

$$\left.\begin{array}{l} P_{ix} = \dfrac{4I_x\lambda_x^3}{4I_x\lambda_x^3 + I_y\lambda_y^3} \cdot P_i \\[4mm] P_{iy} = \dfrac{4I_y\lambda_y^3}{4I_x\lambda_y^3 + I_y\lambda_y^3} \cdot P_i \end{array}\right\} \qquad (9-92)$$

（3）两个方向的柱距不等时可用下式计算：

$$\left.\begin{array}{l} P_x = \dfrac{b_x\lambda_x}{b_x\lambda_x + \dfrac{\overline{P_x}}{P_y} \cdot b_y\lambda_y} \cdot P_i \\[6mm] P_y = \dfrac{b_y\lambda_y}{b_y\lambda_y + \dfrac{\overline{P_y}}{P_x} \cdot b_x\lambda_x} \cdot P_i \end{array}\right\} \qquad (9-93)$$

式中　$\overline{P}_x$，$\overline{P}_y$——两个方向上无量纲的反压力系数；

λ_y，λ_x——纵向及横向梁的弹性特征值，可参考式（9-90）中 λ 的计算式；

I_y，I_x——纵、横向梁的截面惯性矩（m^4）。

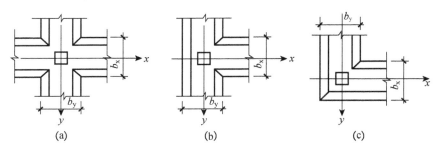

图 9-22　交叉梁节点

当一个方向的地基梁的截面刚度远比另一方向大时，可简化为单向计算，但另一方面必须满足构造要求。

当上部结构整体刚度较差，交叉梁属刚性梁时，可将交叉梁视为两个方向的多跨连续梁，柱的集中荷载在纵横向的分配可按式（9-91）—式（9-93）计算，当柱根部有力矩荷载时，力矩仅考虑作用于力矩方向的梁。梁在集中荷载和力矩荷载共同作用下的基底反力分布按直线变化处理,这时多跨连续梁是一根在已知基底反力、集中荷载、力矩荷载作用下的静定梁,可求解各截面的内力。

当交叉梁属弹性地基梁时,计算方法有多种,其中一种是把柱的集中荷载按式(9-91)—式(9-93)分配到纵横梁上,力矩仅考虑作用于平行力矩方向的梁。首先计算柔性指数 w,即

$$w = \frac{(1-\nu_c{}^2)3\pi E_s}{(1-\nu_s^2)E_c h^3}l^3 \qquad (9-94)$$

式中 ν_c,ν_s——分别为筏板混凝土和地基土的泊松比,ν_c 为 0.2,ν_s 在不同地基土的值不同;

E_c,E_s——分别是混凝土弹性模量和钢筋的弹性模量;

h——梁的截面高度;

l——板条的半长度(m)。

根据 w 值确定板条长,当 $1 \leqslant w < 10$ 时,为有限长梁;当 $w > 10$ 时,为无限长梁。由于筏板的厚度与板条的半长度相比不是同一数量级,故 w 值一般都大于 10。

其次确定板条(梁)的特征长度 L(m)

$$L = h^3\sqrt{E_c/6E_s} \qquad (9-95)$$

当筏形基础按弹性简化计算时,有以下几种情况。

1. 筏板在集中力作用下的计算

当筏板上的框架柱集中力 P 距板边缘的距离 d 符合式(9-96)时,可采用地基为半无限体的假定计算筏板下的地基反力、筏板内力和挠度。

$$G \geqslant 1.5L_1 \qquad (9-96)$$

式中 L_1——筏板的弹性特征(m),$L_1 = \sqrt[3]{\dfrac{2D(1-\nu_s)}{E_s}}$;

D——筏板的抗弯刚度(kN·m),$D = \dfrac{E_c h^3}{12(1-\nu_c)}$;

E_s,E_c——分别是地基土的压缩模量(kPa)和筏板混凝土的弹性模量(kPa);

h——筏板厚度;

ν_c，ν_s——分别是筏板混凝土和地基土的泊松比，ν_c 为 0.2，ν_s 在不同地基土的比值，可查有关资料；或通过 $\nu_s = \dfrac{E_{s1}}{E_{s2}}$ 计算确定（E_{s1} 为上层土的压缩模量，E_{s2} 为下层土的压缩模量）。

首先将坐标原点设在要计算的点上，使集中力 P 到原点的距离分别为 $a = x/L_1$ 和 $b = y/L_1$（图 9-23），然后从表9-1查出对应于 a、b 的系数 $\overline{P}$，$\overline{f}$，$\overline{M}_x$，$\overline{T}_{ky}$ 和 $\overline{V}_x$，应用式 (9-97)—式(9-101)求 O 点的基底反力、筏板内力、挠度、弯矩、扭矩和剪力。

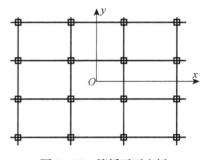

图 9-23　筏板平面坐标

（1）基底反力

$$P = \overline{P}\,\frac{P}{L_1^2}\,(\text{kPa}) \qquad\qquad (9-97)$$

（2）筏板挠度

$$f = \overline{f}\,\frac{(1-\nu_s^2)}{E_s L_1}\,P\,(\text{m}) \qquad\qquad (9-98)$$

（3）筏板弯矩

$$\left.\begin{array}{l} M_x = \overline{M}_x P\,(\text{kN}\cdot\text{m}) \\ M_y = \overline{M}_y P\,(\text{kN}\cdot\text{m}) \end{array}\right\} \qquad (9-99)$$

（4）筏板扭矩

$$T_{xy} = \overline{T}_{xy}(1-\nu_c)P\,(\text{kN}\cdot\text{m}) \qquad (9-100)$$

（5）筏板剪力

$$\left.\begin{array}{l} V_x = \overline{V}_x\,\dfrac{P}{L_1}\,(\text{kN}) \\[2mm] V_y = \overline{V}_y\,\dfrac{P}{L_1}\,(\text{kN}) \end{array}\right\} \qquad (9-101)$$

表 9 – 1a　基底反力系数表 $\bar{P}$

a\b	0	0.2	0.4	0.6	0.8	1.0	1.2	1.4	1.6	1.8	2.0	2.2	2.4	2.6	2.8	3.0	3.2	3.4	3.6	3.8	4.0
0	0.192	0.162	0.136	0.114	0.094	0.077	0.063	0.051	0.041	0.033	0.026	0.020	0.015	0.012	0.009	0.007	0.005	0.003	0.002	0.002	0.001
0.2	0.162	0.152	0.131	0.111	0.092	0.076	0.062	0.050	0.041	0.033	0.026	0.020	0.015	0.012	0.009	0.007	0.005	0.003	0.002	0.002	0.001
0.4	0.136	0.131	0.117	0.102	0.086	0.072	0.059	0.048	0.039	0.031	0.025	0.019	0.015	0.012	0.009	0.007	0.005	0.003	0.002	0.002	0.001
0.6	0.114	0.111	0.102	0.089	0.077	0.065	0.055	0.045	0.037	0.029	0.023	0.018	0.014	0.010	0.008	0.006	0.004	0.002	0.002	0.002	0.001
0.8	0.094	0.092	0.086	0.077	0.069	0.058	0.049	0.041	0.033	0.027	0.021	0.016	0.013	0.010	0.008	0.006	0.004	0.002	0.002	0.002	
1.0	0.077	0.076	0.072	0.065	0.058	0.050	0.043	0.036	0.029	0.024	0.019	0.015	0.012	0.009	0.007	0.005	0.003	0.002	0.002	0.002	
1.2	0.063	0.062	0.059	0.055	0.049	0.043	0.037	0.031	0.026	0.021	0.016	0.013	0.010	0.008	0.007	0.005	0.003	0.002	0.002	0.002	0.001
1.4	0.051	0.050	0.048	0.045	0.041	0.036	0.031	0.027	0.022	0.017	0.014	0.012	0.009	0.008	0.006	0.004	0.002	0.002	0.002	0.001	
1.6	0.041	0.041	0.039	0.037	0.033	0.029	0.026	0.022	0.018	0.015	0.012	0.010	0.008	0.005	0.005	0.003	0.002	0.002	0.002		
1.8	0.033	0.033	0.031	0.029	0.027	0.024	0.021	0.017	0.015	0.013	0.010	0.009	0.007	0.005	0.004	0.002	0.002	0.002	0.001		
2.0	0.026	0.026	0.025	0.023	0.021	0.019	0.016	0.014	0.012	0.010	0.009	0.007	0.006	0.004	0.003	0.002	0.002	0.002	0.002		
2.2	0.020	0.020	0.019	0.018	0.016	0.015	0.013	0.012	0.010	0.009	0.007	0.006	0.004	0.003	0.002	0.002	0.002	0.001			
2.4	0.015	0.015	0.015	0.014	0.013	0.012	0.010	0.009	0.008	0.007	0.006	0.004	0.003	0.002	0.002	0.002	0.001				
2.6	0.012	0.012	0.012	0.010	0.010	0.010	0.009	0.008	0.008	0.007	0.005	0.004	0.003	0.002	0.002	0.002	0.001				
2.8	0.009	0.009	0.009	0.008	0.008	0.008	0.007	0.007	0.006	0.005	0.004	0.003	0.002	0.002	0.002	0.001					
3.0	0.007	0.007	0.007	0.006	0.006	0.006	0.005	0.004	0.003	0.002	0.002	0.002	0.002	0.001							
3.2	0.005	0.005	0.005	0.004	0.004	0.003	0.003	0.002	0.002	0.002	0.002	0.002	0.001								
3.4	0.003	0.003	0.003	0.002	0.002	0.002	0.002	0.002	0.002	0.002	0.001										
3.6	0.002	0.002	0.002	0.002	0.002	0.002	0.002	0.002	0.002	0.001											
3.8	0.002	0.002	0.002	0.002	0.002	0.002															
4.0	0.001	0.001	0.001	0.001																	

表9－1b 筏板的挠度(沉降)系数 ƒ

b＼a	0	0.2	0.4	0.6	0.8	1.0	1.2	1.4	1.6	1.8	2.0	2.2	2.4	2.6	2.8	3.0	3.2	3.4	3.6	3.8	4.0
0.0	0.385	0.377	0.359	0.338	0.314	0.291	0.268	0.247	0.226	0.207	0.189	0.173	0.159	0.146	0.135	0.124	0.115	0.107	0.099	0.093	0.087
0.2	0.377	0.371	0.354	0.334	0.312	0.289	0.266	0.246	0.225	0.206	0.188	0.172	0.158	0.146	0.135	0.124	0.115	0.107	0.099	0.093	0.087
0.4	0.359	0.354	0.341	0.324	0.304	0.281	0.261	0.241	0.221	0.203	0.186	0.170	0.157	0.144	0.133	0.123	0.114	0.106	0.098	0.092	0.086
0.6	0.338	0.334	0.324	0.308	0.291	0.271	0.253	0.234	0.215	0.198	0.182	0.167	0.155	0.142	0.131	0.121	0.113	0.105	0.097	0.091	0.086
0.8	0.314	0.312	0.304	0.291	0.276	0.259	0.243	0.225	0.208	0.192	0.177	0.163	0.151	0.139	0.129	0.119	0.111	0.103	0.096	0.090	
1.0	0.291	0.289	0.281	0.271	0.259	0.246	0.232	0.214	0.199	0.184	0.170	0.158	0.146	0.136	0.126	0.117	0.109	0.101	0.095	0.089	
1.2	0.268	0.266	0.261	0.253	0.243	0.232	0.216	0.203	0.189	0.176	0.164	0.152	0.141	0.132	0.122	0.113	0.106	0.099	0.093	0.087	
1.4	0.247	0.246	0.241	0.234	0.225	0.214	0.203	0.191	0.179	0.167	0.157	0.145	0.136	0.127	0.118	0.111	0.103	0.097	0.091	0.086	
1.6	0.226	0.225	0.221	0.215	0.208	0.199	0.189	0.179	0.169	0.158	0.149	0.139	0.131	0.122	0.114	0.107	0.100	0.094	0.089		
1.8	0.207	0.206	0.203	0.198	0.192	0.184	0.176	0.167	0.158	0.150	0.141	0.133	0.124	0.117	0.110	0.103	0.097	0.091	0.086		
2.0	0.189	0.188	0.186	0.182	0.177	0.170	0.164	0.157	0.149	0.141	0.133	0.126	0.118	0.112	0.106	0.099	0.094	0.089	0.086		
2.2	0.173	0.172	0.170	0.167	0.163	0.158	0.152	0.145	0.139	0.133	0.126	0.119	0.112	0.107	0.101	0.095	0.091	0.086			
2.4	0.159	0.158	0.157	0.155	0.151	0.146	0.141	0.136	0.131	0.124	0.118	0.112	0.107	0.101	0.096	0.092	0.086				
2.6	0.146	0.146	0.144	0.142	0.139	0.136	0.132	0.127	0.122	0.117	0.112	0.107	0.101	0.097	0.092	0.088					
2.8	0.135	0.135	0.133	0.131	0.129	0.126	0.122	0.118	0.114	0.110	0.106	0.101	0.096	0.092	0.088						
3.0	0.124	0.124	0.123	0.121	0.119	0.117	0.113	0.111	0.107	0.103	0.099	0.095	0.092	0.088							
3.2	0.115	0.115	0.114	0.113	0.111	0.109	0.106	0.103	0.100	0.097	0.094	0.091	0.086								
3.4	0.107	0.107	0.106	0.105	0.103	0.101	0.099	0.097	0.094	0.091	0.089	0.086									
3.6	0.099	0.099	0.098	0.097	0.096	0.095	0.093	0.091	0.089	0.086											
3.8	0.093	0.093	0.092	0.091	0.091	0.089	0.087	0.086													
4.0	0.087	0.087	0.086	0.086																	

表 9 – 1c 筏板弯矩系数 $\overline{M}_x$

b＼a	0	0.2	0.4	0.6	0.8	1.0	1.2	1.4	1.6	1.8	2.0	2.2	2.4	2.6	2.8	3.0	3.2	3.4	3.6	3.8	4.0
0	∞	0.129	0.068	0.036	0.016	0.004	−0.005	−0.011	−0.014	−0.015	−0.017	−0.016	−0.016	−0.015	−0.014	−0.013	−0.012	−0.011	−0.010	−0.008	−0.008
0.2	0.194	0.133	0.072	0.039	0.018	0.005	−0.003	−0.010	−0.013	−0.014	−0.017	−0.016	−0.016	−0.015	−0.014	−0.013	−0.012	−0.011	−0.010	−0.008	−0.008
0.4	0.132	0.110	0.071	0.042	0.021	0.006	−0.002	−0.008	−0.011	−0.013	−0.015	−0.015	−0.015	−0.014	−0.014	−0.013	−0.012	−0.011	−0.010	−0.008	−0.007
0.6	0.096	0.087	0.063	0.042	0.023	0.009	0.001	−0.006	−0.009	−0.012	−0.013	−0.015	−0.014	−0.014	−0.013	−0.012	−0.011	−0.011	−0.010	−0.008	−0.007
0.8	0.074	0.068	0.054	0.039	0.023	0.011	0.002	−0.004	−0.007	−0.010	−0.012	−0.013	−0.013	−0.013	−0.012	−0.011	−0.011	−0.010	−0.009	−0.007	
1.0	0.057	0.054	0.044	0.034	0.022	0.012	0.004	−0.001	−0.005	−0.008	−0.011	−0.012	−0.012	−0.012	−0.011	−0.010	−0.009	−0.008	−0.008	−0.007	
1.2	0.045	0.042	0.037	0.028	0.020	0.011	0.006	0.000	−0.004	−0.007	−0.009	−0.010	−0.010	−0.010	−0.010	−0.009	−0.009	−0.008	−0.008	−0.007	
1.4	0.035	0.034	0.030	0.023	0.017	0.011	0.006	0.001	−0.003	−0.006	−0.007	−0.008	−0.009	−0.009	−0.010	−0.009	−0.008	−0.008	−0.008	−0.007	
1.6	0.028	0.027	0.024	0.020	0.015	0.010	0.005	0.002	−0.002	−0.004	−0.006	−0.007	−0.008	−0.008	−0.008	−0.008	−0.006	−0.007	−0.008	−0.007	
1.8	0.022	0.021	0.019	0.017	0.013	0.008	0.005	0.002	−0.001	−0.002	−0.004	−0.006	−0.006	−0.007	−0.007	−0.007	−0.006	−0.006	−0.007		
2.0	0.018	0.018	0.015	0.014	0.011	0.007	0.004	0.003	0.000	−0.001	−0.003	−0.004	−0.005	−0.006	−0.006	−0.006	−0.005	−0.006	−0.006		
2.2	0.014	0.014	0.012	0.011	0.009	0.006	0.004	0.003	0.000	−0.001	−0.003	−0.003	−0.004	−0.004	−0.005	−0.005	−0.004	−0.005			
2.4	0.011	0.011	0.010	0.009	0.008	0.005	0.003	0.002	0.000	0.000	−0.001	−0.003	−0.004	−0.004	−0.004	−0.004					
2.6	0.009	0.009	0.009	0.008	0.007	0.005	0.003	0.002	0.000	0.000	−0.001	−0.002	−0.003	−0.003	−0.003						
2.8	0.007	0.007	0.006	0.007	0.005	0.003	0.003	0.002	0.001	0.000	−0.001	−0.001	−0.003	−0.003							
3.0	0.006	0.006	0.006	0.005	0.004	0.003	0.002	0.002	0.001	0.000	0.000	−0.001	−0.003								
3.2	0.005	0.005	0.005	0.004	0.003	0.002	0.002	0.002	0.001	0.000	0.000	−0.001									
3.4	0.004	0.004	0.004	0.004	0.003	0.002	0.002	0.001	0.001	0.000	0.000										
3.6	0.003	0.003	0.003	0.003	0.002	0.002	0.002	0.001	0.001												
3.8	0.003	0.003	0.003	0.003	0.002	0.002	0.002														
4.0	0.002	0.002	0.002	0.002																	

表 9 – 1d 筏板扭矩系数 $\overline{T}_{xy}$

a\b	0	0.2	0.4	0.6	0.8	1.0	1.2	1.4	1.6	1.8	2.0	2.2	2.4	2.6	2.8	3.0	3.2	3.4	3.6	3.8	4.0
0.2	—	0	0	0	0	0	0	0	0	0	0	0	0	0	0	0	0	0	0	0	0
0.4	0	-0.040	-0.030	-0.022	-0.016	-0.012	-0.010	-0.008	-0.006	-0.005	-0.004	-0.003	-0.003	-0.002	-0.002	-0.001	-0.001	-0.001	-0.001	-0.001	-0.001
0.6	0	-0.030	-0.037	-0.032	-0.027	-0.021	-0.017	-0.014	-0.011	-0.009	-0.008	-0.006	-0.005	-0.004	-0.004	-0.003	-0.002	-0.002	-0.002	-0.001	-0.001
0.8	0	-0.022	-0.032	-0.034	-0.031	-0.027	-0.022	-0.018	-0.015	-0.013	-0.010	-0.009	-0.007	-0.006	-0.005	-0.004	-0.004	-0.003	-0.002	-0.002	-0.002
1.0	0	-0.016	-0.027	-0.031	-0.030	-0.028	-0.024	-0.021	-0.018	-0.015	-0.013	-0.011	-0.009	-0.008	-0.006	-0.005	-0.005	-0.004	-0.003	-0.002	
1.2	0	-0.012	-0.021	-0.027	-0.028	-0.027	-0.025	-0.022	-0.019	-0.016	-0.015	-0.012	-0.010	-0.009	-0.007	-0.006	-0.005	-0.005	-0.004	-0.003	
1.4	0	-0.010	-0.017	-0.022	-0.024	-0.025	-0.024	-0.021	-0.019	-0.017	-0.014	-0.013	-0.011	-0.009	-0.008	-0.007	-0.006	-0.005	-0.004	-0.003	
1.6	0	-0.008	-0.014	-0.018	-0.021	-0.022	-0.021	-0.021	-0.018	-0.017	-0.015	-0.013	-0.011	-0.009	-0.009	-0.008	-0.007	-0.005	-0.004	-0.004	
1.8	0	-0.006	-0.011	-0.015	-0.018	-0.019	-0.019	-0.018	-0.018	-0.017	-0.014	-0.013	-0.011	-0.009	-0.009	-0.008	-0.007	-0.005	-0.005		
2.0	0	-0.005	-0.009	-0.013	-0.015	-0.016	-0.017	-0.017	-0.017	-0.015	-0.014	-0.013	-0.011	-0.009	-0.009	-0.008	-0.006	-0.005	-0.004		
2.2	0	-0.004	-0.008	-0.010	-0.013	-0.014	-0.015	-0.014	-0.014	-0.014	-0.014	-0.013	-0.011	-0.010	-0.009	-0.008	-0.006	-0.005			
2.4	0	-0.003	-0.006	-0.009	-0.011	-0.012	-0.013	-0.013	-0.013	-0.013	-0.013	-0.011	-0.010	-0.010	-0.008	-0.007	-0.006				
2.6	0	-0.003	-0.005	-0.007	-0.009	-0.010	-0.011	-0.011	-0.011	-0.011	-0.011	-0.011	-0.010	-0.009	-0.008	-0.007	-0.006				
2.8	0	-0.002	-0.004	-0.006	-0.008	-0.009	-0.009	-0.009	-0.009	-0.011	-0.010	-0.010	-0.009	-0.008	-0.007						
3.0	0	-0.002	-0.005	-0.006	-0.008	-0.009	-0.008	-0.009	-0.009	-0.010	-0.010	-0.009	-0.009	-0.008	-0.007						
3.2	0	-0.002	-0.004	-0.005	-0.006	-0.007	-0.007	-0.008	-0.008	-0.010	-0.010	-0.009	-0.008	-0.007	-0.006						
3.4	0	-0.001	-0.004	-0.005	-0.005	-0.007	-0.007	-0.007	-0.008	-0.009	-0.009	-0.009	-0.007	-0.005							
3.6	0	-0.001	-0.003	-0.004	-0.005	-0.005	-0.006	-0.007	-0.007	-0.006	-0.008	-0.007	-0.006								
3.8	0	-0.001	-0.002	-0.003	-0.004	-0.005	-0.005	-0.005	-0.005	-0.006	-0.006										
4.0	0	-0.001	-0.002	-0.002	-0.003	-0.004	-0.005														

表 9 - 1e　筏板剪力系数 $\overline{V}_x$

b \ a	0	0.2	0.4	0.6	0.8	1.0	1.2	1.4	1.6	1.8	2.0	2.2	2.4	2.6	2.8
0	∞	0.779	0.367	0.224	0.150	0.105	0.074	0.053	0.038	0.027	0.019	0.013	0.008	0.005	0.002
0.2	0	0.311	0.294	0.203	0.141	0.100	0.071	0.052	0.037	0.027	0.019	0.013	0.008	0.005	0.002
0.4	0	0.132	0.172	0.150	0.117	0.086	0.065	0.047	0.034	0.024	0.018	0.012	0.008	0.005	0.002
0.6	0	0.064	0.100	0.098	0.084	0.068	0.053	0.041	0.030	0.022	0.015	0.011	0.007	0.004	0.001
0.8	0	0.035	0.058	0.063	0.060	0.052	0.040	0.032	0.025	0.018	0.013	0.008	0.006	0.003	0.001
1.0	0	0.020	0.034	0.041	0.041	0.037	0.032	0.025	0.019	0.015	0.011	0.007	0.005	0.002	0.000
1.2	0	0.012	0.022	0.026	0.027	0.026	0.023	0.019	0.015	0.012	0.009	0.005	0.004	0.001	
1.4	0	0.007	0.013	0.017	0.018	0.018	0.016	0.014	0.011	0.009	0.006	0.004	0.002	0.000	
1.6	0	0.005	0.008	0.011	0.013	0.012	0.011	0.010	0.008	0.006	0.005	0.002	0.001		
1.8	0	0.003	0.005	0.007	0.008	0.008	0.008	0.007	0.005	0.004	0.003	0.001	0.000		
2.0	0	0.002	0.004	0.005	0.005	0.006	0.005	0.005	0.004	0.003	0.002	0.000			
2.2	0	0.001	0.002	0.003	0.003	0.003	0.003	0.003	0.002	0.001	0.000				
2.4	0	0.001	0.001	0.002	0.002	0.002	0.002	0.001	0.001	0.000					
2.6	0	0.000	0.001	0.001	0.001	0.001	0.000	0.000							
2.8	0	0.000	0.000	0.000	0.000	0.000									

注：1. 表 9 - 1 中没有系数 $\overline{M}_y$、$\overline{T}_{yx}$ 和 $\overline{V}_y$，计算时将 a 和 b 互换查到的 $\overline{M}_x$、$\overline{V}_x$ 即为所需要的 $\overline{M}_y$、$\overline{V}_y$ 值，而 $\overline{T}_{yx} = -\overline{T}_{xy}$。

2. 当 a 或 b 为负值（或同时为负值）时，仍可应用表 9 - 1d，但符号应按下列规则确定：$\overline{P}$、$\overline{T}$、$\overline{M}_x$、$\overline{M}_y$ 值在所有情况下都不变。

3. 当 a 为负而 b 为任意符号时，$\overline{V}_x$ 值的符号与表 9 - 1e 所得符号相反；$\overline{V}_y$ 值与 $\overline{V}_x$ 值的变化相同。

4. 当 a 和 b 同时为正或负值时，$\overline{T}_{xy}$ 值的符号不变。

5. 当 a 和 b 为不同符号时，按表查得的系数、符号不变，符号相反。

$x=y=0$ 的点上弯矩和剪力等于无限大,而实际荷载布置在一定尺寸的面积上,是不可能产生的现象。因此,筏板在柱下的弯矩、扭矩和剪力可按以下近似公式确定:

方柱:

$$\left.\begin{aligned} M_{\mathrm{x}}^0 = M_{\mathrm{y}}^0 &= P^0\left(0.112\,3 - 0.092\,84\ln\frac{b}{L_1}\right) \\ V_{\mathrm{x}}^0 = V_{\mathrm{y}}^0 &= \frac{P^0}{4b} \\ T_{\mathrm{xy}}^0 &= \pm 0.033\,2P^0 \end{aligned}\right\} \quad (9\text{-}102)$$

圆柱:

$$\left.\begin{aligned} M_{\mathrm{x}}^0 = M_{\mathrm{y}}^0 &= P^0\left(0.059\,2 - 0.092\,84\ln\frac{r}{L_1}\right) \\ V_{\mathrm{x}}^0 = V_{\mathrm{y}}^0 &= \frac{P^0}{2\pi r} \\ T_{\mathrm{xy}}^0 &= \pm 0.033\,2P^0 \end{aligned}\right\} \quad (9\text{-}103)$$

式中　P^0——坐标 $x=y=0$ 处柱集中力(kN);

　　　b——方柱的边长(m);

　　　r——圆柱的半径(m)。

以上计算的筏板内力对每米而言,其值是在一点上的。考虑到集中力作用下筏板的内力衰减很快,为避免配筋过多,可把某点的剪力值视为两侧剪力影响的平均值:

$$V = \frac{1}{6}(V_1 + 4V_0 + V_2) \quad (9\text{-}104)$$

式中　V_0——某点剪力计算值(kN);

　　　V_1,V_2——某点两侧相距两倍柱边长或直径处的剪力计算值(kN)。

2. 集中力靠近基础板边缘时的计算

当柱集中力距基础板缘距离 $d < 1.5L_1$ 时,可把基础板划成与板边相垂直的单独板条,每个板条都承受一排柱,板条的纵向边界为各跨中心线(图9-24)。如果板条 C 两侧柱的荷载比板条上的荷载小,或板条上柱荷载大而不超过两侧柱荷载 25% 时,可按板条上实有荷载计算。当两侧柱荷载大于板条上柱荷载 25% 时,其值按式(9-105)计算。

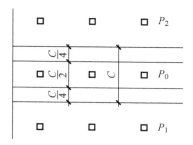

图 9 - 24　筏板截条平面

$$P = \frac{\frac{1}{2}(P_1 + P_2) + P_0}{2} \qquad (9-105)$$

假定柱荷载分布在宽度为 C 的板条上,即集中力取值为 P/C。按此法求得的内力是 1 m 板条的平均值,实际内力分布是不均匀的,沿宽度为 C 的板条上,柱下的内力大于板条边缘的内力,因此可将宽度为 C 的板条分成三部分,中间为 $C/2$,边缘各为 $C/4$,让中间部分承受板条 C 的 2/3 内力,板边缘部分各承受 1/6 内力。

筏板边缘的外墙,可把墙传来的荷载作为线性荷载作用在正交于墙的板条上。

等截面板条计算时,先确定柔性指数 m 的值:

$$m = \frac{(1-\nu_c^2)3\pi E_s}{(1-\nu_s^2)E_c t^3}l^3 \qquad (9-106)$$

式中　m——板条的半长度(m)(其他符号含义同前)。

根据 m 值确定板条的性质。当 $1 \leqslant m \leqslant 10$ 时,为有限长梁;当 $m > 10$ 时,为无限长梁。由于筏板的厚度与板条的半长度相比不是同一数量级,故 m 值一般都大于 10。

其次确定板条(梁)的特征长度 L(m)

$$L = t^3\sqrt{\frac{E_c}{6E_s}} \qquad (9-107)$$

其中,t 为筏板的厚度。集中力 P 到梁左端的距离 a_m 与 L 之比 $\alpha_1 = \dfrac{a_m}{L}$; P 到右端的距离 b_m 与 L 之比 $\alpha_2 = \dfrac{b_m}{L}$(图 9 - 25)。当 α_1 和 α_2 都大于 2

时,按无限长梁计算,可由表 9-2 查出系数 $\bar{P}$、$\bar{V}$ 和 $\bar{M}$,将计算原点逐个放在每一集中处,便可得到各截面的基底反力和内力系数,图9-26 为无限长梁内力变形图。对于 α_1 和 α_2 都大于4的各点,可认为 $\bar{P}=\bar{V}=\bar{M}=0$。当 α_1 和 α_2 中有一个小于等于 2 时,按半无限长梁计算,图 9-27 为半无限长梁内力变形图,可由表 9-3 查出系数 $\bar{P}$,$\bar{V}$,$\bar{M}$,表 9-3 中 α 和 ζ 分别为梁左端到集中力 P 作用点和梁左端到计算截面的折算比值。当 $\zeta>4$ 时,可认为 $\bar{P}=\bar{V}=\bar{M}=0$。

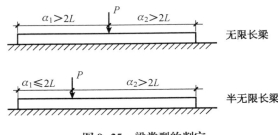

图 9-25　梁类型的判定

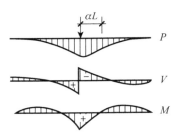

图 9-26　无限长梁内力变形图

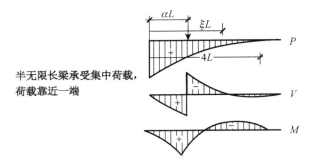

图 9-27　半无限长梁内力变形图

表 9-2　无限长梁系数 $\bar{P}$, $\bar{V}$, $\bar{M}$

α	0.0	0.2	0.4	0.6	0.8	1.0	1.2	1.4	1.6	1.8	2.0
$\bar{P}$	0.38	0.37	0.34	0.30	0.26	0.23	0.19	0.16	0.13	0.11	0.08
$\bar{V}$	−0.50	−0.42	−0.35	−0.29	−0.23	−0.18	−0.14	−0.11	−0.08	−0.06	−0.04
$\bar{M}$	0.39	0.29	0.21	0.15	0.10	0.06	0.02	0.00	−0.02	−0.03	−0.04
α	2.2	2.4	2.6	2.8	3.0	3.2	3.4	3.6	3.8	4.0	
$\bar{P}$	0.07	0.05	0.04	0.03	0.02	0.01	0.01	0.00	0.00	0.00	
$\bar{V}$	−0.02	−0.01	0.00	0.00	0.01	0.01	0.02	0.02	0.02	0.02	
$\bar{M}$	−0.05	−0.05	−0.05	−0.05	−0.05	−0.05	−0.04	−0.04	−0.04	−0.03	

表 9-3a　基底反力系数 $\bar{P}$

α \ ζ	0.0	0.2	0.4	0.6	0.8	1.0	1.2	1.4	1.6	1.8	2.0
0.0	∞	1.60	1.16	0.73	0.48	0.31	0.21	0.11	0.05	0.01	−0.02
0.2	∞	1.40	0.99	0.69	0.48	0.34	0.23	0.16	0.10	0.06	0.03
0.4	∞	1.19	0.88	0.65	0.49	0.37	0.27	0.20	0.15	0.10	0.07
0.6	∞	0.98	0.77	0.62	0.49	0.40	0.32	0.25	0.20	0.15	0.12
0.8	∞	0.77	0.67	0.58	0.50	0.43	0.36	0.30	0.25	0.20	0.16
1.0	∞	0.58	0.56	0.53	0.49	0.44	0.39	0.34	0.29	0.25	0.21
1.2	∞	0.45	0.44	0.44	0.44	0.43	0.41	0.37	0.33	0.29	0.25
1.4	∞	0.39	0.31	0.31	0.33	0.36	0.38	0.38	0.36	0.31	0.30
1.6	∞	0.38	0.19	0.16	0.20	0.27	0.33	0.37	0.38	0.37	0.35
1.8	∞	0.34	0.12	0.07	0.11	0.20	0.28	0.34	0.38	0.39	0.38
2.0	∞	0.21	0.12	0.10	0.13	0.19	0.26	0.32	0.36	0.38	0.39
α \ ζ	2.2	2.4	2.6	2.8	3.0	3.2	3.4	3.6	3.8	4.0	
0.0	−0.04	−0.05	−0.05	−0.05	−0.05	−0.05	−0.05	−0.04	−0.04	−0.03	
0.2	0.01	−0.01	−0.02	−0.03	−0.03	−0.03	−0.03	−0.03	−0.03	−0.02	
0.4	0.05	0.03	0.01	0.00	0.01	−0.01	−0.01	−0.01	−0.02	−0.02	
0.6	0.09	0.03	0.04	0.03	0.02	0.01	0.00	0.00	0.00	−0.01	
0.8	0.13	0.10	0.08	0.06	0.04	0.03	0.02	0.01	0.01	0.00	
1.0	0.17	0.14	0.11	0.09	0.07	0.05	0.04	0.03	0.02	0.01	
1.2	0.21	0.18	0.15	0.12	0.10	0.08	0.06	0.05	0.03	0.03	
1.4	0.26	0.22	0.19	0.16	0.13	0.11	0.09	0.07	0.05	0.04	
1.6	0.31	0.27	0.28	0.20	0.17	0.14	0.12	0.10	0.08	0.06	
1.8	0.35	0.32	0.28	0.24	0.20	0.17	0.14	0.12	0.10	0.09	
2.0	0.37	0.35	0.31	0.27	0.24	0.20	0.17	0.14	0.11	0.09	

表 9 - 3b 剪力系数 $\overline{V}$

α \ ζ	0.0	0.2	0.4	0.6	0.8	1.0	1.2	1.4	1.6	1.8	2.0
0.0	0	−0.01	−0.84	−0.16	−0.05	0.03	0.08	0.11	0.13	0.13	0.13
0.2	0	0.24*	−0.43	−0.26	−0.15	−0.07	−0.01	0.03	0.05	0.07	0.08
0.4	0	0.28	0.49*	−0.36	−0.25	−0.10	−0.10	−0.03	−0.02	0.01	0.03
0.6	0	0.22	0.40	0.54*	−0.35	−0.26	−0.19	−0.14	−0.00	−0.06	−0.03
0.8	0	0.17	0.31	0.44	0.55*	−0.36	−0.28	−0.22	−0.16	−0.12	−0.08
1.0	0	0.13	0.24	0.34	0.45	0.54*	−0.38	−0.80	−0.24	−0.18	−0.14
1.2	0	0.09	0.18	0.27	0.36	0.45	0.53*	−0.30	−0.32	−0.26	−0.20
1.4	0	0.09	0.17	0.28	0.29	0.80	0.43	0.51*	−0.41	−0.34	−0.28
1.6	0	0.11	0.17	0.20	0.23	0.28	0.34	0.41	0.48*	−0.44	−0.36
1.8	0	0.11	0.15	0.17	0.19	0.23	0.26	0.33	0.40	0.48*	−0.45
2.0	0	0.09	0.09	0.11	0.13	0.16	0.21	0.27	0.83	0.41	0.48*

α \ ζ	2.2	2.4	2.6	2.8	3.0	3.2	3.4	3.6	3.8	4.0
0.0	0.13	0.12	0.11	0.10	0.09	0.08	0.07	0.06	0.06	0.04
0.2	0.08	0.08	0.08	0.07	0.07	0.06	0.06	0.06	0.04	0.04
0.4	0.04	0.04	0.05	0.05	0.05	0.05	0.04	0.04	0.04	0.03
0.6	−0.01	0.01	0.02	0.02	0.03	0.03	0.03	0.03	0.03	0.03
0.8	−0.05	−0.03	−0.01	0.00	0.01	0.02	0.02	0.02	0.03	0.03
1.0	−0.10	−0.07	−0.05	−0.03	−0.01	0.00	0.01	0.03	0.02	0.02
1.2	−0.16	−0.12	−0.09	−0.06	−0.04	−0.02	−0.01	0.00	0.01	0.01
1.4	−0.22	−0.17	−0.18	−0.10	−0.07	−0.05	−0.03	−0.01	0.00	0.01
1.6	−0.80	−0.24	−0.19	−0.15	−0.11	−0.08	−0.05	−0.03	−0.01	0.00
1.8	−0.37	−0.31	−0.25	−0.19	−0.15	−0.11	−0.08	−0.06	−0.03	−0.02
2.0	−0.14	−0.37	−0.30	−0.24	−0.19	−0.15	−0.11	−0.08	−0.06	−2.03

表 9 - 3c 弯矩系数 $\overline{M}$

α \ ζ	0.0	0.2	0.4	0.6	0.8	1.0	1.2	1.4	1.6	1.8	2.0
0.0	0	−0.18	−0.25	−0.30	−0.32	−0.32	−0.31	−0.20	−0.26	−0.24	−0.21
0.2	0	0.04	−0.07	−0.14	−0.18	−0.20	−0.31	−0.20	−0.20	−0.18	−0.17
0.4	0	0.03	0.11	0.02	−0.04	−0.08	−0.11	−0.12	−0.13	−0.13	−0.13
0.6	0	0.03	0.00	0.18	0.10	0.04	−0.01	−0.04	−0.06	−0.08	−0.08

续表

ζ / α	0.0	0.2	0.4	0.6	0.8	1.0	1.2	1.4	1.6	1.8	2.0
0.8	0	0.03	0.07	0.14	0.24	0.16	0.09	0.04	0.01	−0.02	−0.04
1.0	0	0.01	0.05	0.10	0.19	0.28	0.20	0.13	0.08	0.04	0.00
1.2	0	0.01	0.04	0.08	0.15	0.23	0.22	0.24	0.17	0.11	0.06
1.4	0	0.01	0.04	0.08	0.13	0.19	0.27	0.37	0.28	0.20	0.14
1.6	0	0.01	0.04	0.08	0.12	0.17	0.22	0.31	0.40	0.31	0.23
1.8	0	0.01	0.04	0.07	0.11	0.15	0.20	0.27	0.33	0.42	0.32
2.0	0	0.01	0.02	0.04	0.06	0.09	0.13	0.18	0.23	0.31	0.40

ζ / α	2.2	2.4	2.6	2.8	3.0	3.2	3.4	3.6	3.8	4.0
0.0	−0.10	−0.16	−0.14	−0.12	−0.10	−0.09	−0.07	−0.06	−0.05	−0.04
0.2	−0.15	−0.14	−0.12	−0.11	−0.09	−0.08	−0.07	−0.06	−0.05	−0.04
0.4	−0.12	−0.11	−0.10	−0.09	−0.08	−0.08	−0.07	−0.06	−0.05	−0.04
0.6	−0.09	−0.09	−0.09	−0.08	−0.08	−0.07	−0.06	−0.06	−0.05	−0.05
0.8	−0.06	−0.06	−0.07	−0.07	−0.07	−0.07	−0.06	−0.06	−0.05	−0.05
1.0	−0.03	0.04	−0.06	−0.06	−0.06	−0.06	−0.06	−0.06	−0.05	−0.05
1.2	0.03	0.00	−0.02	−0.03	−0.04	−0.05	−0.05	−0.05	−0.05	−0.05
1.4	0.09	0.05	−0.02	0.00	−0.02	−0.03	−0.04	−0.04	−0.04	−0.05
1.6	0.16	0.11	0.06	0.03	0.01	−0.01	−0.03	−0.03	−0.04	−0.04
1.8	0.24	0.17	0.12	0.07	0.04	0.01	−0.01	−0.02	−0.03	−0.04
2.0	0.30	0.23	0.16	0.10	0.06	0.03	0.00	−0.02	−0.03	−0.04

表 9-3b 中附有"＊"号的 $\overline{V}$ 值,是指在集中力左边截面上的 $\overline{V}$ 值,此时在集中力右边的剪力系数为 $(\overline{V}_* -1)$。如果右端的比值 $\alpha_r < 2$,仍可按上述步骤进行计算,但方向为自右至左。

确定为无限长梁或半无限长梁后,分别按表 9-2 或表 9-3 查出系数 $\overline{P}$、$\overline{V}$ 和 $\overline{M}$,按式(9-108)计算各截面的基底反力和筏板内力。

$$\left.\begin{array}{l} \text{基底反力 } P = \overline{P}\dfrac{P}{L} \\[4pt] \text{筏板剪力 } V = \pm \overline{V}P \\[4pt] \text{筏板弯矩 } M = \overline{M}PL \end{array}\right\} \qquad (9\text{-}108)$$

3. 集中弯矩作用下的计算

当柱根部有弯矩作用时,筏板可采用板条方法计算基底反力和筏板内力。图 9-28 和图 9-29 分别为无限长梁和半无限长梁内力变形图。

根据表9-4和表9-5查出系数 $\bar{P}$、$\bar{V}$ 和 $\bar{M}$,求筏板基底反力和内力,计算步骤同前。

$$
\left.
\begin{aligned}
\text{基底反力} \quad & P = \pm\bar{P}\,\frac{m}{L^2} \\
\text{筏板内力} \quad & V = \bar{V}\,\frac{m}{L} \\
\text{筏板弯矩} \quad & M = \pm\bar{M}m
\end{aligned}
\right\} \qquad (9-109)
$$

式中　m——柱根弯矩值(kN・m);

　　　L——特征长度(m),计算式参考式(9-107)。

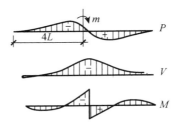

图 9-28　无限长梁内力变形图

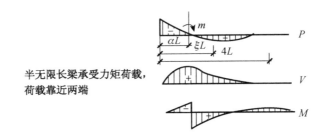

半无限长梁承受力矩荷载,
荷载靠近两端

图 9-29　半无限长梁内力变形图

表 9-4　长梁承受力矩荷载,荷载距两端较远时系数 $\bar{P}$, $\bar{V}$, $\bar{M}$

ξ	0.0	0.2	0.4	0.6	0.8	1.0	1.2	1.4	1.6	1.8	2.0
$\bar{P}$	0.00	0.13	0.17	0.19	0.19	0.18	0.17	0.15	0.13	0.12	0.10
$\bar{V}$	-0.33	-0.37	-0.34	-0.30	-0.26	-0.23	-0.19	-0.16	-0.13	-0.11	-0.08
$\bar{M}$	0.50	0.42	0.35	0.29	0.23	0.18	0.15	0.11	0.09	0.06	0.04

续表

ξ	2.2	2.4	2.6	2.8	3.0	3.2	3.4	3.6	3.8	4.0
$\overline{P}$	0.18	0.07	0.06	0.05	0.04	0.03	0.02	0.02	0.12	0.01
$\overline{V}$	−0.07	−0.05	−0.04	−0.03	−0.02	−0.02	−0.01	0.00	−0.11	0.00
$\overline{M}$	0.02	0.01	0.00	0.00	−0.01	−0.01	−0.02	−0.02	−0.06	−0.02

表9-5a　基底反力系数 $\overline{P}$

ζ \ α	0.0	0.2	0.4	0.6	0.8	1.0	1.2	1.4	1.6	1.8	2.0
0.0	−∞	−1.02	−0.51	−0.18	0.02	0.14	0.20	0.23	0.24	0.24	0.22
0.2	−∞	−1.02	−0.51	−0.18	0.01	0.14	0.20	0.23	0.24	0.24	0.22
0.4	−∞	−1.03	−0.51	−0.19	0.03	0.15	0.21	0.24	0.24	0.24	0.22
0.6	−∞	−1.05	−0.52	−0.18	0.04	0.16	0.22	0.25	0.25	0.24	0.22
0.8	−∞	−1.02	−0.54	−0.20	0.01	0.14	0.21	0.24	0.25	0.24	0.22
1.0	−∞	−0.84	−0.57	−0.33	−0.13	0.02	0.12	0.19	0.22	0.23	0.23
1.2	−∞	−0.50	−0.62	−0.55	−0.39	−0.20	−0.03	0.10	0.18	0.23	0.24
1.4	−∞	−0.22	−0.65	−0.77	−0.66	−0.44	−0.22	−0.02	0.12	0.21	0.24
1.6	−∞	−0.07	−0.51	−0.66	−0.61	−0.46	−0.27	−0.10	0.04	0.14	0.20
1.8	−∞	−0.38	−0.21	−0.20	−0.22	−0.23	−0.20	−0.14	−0.05	0.03	0.11
2.0	−∞	−0.94	0.20	0.50	0.40	0.16	−0.08	−0.14	−0.18	−0.11	−0.02

ζ \ α	2.2	2.4	2.6	2.8	3.0	3.2	3.4	3.6	3.8	4.0
0.0	0.20	0.18	0.16	0.14	0.12	0.10	0.08	0.07	0.06	0.05
0.2	0.20	0.18	0.16	0.14	0.12	0.10	0.08	0.07	0.06	0.05
0.4	0.20	0.18	0.16	0.14	0.12	0.10	0.08	0.07	0.06	0.05
0.6	0.20	0.18	0.16	0.14	0.12	0.10	0.08	0.07	0.06	0.05
0.8	0.20	0.18	0.16	0.14	0.12	0.10	0.08	0.07	0.06	0.05
1.0	0.21	0.19	0.17	0.15	0.13	0.11	0.10	0.08	0.07	0.05
1.2	0.23	0.22	0.20	0.19	0.16	0.14	0.12	0.10	0.09	0.07
1.4	0.25	0.24	0.22	0.20	0.18	0.16	0.15	0.13	0.11	0.09
1.6	0.23	0.23	0.22	0.21	0.19	0.17	0.15	0.13	0.11	0.09
1.8	0.16	0.19	0.20	0.19	0.17	0.15	0.13	0.11	0.10	0.09
2.0	0.04	0.13	0.16	0.16	0.14	0.11	0.09	0.08	0.07	0.07

表 9-5b 剪力系数 $\overline{V}$

ζ \ α	0.0	0.2	0.4	0.6	0.8	1.0	1.2	1.4	1.6	1.8	2.0
0.0	0	-0.28	-0.43	-0.49	-0.51	-0.49	-0.46	-0.41	-0.36	-0.32	-0.27
0.2	0	-0.28	-0.43	-0.49	-0.51	-0.49	-0.46	-0.41	-0.36	-0.31	-0.27
0.4	0	-0.28	-0.43	-0.50	-0.51	-0.49	-0.46	-0.41	-0.36	-0.31	-0.27
0.6	0	-0.28	-0.44	-0.50	-0.52	-0.50	-0.46	-0.41	-0.36	-0.31	-0.26
0.8	0	-0.27	-0.42	-0.49	-0.51	-0.49	-0.46	-0.41	-0.37	-0.32	-0.27
1.0	0	-0.19	-0.34	-0.42	-0.47	-0.48	-0.46	-0.43	-0.39	-0.35	-0.30
1.2	0	-0.00	-0.18	-0.30	-0.39	-0.45	-0.47	-0.47	-0.44	-0.40	-0.35
1.4	0	0.08	-0.01	-0.16	-0.30	-0.41	-0.48	-0.50	-0.49	-0.45	-0.41
1.6	0	0.06	0.00	-0.12	-0.25	-0.36	-0.43	-0.47	-0.47	-0.43	-0.42
1.8	0	-0.12	-0.17	-0.21	-0.25	-0.30	-0.34	-0.38	-0.40	-0.40	-0.39
2.0	0	-0.41	-0.47	-0.38	-0.28	-0.23	-0.22	-0.24	-0.27	-0.30	-0.31

ζ \ α	2.2	2.4	2.6	2.8	3.0	3.2	3.4	3.6	3.8	4.0
0.0	-0.23	-0.19	-0.15	-0.12	-0.10	-0.08	-0.06	-0.04	-0.03	-0.02
0.2	-0.23	-0.19	-0.15	-0.12	-0.10	-0.08	-0.06	-0.04	-0.03	-0.02
0.4	-0.23	-0.19	-0.15	-0.12	-0.10	-0.08	-0.06	-0.04	-0.03	-0.02
0.6	-0.22	-0.18	-0.15	-0.12	-0.10	-0.07	-0.06	-0.04	-0.03	-0.02
0.8	-0.23	-0.19	-0.15	-0.12	-0.09	-0.08	-0.06	-0.04	-0.03	-0.02
1.0	-0.25	-0.21	-0.18	-0.15	-0.11	-0.09	-0.07	-0.05	-0.04	-0.02
1.2	-0.30	-0.26	-0.22	-0.18	-0.14	-0.12	-0.09	-0.07	-0.05	-0.03
1.4	-0.36	-0.31	-0.26	-0.22	-0.18	-0.15	-0.12	-0.09	-0.08	-0.05
1.6	-0.38	-0.33	-0.29	-0.24	-0.20	-0.17	-0.15	-0.12	-0.10	-0.06
1.8	-0.36	-0.32	-0.28	-0.24	-0.21	-0.17	-0.15	-0.12	-0.10	-0.08
2.0	-0.30	-0.29	-0.26	-0.23	-0.20	-0.17	-0.15	-0.13	-0.12	-0.10

表 9-5c 弯矩系数 $\overline{M}$

ζ \ α	0.0	0.2	0.4	0.6	0.8	1.0	1.2	1.4	1.6	1.8	2.0
0.0	0*	0.97	0.90	0.81	0.70	0.60	0.51	0.42	0.35	0.28	0.22
0.2	0	-0.03*	0.90	0.80	0.70	0.60	0.51	0.42	0.34	0.28	0.22
0.4	0	-0.03	0.10*	0.80	0.70	0.60	0.51	0.42	0.34	0.27	0.22
0.6	0	-0.03	-0.10	-0.20*	0.70	0.60	0.50	0.41	0.34	0.27	0.21
0.8	0	-0.03	-0.10	-0.19	-0.29*	0.61	0.51	0.42	0.34	0.28	0.22
1.0	0	-0.02	-0.07	-0.15	-0.24	-0.34*	0.57	0.48	0.40	0.32	0.26
1.2	0	0.00	-0.04	-0.07	-0.14	-0.23	-0.32*	0.57	0.49	0.41	0.33
1.4	0	0.01	0.02	0.01	-0.04	-0.11	-0.20	-0.30*	0.61	0.51	0.42
1.6	0	0.01	0.02	0.01	-0.03	-0.09	-0.17	-0.26	-0.36	0.55	0.46
1.8	0	-0.02	-0.05	-0.09	-0.13	-0.19	-0.26	-0.33	-0.41	-0.49*	0.43
2.0	0	-0.06	-0.16	-0.25	-0.32	-0.37	-0.42	-0.46	-0.51	-0.57	-0.63*

续表

α ＼ ζ	2.2	2.4	2.6	2.8	3.0	3.2	3.4	3.6	3.8	4.0
0.0	0.17	0.13	0.09	0.07	0.04	0.06	0.01	0.00	−0.01	−0.01
0.2	0.17	0.13	0.09	0.06	0.04	0.02	0.01	0.00	−0.01	−0.01
0.4	0.17	0.12	0.09	0.06	0.04	0.02	0.01	0.00	−0.01	−0.01
0.6	0.16	0.12	0.09	0.06	0.04	0.02	0.01	0.00	−0.01	−0.01
0.8	0.17	0.13	0.09	0.06	0.04	0.02	0.01	0.00	−0.01	−0.01
1.0	0.20	0.16	0.12	0.09	0.06	0.04	0.02	0.01	0.00	0.00
1.2	0.27	0.21	0.17	0.13	0.10	0.07	0.05	0.03	0.02	0.01
1.4	0.35	0.28	0.22	0.18	0.14	0.10	0.08	0.06	0.04	0.02
1.6	0.38	0.31	0.25	0.19	0.15	0.11	0.08	0.06	0.04	0.02
1.8	0.36	0.29	0.23	0.18	0.13	0.09	0.06	0.04	0.01	0.00
2.0	0.31	0.25	0.19	0.14	0.10	0.06	0.03	0.00	−0.02	−0.04

注：表 9 - 5c 中有"＊"号的 $\overline{M}$ 值是指 $al<2$ 时 m 左边截面或右边截面上的弯矩系数，在 m 另一边的 $\overline{M}$ 值应加 1，即 $(\overline{M}_* + 1)$。表中 $\zeta = \dfrac{x}{L}$。

4. 均布荷载作用下的计算

筏板在均布荷载作用下（图 9 - 30），计算基底反力和筏板内力时，可取垂直于筏板边宽度为 1 m 的板条，若垂直于筏板边有墙体荷载时，则参考图 9 - 24，其宽度 C 作为均布荷载所取的板条，按半无限长梁计算，应用表 9 - 6 查出系数 $\overline{P}$、$\overline{V}$ 和 $\overline{M}$，按式（9 - 110）计算距左端为 x 的截面基底反力和筏板内力。

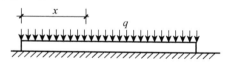

图 9 - 30　均布荷载作用

表 9 - 6　均布荷载作用下系数 $\overline{P}$，$\overline{V}$，$\overline{M}$

ζ	0.0	0.2	0.4	0.6	0.8	1.0	1.2	1.4	1.6	1.8	2.0	2.2	2.4	2.6	2.8	3.0
$\overline{P}$	—	1.32	1.11	1.00	0.94	0.92	0.91	0.91	0.92	0.93	0.95	0.95	0.96	0.96	0.97	0.97
$\overline{V}$	0	0.09	0.13	0.14	0.13	0.12	0.10	0.09	0.07	0.06	0.04	0.03	0.02	0.02	0.01	0.00
$\overline{M}$	0	0.01	0.03	0.06	0.09	0.12	0.14	0.16	0.17	0.18	0.19	0.20	0.21	0.21	0.21	0.21

$$
\left.
\begin{aligned}
\text{基底反力}\quad & P = \overline{P}q \\
\text{筏板剪力}\quad & V = \pm \overline{V}Lq \\
\text{筏板弯矩}\quad & M = \overline{M}L^2 q
\end{aligned}
\right\}
\qquad (9 - 110)
$$

式中　q——均布荷载(kN/m)；

　　　L——特征长度(m)，计算式可参考式(9-107)。

当筏板同时有集中力、弯矩和均布荷载作用时，基底反力、筏板内力均可分别求出，然后叠加而得出各截面的计算值。

注：表9-1—表9-6摘自《钢筋混凝土高层建筑结构实用设计手册》。

第八节　桩筏(箱)结构基础计算

一、高层建筑桩筏(箱)基础设计阶段

高层建筑桩筏(箱)基础设计可分为三个阶段：①不考虑上部结构、结构基础和地基的共同作用阶段；②仅考虑结构基础和地基的共同作用阶段；③考虑上部结构、结构基础和地基的共同作用阶段。

1. 不考虑上部结构、结构基础和地基土的共同作用

该方法属于刚性板法，不考虑板底地基土对荷载的分担，认为上部结构荷载全部由桩承担，且认为各桩分担到的荷载相等；也不考虑各接触点的变形协调。

刚性板法计算筏板内力是按板条多跨连续梁法。计算时按纵、横两个方向分别截取跨中至跨中或跨中到板边的板带，将板带简化为以板下的桩作为支座的多跨连续梁，以板带上的墙、柱脚荷载作为连续梁的荷载，按结构静力学方法近似计算各板带的内力。

该方法存在以下几个问题：

(1) 桩筏(箱)基础的桩顶反力实际上并非相等，角桩和边桩内力大，内部桩内力小，因此，各桩顶反力存在着较大的偏差，这种内力偏差将导致筏板内力，特别是板的弯矩增加，因此，刚性板法计算的内力结果偏不安全。

(2) 刚性板法忽略了各板带之间的变形协调和内力大小不等，计算结果相当粗糙，有时会导致严重失真。

(3) 各纵横板带交点处的墙、柱脚荷载由该处纵横板带共同承担，并在该处产生相同的竖向变位，因此，各纵、横板带上的计算荷载应按竖向变位协调条件，将交点处荷载按纵横两个方向上的板带刚度分配。实际计算时，还是将同样的墙、柱荷载的实际大小，按两个方向分别重复计算一次，这种荷载的不合理应用势必造成筏板内力的人为夸大，这就是

328

设计造成底板厚度和配筋过大的重要原因。

（4）刚性板法计算的各板带内力是平均内力，不能反映各板带内力的实际分布。

（5）刚性板法计算的内力没有计入整体筏板的弯曲影响。

2. 仅考虑桩筏（箱）基础和地基土的共同作用

习惯性的传统设计不管是摩擦型桩还是端承桩，一般都不考虑筏底桩间土分担上部荷载，而是将 100% 的上部荷载全由桩承担。且在设计中为尽可能减少基础的总沉降量和差异沉降量，往往都采用规范规定的最小桩距（3d），设计者认为，桩距小，桩身越长，设计就越合理，越能保证安全。现实中，桩筏基础的真正受力、变形特征及其应有的设计概念并非完全如此。

3. 考虑上部结构、结构基础和地基的共同作用

诸多国内外高层桩筏（箱）基础的现场实例表明：在地基土的物理力学性能比较均匀，上部结构为均匀布置的各种结构类型（框架结构、框剪结构、框筒结构，不包括巨型框架、角筒结构等）的情况下，在施工基础以上 1~5 层楼房时，上部结构的整体刚度尚未形成，此时的上部荷载主要由筏板（箱）基底桩间土承担，基底土的反力增长很快，而桩承担的上部荷载相对较小。随着施工进度的推进，上部结构的整体刚度逐渐形成，并越来越大，此时所增加的上部荷载也逐渐由基底土转为由桩承担，而基底土的反力则趋于稳定或稍有波动。而且，由于上部结构刚度的贡献所形成的整体架构作用，使得角桩的桩顶反力增长最快，边桩次之，而内部桩顶反力增长最慢。到结构封顶时，最大的桩顶反力往往出现在筏（箱）基的角桩部和边桩部。

以下列举某些国内外工程的案例。

案例一：陕西某电信网管中心大楼，地上 36 层，地下 2 层，总高度 143.3 m，为外框筒-实腹内筒的筒中筒结构（图 9-27）。内筒尺寸 13 m ×21 m，外筒尺寸 33.6 m×37.8 m，位于 8 度抗震设防区。场地土为 III 类，地基属非自重湿陷性黄土，整体桩筏基础平面尺寸为 38.8 m×42.4 m，周边外排长度 2.3 m 或 2.6 m，筏板厚 2.5 m，共用了 271 根灌注桩。桩径 0.8 m，桩长 60 m，$L/D=75$，为摩擦桩。单桩极限承载力标准值 13.10 MN，建筑总荷载为 1 034 MN，则平均每根单桩承担上部荷载 31.85 MN。

从筏板浇注完毕开始实测，从地下室至地面以上第 4 层，由于筏板

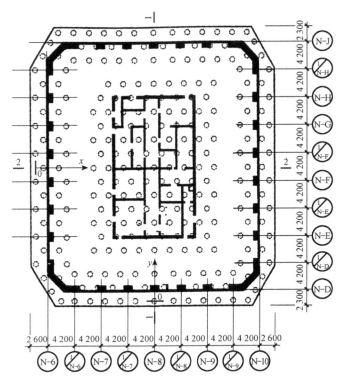

图 9-27　桩筏基础与上部结构平面布置图

和上部结构共同作用的空间刚度尚未形成,上部的荷载主要由筏板底的桩间土承担。随着上部结构施工进度的推进,上部结构对筏板刚度的形成,则增加的荷载转为由桩承担,而桩间土所分担的荷载比例逐渐变小。此时桩顶的反力明显逐渐增大,其中角桩的承载力增加最快,边桩次之,而内部的桩顶反力增加较慢。到结构封顶时,实测的角桩与内桩的桩顶反力之比为 1.73,与结构施工到第 8 层时的测试结果接近。

结构封顶时,测得筏板底内部的平均土反力为 89.1 kPa,边缘部位的平均土反力为 75.4 kPa,而角部的平均土反力只有 53.2 kPa。测得最大沉降为 17 mm,最小沉降为 14.3 mm,差异沉降为 2.7 mm。整个基础沉降呈盆形分布,以上各点土反力与基础沉降分布吻合,整体筏板底桩间土约承担 14% 的上部荷载。

最大桩顶反力出现在角桩和边桩,接近 6 000 kN,占单桩极限承载力设计值(13 100/1.8＝7 280 kN)的 82.4%。而桩和土各自分担的比值在结构封顶时的累积数不足 100%,这说明实测的桩和土各自的反力总和小于结构总重量。原因是地下水浮力和地下室外墙与回填土之间的侧摩阻力也参与了共同抵抗上部荷载。

注:有的学者或工程师认为刚刚回填的土与地下室外墙之间的摩擦阻力,由于时间太短(没有 3~5 年或 8~10 年),土的固结密实度不够,同时土的固结时间跟填土的类型也有关系,这一部分摩阻力不应考虑。

案例二:南京某大厦,主楼地上 28 层,框架-核心筒结构,总高度99.8 m,裙房为 5 层的框架结构,裙房与主楼之间未断开,仅设后浇带。地下室 2 层,开挖深度 11.03 m。底板厚度 2 m(相当于 71.4 mm/每层),桩径0.8 m,桩端嵌入强风化基岩,嵌岩深度为 2 倍桩径,桩长40 m,长径比 $L/D=52$,桩间距 3.0 m,为 3.75 D,共用 225 根桩(图 9-28)。设计的单桩竖向荷载为 4.5 MN。场地土层自上而下的分布为人工填土、塘泥、黏土、黏质粉土、淤泥质黏土、粉质黏土、黏质粉土、强风化基岩和中风化基岩。

当施工到地上五层(未包括地下室)时,结构荷载相当于原覆盖土层的重量。这时主楼的平均沉降为 1.77 mm,裙房为 1.25 mm,最大差异沉降只有 0.52 mm,这一阶段相当于地基土的回弹量被压缩的过程。其后,则进入附加应力阶段。由于主楼的荷载逐渐增加,裙房已封顶,荷载保持不变,则两者间的差异沉降逐渐增大。主楼封顶时的平均沉降为11.6 mm,裙房为 8.9 mm,最大差异沉降为 2.7 mm。这充分说明裙房的存在使得整体刚度加大,而裙房基础可分担主楼上部荷载的一部分,使整体建筑的沉降趋于均匀。板基底土的反力测试显示:筏板边缘的平均土反力值最大,核心筒下的筏板底土反力值要比筏板边缘的土反力小10~15 kPa,而筏板角部的土反力值最小。在上部结构施工至第 5 层时,筏板底土反力增长较快,此时的板底土正处于回弹再压缩阶段。当上部结构施工超过 5 层时,筏板底土进入附加应力状态,再随着施工层数的增加,各部位的筏板底土反力基本上保持稳定,或稍有起伏。结构封顶时,土反力的分布状况与施工至第 5 层时的情况基本一致。竣工两个月后的测试数据显示:土反力值要比封顶时的土反力值平均增长约20 kPa。随后每两个月测一次的结果显示,土反力又趋于稳定。

同时测试还表明,四根桩对角线交点处的土反力值要大于两桩间中点处的土反力值。这说明土反力值的大小在一定程度上受桩间距大小的影响。

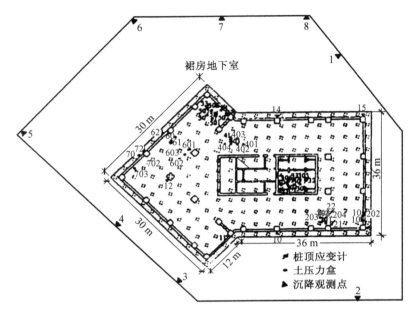

图 9-28 桩筏基础与测点平面布置图

桩顶反力,在上部结构施工到第 9 层后,边桩的桩顶反力超过其他部位的桩顶反力,并迅速增大,而核心筒部位的桩顶反力增长较慢。这说明上部结构和桩筏基础的整体刚度形成,整体构架作用得以发挥。结构封顶时,边桩、中间桩和核心筒桩之间的平均桩顶反力之比为 1.9:1.24:1.0,与案例一基本相仿。

结构封顶之后两个月,实测桩顶反力只有 2.1 MN,远小于单桩竖向荷载设计值 4.5 MN,只有 47%,也就是在 225 根桩中最大的一根桩的荷载也只有单桩极限承载力标准值的 26%,这就是说,大厦的桩筏基础按传统的荷载方法,即上部结构重量加基础结构重量减去基坑土的重量减去水浮力所得的结果除以单桩设计承载力,便是工程桩的数量,但这种常规方法过于保守。

从核心筒下方和筏板边缘处的基底土反力与桩顶反力随施工楼层的进展变化曲线(图 9-29)可看出,随着楼层施工进度的上升,上部结构与桩筏基础的整体刚度的形成,上部所增加的结构荷载则从筏板土转为由桩承担。结构封顶时,筏板底桩间土分担的荷载基本稳定在 15%~25%。

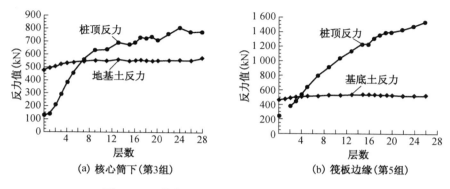

(a) 核心筒下(第3组)

(b) 筏板边缘(第5组)

图 9 - 29 筏底土反力与桩顶反力的变化曲线图

案例三:上海某住宅大楼 24 层,采用桩箱基础,箱基埋深 6.5 m,底板厚 1.5 m,面积为 917 m²,共布 233 根截面尺寸为 450 mm×450 mm、长为 24.2 m 的钢筋混凝土预制方桩,桩基平面如图 9 - 30 所示。

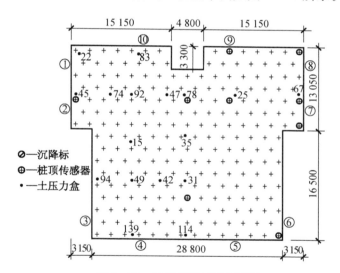

图 9 - 30 桩箱基础平面布置图

场地地质情况:在地面以下 25 m 深的范围内,主要土层为淤泥质黏土、灰色粉质黏土,孔隙比 $e=1.1\sim1.5$,含水量 $w=38\%\sim52\%$。往下分别为层厚 3.5～4.4 m 的暗绿色粉质黏土和褐黄色粉质黏土,桩端持力层为草黄色黏质粉土夹粉砂(层厚 2.5～12.3 m),静力触探比贯入阻力 $P_s=3.9\sim12.8$ MPa,下卧层为密实粉细砂,层厚 7～

10 m。

在现场测试的箱基底板反力,从施工上部结构第 2 层时的 42 kPa,随着施工进度的逐步进展,基底反力逐渐向 55 kPa 靠近。这是由于箱基底板的埋深为 6.5 m,而地下水位为 1 m,所以土压力盒实测到的 55 kPa 纯属箱基底板处的地下水浮力,而基底桩间土没有分担荷载。原因是在浇筑箱基底板混凝土时,由于井点抽水,这时不存在地下水对基础的浮托作用,这时土压力盒所测得的仅是 1.5 m 厚箱基底板的自重,约 37.5 kPa。随着上部结构与基础整体刚度的形成,打桩时引起的超孔隙水压力的渐次消散,桩间土固结变形下沉,再有桩端持力层较硬,桩基沉降量小,最后导致基底和桩间土的接触脱离,井点降水终止,地下水回到正常水位,从图 9-31 可看出筏板底反力和地下基础板底地下水浮力的变化。

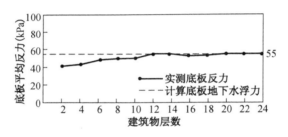

图 9-31 箱基底板实测反力

桩顶反力的测试结果与前工程案例基本一致,也是角桩的桩顶反力 P_c 大,边桩桩顶反力 P_e 次之,中间桩桩顶反力 P_i 最小,符合整体刚度形成的架构作用规律,它们与平均单桩承载力 $\overline{P}$ 的比值分别是 $P_c/\overline{P}=1.6\sim1.8$,$P_e/\overline{P}=1.1\sim1.3$,$P_i/\overline{P}=0.8\sim0.9$(图 9-32)。

案例四:德国的法兰克福展览会大楼(图 9-33),上部结构 30 层,桩筏基础,筏板基础和平面尺寸为 58.8 m×58.8 m,内部板厚为 6 m,周边为 3 m,埋深 14 m,地上 56 层,地下 3 层,总高度为 256 m,钢筋混凝土筒中筒结构。结构工程师采用了补偿平衡原理,按筏板底地基土承担 2/3 的上部荷载,而剩余的 1/3 荷载由桩基承担,共用了 64 根长度不等的 φ1 300 mm 钻孔桩(桩端持力层不详),其中角桩 28 根,桩长 27 m,边桩 20 根,桩长 31 m。16 根内桩呈环形布置,桩长 35 m,桩距3.5D~6.0D,如图 9-33(b)所示。工程师采取加大内桩的支承反力,同时减小角桩和边桩的支承反力的方法,从而达到减小筏板整体弯矩的目的。

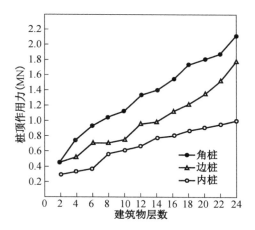

图 9 - 32　施工期间各部位桩的桩顶反力变化曲线

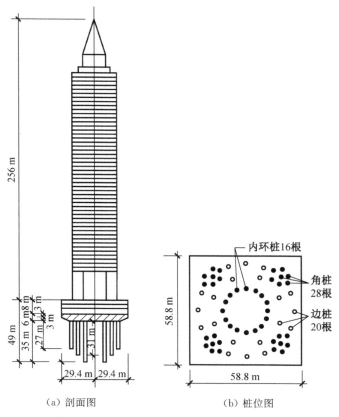

（a）剖面图　　　　　　　（b）桩位图

图 9 - 33　法兰克福展览会大楼桩筏基础示意图

该建筑的总荷载为 1 880 000 kN,地下水浮力为 180 000 kN,则有效上部荷载 $Q=1\ 700\ 000$ kN。实测数据显示,筏基沉降呈盆形分布。在大楼施工到一半高度时,中心区域的沉降为 40 mm,差异沉降为 15 mm,挠曲率为 2.55×10^{-4}。当时预估设计的沉降量 $S_0=150$ mm,为无桩筏板基础的 50%,即试图用这 64 根桩将沉降减少 50%。

实测结果表明,筏底土的分担比为 45%,比设计预估的结果小。如果按原设计拟定的 64 根桩分担 1/3 总荷载来复算,则每根单桩承担的上部荷载是 $\overline{P}_{设计}=\dfrac{1\ 700\ 000}{3\times64}=8\ 854.16$ kN$=\overline{P}_u/2.5$,其中 $\overline{P}_u$ 为平均每根单桩的极限承载力标准值。这说明平均每根单桩所承担的荷载已接近 2/3 的极限承载力标准值,充分发挥了桩的承载能力。我国常规的单桩极限承载力设计值是按 $P_u/1.8$ 取值,而设计中满堂布桩的平均每根桩的荷载往往按 $P_u/(2.5\sim3.5)$ 来控制。

二、地下室的功能与作用

高层建筑基础应具有一定的埋置深度,而且基础埋深应考虑建筑物的高度、体型、地基土质、抗震设防烈度、台风等级和建筑物所处的地理环境等因素。根据《高层建筑混凝土结构技术规程》(JGJ 3—2010)的规定:对天然地基或复合地基,可取建筑物高度的 1/15;对桩基础(不计桩长),可取建筑物高度的 1/18;对岩石地基,在满足承载力和稳定的前提下,可不考虑基础埋深的要求。但对高层建筑宜设置地下室,因地下室能增加建筑的使用功能并节约土地,同时地下室对地基基础和对上部整体结构的受力都会有很大的贡献。设计工程师务必充分挖掘它的潜在功能,发挥它的有益作用。

地下室深坑的开挖,对天然地基或复合地基或桩基都能减少上部荷载并提供补偿作用,从而可减少地基的附加压力。

地下室具有一定的埋深,周边都有按设计要求夯实的回填土,所以地下室四周的钢筋混凝土外墙的被动土压力和外侧墙的摩擦阻力都限制了基础的摆动,加强了整个房屋的稳定,使基础底板的压力分布趋于平缓。当地下室的埋深大于建筑物的(1/12~1/10)时,可完全克服和限制偏压引起的倾覆。

地下室周边回填土的摩擦阻力功能很大,例如案例一,现场测试数据表明,在结构封顶时的桩和土分担比率之和约占 78%,说明桩和筏板底的土共同承担了上部荷载的 78%,而剩下的 22%上部荷载由地下水浮力和地下室周边回填土的摩擦阻力来承担。

所以,对于高层建筑的基础设计,结构工程师应对地下室周边回填土的质量严加要求和控制,避免回填土的土质量不高和不分层密实的现象。增加土的内摩擦角,则内摩擦角越大,回填土越密实,抗剪强度越高,提供的被动土压力也就越大,对基础稳定越有保证。

地下室结构的层间刚度要比上部结构大很多,地上建筑的井筒、剪力墙、柱子都直接通到地下室,地下室外墙都是有一定厚度且开洞极少的钢筋混凝土挡土墙,在大面积的被动土压力与摩擦阻力的作用下,与地基土形成整体,地震时与地层移动同步。所以,无论是箱形基础还是筏形基础,地下室的顶板和底板之间基本上不可能出现层间位移。

地下室与地基及周边土的共同作用,反过来对上部结构的整体刚度提供了一定的补偿性贡献。模拟试验和理论分析的结果都说明,在上部结构和工程地质条件完全相同的情况下,有地下室的高层建筑的自振周期要比无地下室的小,且有桩基的要小于天然地基的,大直径桩的要小于小直径桩的,两层地下室的整体刚度要大于只有一层地下室的。日本某科研单位对一栋坐落在软土地基上的 15 层住宅楼进行研究,研究表明,随着地下室的层数和埋深的增加,建筑物整体刚度增大,自振周期明显减小,而且小直径桩基只能起到半层地下室的作用(图 9 - 34)。

从图 9 - 34 看出,由于上部结构、地下室、桩基、地基土的相互作用,有两层地下室加桩基的第一自振周期($T_1 = 1.2$ s)要比无地下室桩基基础的自振周期($T_1 = 2.0$ s)小 40%,则在地震作用下相应的结构侧向位移要比无地下室的小。有两层地下室加桩基的结构整体刚度是无地下室桩基基础整体刚度的 2.8 倍左右。但其自振周期还是要比按上部结构完全嵌固在地下室顶板上的所谓刚性地基计算模型的自振周期($T_1 = 0.8$ s)大50%,也就是说,假设坐落在刚性地基上的结构计算模型的刚度要比实际两层地下室加桩基的结构整体

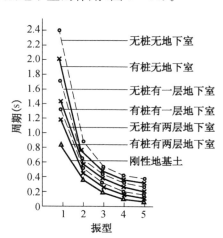

图 9 - 34　地下室对结构整体刚度的影响

刚度大了 2.2 倍左右,即 $k_{刚}=2.2\,k_{实}$。所以刚性地基计算模型算出的层间或顶部位移值要小于实际位移值,而地震反应(基底剪力和倾覆力矩)却大于实际值。

计算桩基承担地震剪力跟地下室周边回填土标准锤击贯入度有关,当锤击贯入度为 4 时,每增加一层地下室,桩所承受的水平剪力就可以减少 25%,当有 4 层地下室时,则可以不考虑桩基承受地震剪力;当周边土的锤击贯入度为 20 时,一层地下室桩基所承担的地震剪力就能减少 70%,两层地下室的桩基就可以不考虑地震剪力(表 9-7)。

表 9-7 日本桩基工程地下室侧壁承担的水平荷载

地下室层数 \ 侧壁土的锤击贯入度	N=4	N=20
一层地下室	25%	70%
二层地下室	50%	100%
三层地下室	75%	—
四层地下室	100%	—

参 考 文 献

［1］陈国兴. 岩土地震工程学[M]. 北京:科学出版社,2007.

［2］程懋堃,莫沛锵,汪大绥,等. 高层建筑结构构造资料集[M]. 北京:中国建筑工业出版社,2005.

［3］高立人,方鄂华,钱稼茹. 高层建筑结构概念设计[M]. 中国计划出版社,2005.

［4］华东水利学院. 弹性力学问题的有限元法[M]. 北京:水利电力出版社,1974.

［5］黄世敏,杨沈,等. 建筑震害与设计对策[M]. 中国计划出版社,2009.

［6］李国豪. 工程结构抗震动力学[M]. 上海:上海科学技术出版社,1981.

［7］刘大海,杨翠如,钟锡根. 高层建筑抗震设计[M]. 北京:中国建筑工业出版社,1993.

［8］刘恢先. 中国地震列度表(1980)说明书[C]//国家地震局工程力学研究所. 刘恢先地震工程学论文选集. 北京:地震出版社,1994.

［9］吕西林,周德源,李思明,等. 建筑结构抗震设计理论与实例[M]. 3版. 上海:同济大学出版社,2011.

［10］钱力航. 高层建筑箱型与筏形基础的设计计算[M]. 北京:中国建筑工业出版社,2003.

［11］瞿伟廉. 钢筋混凝土墙板非线性分析[J]. 土木工程学报,1983(02):51-60.

［12］孙永志. 建筑抗震设计图说[M]. 济南:山东科学技术出版社,2004.

［13］王广军. 建筑抗震设计规范(GBJ 11—89)应用指南[M]. 西安:陕西科学技术出版社,1992.

［14］王有为,王开顺. 地震作用下群桩水平刚度的计算方法及其程序设计[J]. 土木工程学报,1984(01):39-48.

［15］夏志斌,潘有昌. 结构稳定理论[M]. 北京:高等教育出版社,1988.

［16］解明雨,陈焕纯. 桩基础的高层建筑弹塑性地震反应分析[J]. 大连工学院学报,1983(02):9-16.

［17］许庆尧. 用有限元法分析钢筋混凝土结构[J]. 华东水利学院学报,1981(01):83-102.

［18］张培信. 能量理论结构力学[M]. 上海:上海科学技术出版社,2010.

[19] 中国建筑科学研究院. 高层结构设计[M]. 北京:科学出版社,1982.

[20] 朱伯龙,屠成松,许哲明. 工程结构抗震设计原理[M]. 上海:上海科学技术出版社,1982.

[21] 朱伯龙,吴明舜. 钢筋混凝土受弯构件延性系数的研究——钢筋混凝土抗震性能研究报告之一[J]. 同济大学学报,1978(01):107-119.

[22] 朱伯龙,余安东. 钢筋混凝土框架非线性全过程分析[J]. 同济大学学报,1983(03):24-33.